U0168980

新型有机合成子构建含氮杂环研究

闫溢哲　著

中国纺织出版社有限公司

内 容 提 要

本书共分为九章,主要介绍了作者十年来利用新型碳合成子(酰胺、叔胺、醚、醇、卤代烃、脂肪酸衍生物)或新型氮合成子(硝基甲烷、亚硝酸叔丁酯)构建高价值含氮杂环化合物的方法,这些方法绿色高效、操作简便、适用性广,具有极大的理论和实用价值。本书可以作为相关研究者、相关专业的研究生以及相关行业从业人员的参考书籍。

图书在版编目(CIP)数据

新型有机合成子构建含氮杂环研究 / 闫溢哲著. ——
北京:中国纺织出版社有限公司,2020.9
ISBN 978 – 7 – 5180 – 7607 – 9

Ⅰ.①新⋯ Ⅱ.①闫⋯ Ⅲ.①杂环化合物 Ⅳ.
①O626

中国版本图书馆 CIP 数据核字(2020)第 124003 号

责任编辑:闫 婷 潘博闻   责任校对:高 涵
责任印制:王艳丽

中国纺织出版社有限公司出版发行
地址:北京市朝阳区百子湾东里 A407 号楼 邮政编码:100124
销售电话:010—67004422 传真:010—87155801
http://www. c-textilep. com
官方微博 http://weibo. com/2119887771
北京虎彩文化传播有限公司印刷 各地新华书店经销
2020 年 9 月第 1 版第 1 次印刷
开本:710×1000 1/16 印张:12
字数:197 千字 定价:68.00 元

前 言

含氮杂环化合物广泛地存在于天然产物和药物分子中,由于其良好的生物活性及较高的药用价值,发展绿色高效的含氮杂环合成方法学一直是众多有机化学家的研究热点。本书主要介绍作者十年来利用新型碳合成子(酰胺、叔胺、醚、醇、卤代烃、脂肪酸衍生物)或新型氮合成子(硝基甲烷、亚硝酸叔丁酯)构建高价值含氮杂环化合物的方法,这些方法绿色高效、操作简便、适用性广,具有极大的应用价值。

本书由郑州轻工业大学闫溢哲独立撰写。全书共分为九章,分别介绍了利用 N - 甲基酰胺作碳合成子构建喹唑啉、取代对称吡啶和芳基三嗪的研究成果;利用醚或醇作碳合成子构建喹唑啉、取代三嗪和吡啶的研究成果;利用叔胺作碳合成子构建喹唑啉、喹唑啉酮和 $1,3,5$ - 三嗪等含氮杂环的研究成果;利用二氯甲烷作碳合成子构建 $2,4$ - 二取代 - $1,3,5$ - 三嗪的研究成果;利用芳基乙酸作碳合成子构建 2 - 取代喹唑啉的研究成果;利用氯二氟乙酸钠作碳合成子构建 $1,3,5$ - 三嗪类化合物和喹唑啉酮的研究成果;利用乙醛酸作碳合成子构建 $1,3,$ 5 - 三嗪、喹唑啉酮和喹唑啉的研究成果;利用硝基甲烷作氮合成子构建 $1,2,3$ - 苯并三嗪 - $4(3H)$ - 酮的研究成果;利用亚硝酸叔丁酯作氮合成子构建 $1,2,3$ - 苯并三嗪 - $4(3H)$ - 酮的研究成果。

含氮杂环化合物合成内容广泛,博大精深,本书仅针对本课题组关于新型有机合成子用于含氮杂环化合物合成的研究成果进行了介绍,可能不够全面,敬请广大读者谅解。由于研究水平和知识水平有限,书中错误在所难免,恳请广大读者批评指正,并及时和作者交流。

特别感谢国家自然科学基金(21502177)、河南省高校科技创新人才支持计划(20HASTIT037)、河南省青年人才托举工程项目(2020HYTP046)和河南省高等学校青年骨干教师培养计划(2018GGJS093)对本专著的资助。

编者

2020 年 5 月

目　录

第一章 N-甲基酰胺作碳合成子构建含氮杂环

N-甲基酰胺类化合物,尤其 N,N-二甲基甲酰胺、N,N-二甲基乙酰胺或N-甲基吡咯烷酮在合成化学中通常是作为一种极性非质子溶剂。近年来其作为一种新的碳合成子受到有机化学家越来越多的重视[1],可作为甲酰化试剂[2]、氰基化试剂[3-5]、亚甲基化试剂[6]、甲基化试剂[7]等。然而,其用于构建氮杂环化合物鲜见研究。本章中,我们将重点介绍本课题组近年来采用 N-甲基酰胺类化合物作碳合成子构建喹唑啉、吡啶和 1,3,5-三嗪等含氮杂环的研究成果[8-16]。

第一节 N-甲基酰胺作碳合成子构建喹唑啉

1 引言

喹唑啉是一类包含两个氮原子的杂环化合物,由于其具有良好的生物活性(抗菌、抗癌、抗高血压等),目前已经发展成为一种十分重要的医药中间体[8-16]。例如拉帕替尼(Lapatinib)是一种口服的小分子表皮生长因子(EGFR:ErbB-1, ErbB-2)酪氨酸激酶抑制剂,用于联合卡培他滨治疗 ErbB-2 过度表达的晚期或转移性乳腺癌;哌唑嗪(Prazosin)用于轻、中度高血压,能降低心脏的前、后负荷,也用于治疗心功能不全;厄洛替尼(Erlotinib)可试用于两个或两个以上化疗方案失败的局部晚期或转移的非小细胞肺癌的三线治疗;利拉利汀(Linagliptin)通过与 DPP-4 可逆性结合而抑制该酶的活性,用于调节 2 型糖尿病患者的血糖水平;易瑞沙(Iressa)适用于治疗既往接受过化学治疗的局部晚期或转移性非小细胞肺癌。

由于喹唑啉结构单元的重要性,目前已有许多制备喹唑啉的方法。然而,这些方法普遍存在着条件苛刻、原料不易得、底物范围狭窄、氧化剂及反应副产物不够绿色等缺点。因此,发展一种使用廉价高效的催化剂、底物范围广、操作简单和环境友好的制备喹唑啉的新方法是十分渴求的。基于我们实验室碘催化的氧化偶联反应研究,本节中我们成功实现了邻羰基苯胺和与杂原子相连的 $C(sp^3)$—H的分子间氧化氨基化反应,而且反应可以进一步发生串联反应合成喹唑啉。[17] 图 1.1 是含喹唑啉结构的药物。

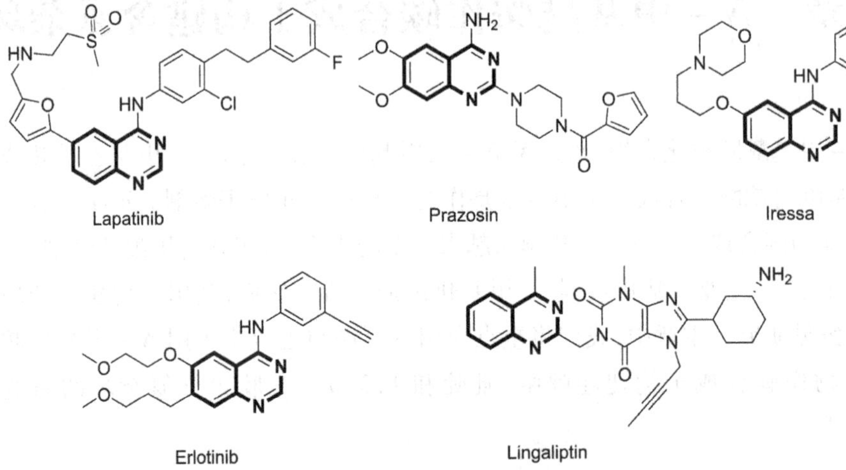

Lapatinib   Prazosin   Iressa

Erlotinib   Lingaliptin

图 1.1   以喹唑啉为母核的药物

2   结果与讨论

2.1   反应条件优化

刚开始,我们尝试了当 20 mol% 的 N-碘代丁二酰亚胺(NIS)作催化剂, 0.8 mmol叔丁基过氧化氢(TBHP,70% 水溶液)作氧化剂,N,N-二甲基乙酰胺 (DMA,1 mL)作溶剂,0.4 mmol 碳酸氢铵作氮合成子时,120 ℃反应 4 h 后,2- 氨基二苯甲酮(1a,0.2 mmol)能以几乎当量的产率得到 4-苯基喹唑啉 3a(表 1.1,条件 1)。而在没有碳酸氢铵的条件下没有任何产物生成,所以可以确定产 物中氮原子可能来自碳酸氢铵(表 1.1,条件 2)。接下来我们优化了不同氮合成 子如乙酸铵、氯化铵、氟化铵和氨水,产率几乎没有影响(表 1.1,条件 3~6)。通 过这些实验我们也证明了碳合成子不是来自铵盐的阴离子。为了进一步确定碳 合成子是否来自溶剂,我们筛选了一系列的酰胺类溶剂2b-2f(表 1.1,条件 7~ 11)。发现 N-甲基甲酰胺(DMF 2b 和 NMP 2f)和 N-甲基乙酰胺(NMA 2d)都 能得到产物 3a,然而 N-乙基酰胺(2c 和 2e)则得到了产物 2-甲基-4-苯基喹 唑啉 3b。通过这些实验我们也证明了碳合成子可能来自与氮原子相连的甲基而 不是酰基。随后我们优化了不同的含碘催化剂如碘、四丁基碘化铵、碘化钾以及 碘苯,发现反应产率都比 NIS 更低(表 1.1,条件 12~15)。最后,我们用其他氧化剂如过氧化二叔丁基(DTBP),Oxone,2,3－二氯－5,6－二氰对苯醌(DDQ)和氧气代替 TBHP 时,DTBP 能够得到优秀的产率而其他氧化剂产率都很低(表1.1,条件16~19)。因此,最佳反应条件如表1.1中条件6所示。

表1.1　反应条件优化^a

条件	碘催化剂	氧化剂	氮合成子	溶剂	产率(%)^b
1	NIS	TBHP	NH₄HCO₃	2a	>99
2	NIS	TBHP	—	2a	n. d.
3	NIS	TBHP	NH₄OAc	2a	>99
4	NIS	TBHP	NH₄Cl	2a	99
5	NIS	TBHP	NH₄F	2a	99
6	NIS	TBHP	NH₃(aq)	2a	>99(99)
7	NIS	TBHP	NH₃(aq)	2b	50
8	NIS	TBHP	NH₃(aq)	2c	n. d.ᶜ
9	NIS	TBHP	NH₃(aq)	2d	99
10	NIS	TBHP	NH₃(aq)	2e	n. d.ᵈ
11	NIS	TBHP	NH₃(aq)	2f	40ᵉ
12	I₂	TBHP	NH₃(aq)	2a	95
13	Bu₄NI	TBHP	NH₃(aq)	2a	89
14	KI	TBHP	NH₃(aq)	2a	76
15	PhI	TBHP	NH₃(aq)	2a	99
16	NIS	DTBP	NH₃(aq)	2a	83
17	NIS	Oxone	NH₃(aq)	2a	n. d.
18	NIS	DDQ	NH₃(aq)	2a	n. d.
19	NIS	O₂	NH₃(aq)	2a	10

　ᵃ反应条件：1a(0.2 mmol),氮合成子(0.4 mmol),碘催化剂(0.04 mmol),氧化剂(0.8 mmol),溶剂(1 mL),120 ℃,4 h;ᵇ反应产率由 GC－MS 确定,括号内为最终分离产率;ᶜ3b 的产率为 5%;ᵈ3b 的产率为 38%;ᵉ反应时间为 24 h.

2.2 邻碳基苯胺底物范围

在最优的反应条件下,我们对邻碳基苯胺的底物范围进行了研究(图1.2)。首先当 R^1 取代基是芳基时,不管芳基上对位是吸电子基团还是给电子基团,1a – 1h 都能以优秀产率得到相应的 4 – 芳基喹唑啉 3a – 3h。然而,立体效应对反应有很大的影响。当 R^1 取代基是 2,4,6 – 三甲基苯基时,无法得到相应产物 3i。当 R^1 取代基是 2 – 萘基时,可以以 98% 的分离产率得到相应产物 3j。然而当 R^1 取代基是烷基(3k – 3o)时,除叔丁基外虽然都能得到相应的产物,但是产率都较低。其中,环戊基取代的底物 1m 在得到相应产物 3m 的同时还得到进一步氧化

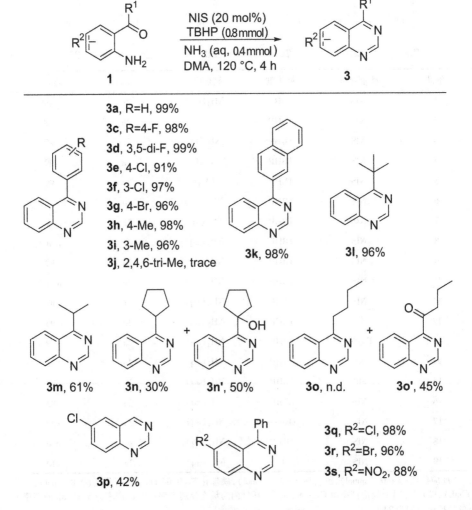

3a, R=H, 99%
3c, R=4-F, 98%
3d, 3,5-di-F, 99%
3e, 4-Cl, 91%
3f, 3-Cl, 97%
3g, 4-Br, 96%
3h, 4-Me, 98%
3i, 3-Me, 96%
3j, 2,4,6-tri-Me, trace

3k, 98%

3l, 96%

3m, 61%

3n, 30%

3n', 50%

3o, n.d.

3o', 45%

3p, 42%

3q, R^2=Cl, 98%
3r, R^2=Br, 96%
3s, R^2=NO₂, 88%

图1.2 邻碳基苯胺底物范围

的产物3m',正丁基取代的底物1n只以45%的产率得到进一步氧化的产物3n'。当R¹取代基为苯基而R²取代基为氯原子、溴原子以及硝基时,也可以高产率得到3q-3s。值得注意的是,反应中底物上的氟、氯、溴及硝基都可完全保留,这有利于产物进一步衍生化。

紧接着,我们也做了一些不同类型碳氢键的竞争实验(图1.3)。当 N, N-二甲基乙酰胺2a 和 N,N-二乙基乙酰胺2e 以1:1的比例作为混合溶剂时,仅以90%产率生成3a而没有生成3a'。而当 N-甲基-N-苄基乙酰胺2g 作为溶剂时,仅以62%产率生成3a而没有生成3s。这就说明一级碳氢键的活性远远大于二级碳氢键,而这与金属催化的碳氢氨基化的选择性是完全相反的。

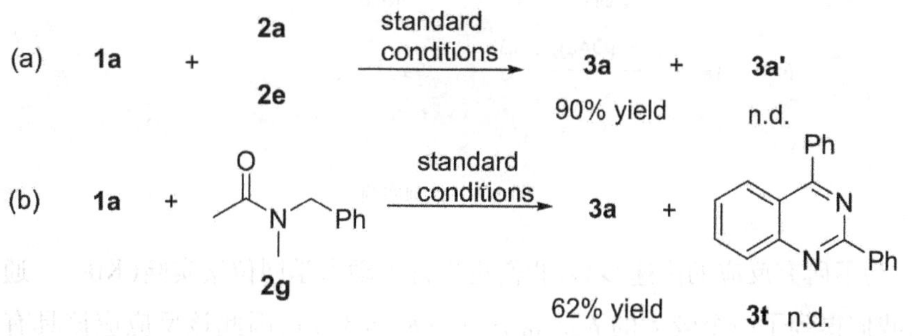

图1.3 一级和二级 C(sp³)—H 键的选择性实验

2.3 反应机理

为了研究反应的机理,我们进行了一些控制实验(图1.4)。首先,在没有加氨水的条件下,我们成功地得到了两个中间体4和5。中间体4在标准条件下可以得到85%的最终产物3a和9%的中间体5,而中间体5和氨水直接缩合仅得到8%的3a。因此,我们推测反应存在两种可能的途径,经由中间体4的主要途径和经由中间体5的次要途径[图1.4(a)]。接下来我们也进行了自由基验证实验,当我们加入 0.2 mmol 自由基抑制剂2,2,6,6-四甲基哌啶氮氧化物(TEMPO)或者2,6-二叔丁基-4-甲基苯酚(BHT)时,反应受到明显的抑制,这表明反应可能经历了自由基历程[图1.4(b)]。此外,我们也探究了碘的作用,当使用当量的二醋酸碘苯和2-碘酰基苯甲酸(IBX)代替我们的催化体系时没有任何产物生成。因此,我们认为可能高价碘不参与这个反应,而是零价碘到正一价碘的催化循环起到了重要的作用[图1.4(c)]。

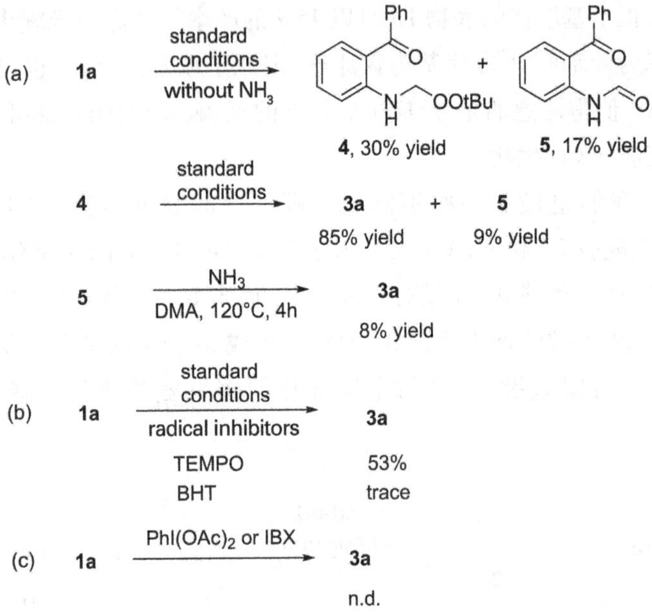

图 1.4 控制实验

为了研究反应的决速步骤，我们也进行了动力学同位素实验（KIE）。通过实验，我们得到了一个较大的 K_H/K_D 值（$K_H/K_D = 3.3$），因此该反应应该具有二级动力学同位素效应，碳氢键断裂应该是该反应的决速步骤［图 1.5（a）］。除此之外，为了进一步确定产物中碳原子的来源，我们也做了 [13]C 标记实验。当羰基标记的 DMF 作为底物时，产物几乎没有检测到 [13]C 的存在。因此，这更加直接地证明了碳原子来自 N − 甲基酰胺中的 N − 甲基而不是酰基［图 1.5（b）］。

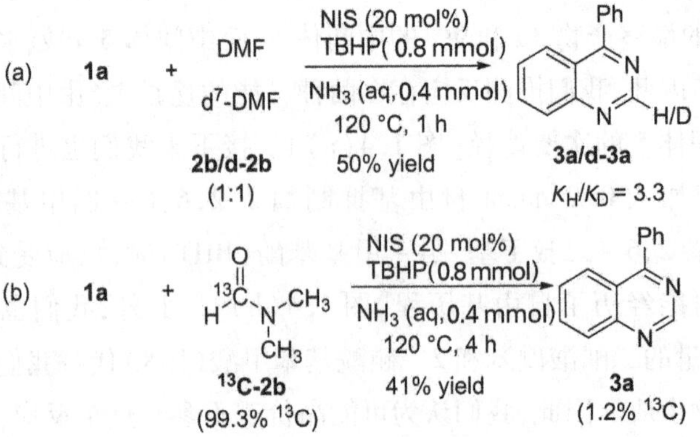

图 1.5 动力学同位素实验和 [13]C 标记实验

　　基于以上的对照实验和以前的研究[18,19]，我们推测了一个可能的催化机理（图 1.6）。首先，DMA（2a）在原位产生的叔丁氧自由基的作用下失去氢原子，从而产生碳自由基中间体 A；然后在一价碘作用下发生单电子转移（SET）生成亚胺 B，自身转化成单质碘，其中单质碘又可以在 TBHP 作用下生成一价碘和过氧自由基实现碘的催化循环。而 1a 对 B 的亲核加成可以生成偶联产物 C，然后 C 可以在 TBHP 的存在下生成不稳定的过氧中间体 4，4 可以在氨的存在下发生亲核取代反应生成 D（path a）；中间体 C 也可以直接和氨发生氨交换反应生成 D（path b），然后缩合氧化生成产物 3a。然而，还有一种次要的途径就是中间体 4 消除一分子叔丁醇生成 5，然后再直接缩合成 3a（path c）。总之，$I_2 - I^+$ 的氧化还原催化循环无论在促进 TBHP 还原消除成自由基还是氧化碳自由基成碳正离子过程中，都起到了至关重要的作用。

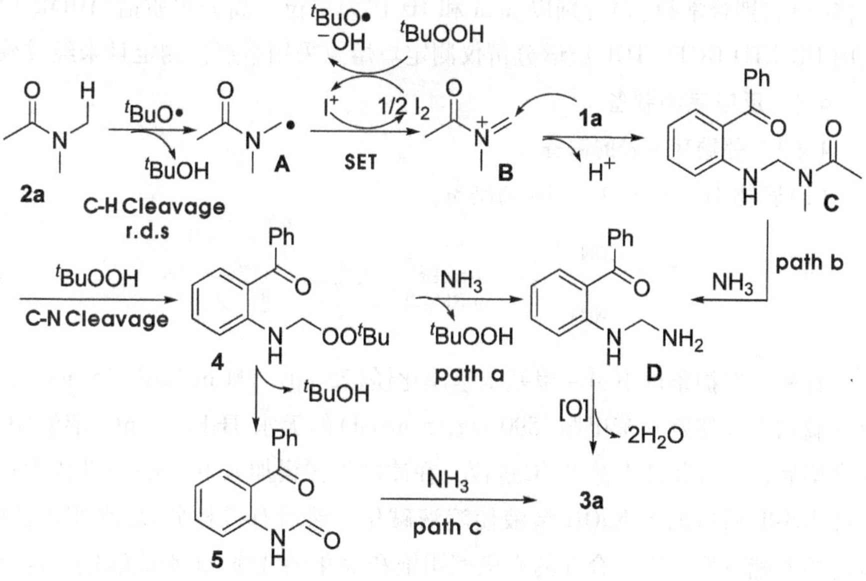

图 1.6　催化机理

3　结论

　　我们已经成功地实现了碘催化的分子间与氮原子或者氧原子相邻 $C(sp^3)$—H 键氨基化反应。反应以邻酰基苯胺，N - 甲基酰胺以及氨水作为原料高效地构建了医药中间体喹唑啉。和以前的合成方法相比，反应中避免了任何金属的使用、操作简单、不需要惰性气体保护、底物范围广且只有水和醇作为副产物生成。

通过同位素标记实验我们也证明了喹唑啉结构中的额外碳原子来自与氮原子或者氧原子直接相连的甲基,而氮原子则来自氨水。值得注意的是,这是目前第一例利用有机溶剂和无机氮源合成杂环化合物的方法。通过动力学同位素实验,我们也证明了 C—H 键的断裂是整个反应的决速步骤。最后,我们也首次发现了在 C—H 氨基化反应中不同碳氢键(一级大于二级)具有选择性。

4　实验部分

4.1　实验试剂与仪器

除非特殊注明,所有化学试剂(包括底物 1a,1q-1s)均直接购买且未经过进一步处理直接使用。所有化合物的氢谱和碳谱均采用 Brucker AVANCE Ⅲ 400 傅里叶转换核磁共振仪测定,使用四甲基硅烷(TMS,$\delta = 0$ ppm)作为基准,化学位移(δ)和耦合常数(J)分别以 ppm 和 Hz 作为单位。高分辨质谱(HRMS)数据采用 UK LTD GCT-TOF 质谱分析仪测定。熔点采用熔点仪测定且未经过校正。

4.2　反应底物制备

4.2.1　邻羰基苯胺的制备

(1)底物 1c-1i 和 1k-1o 的制备。

在氮气保护条件下,4-甲基苯基溴化镁(25 mL, 1M in THF, 25 mmol)冰浴下逐滴加入到邻氨基苯甲腈(590 mg, 5 mmol)的无水 THF(10 mL)溶液中。滴加完毕后,升到室温或者 30 ℃ 过夜。在冰浴下缓慢加入 10% 的 HCl 淬灭反应,搅拌半小时后再加入 NaOH 溶液使溶液碱化。然后有机相分离,水相用乙醚或者乙酸乙酯萃取 3 次。合并的有机相用饱和氯化钠洗涤,无水硫酸钠干燥,浓缩过柱得到黄色固体(4'-甲基苯基)(2-氨基苯基)甲酮 1h(453 mg, 43%)。

1c-1i, 1k-1o 的制备过程和 1h 相同。

(2)底物 1g 的制备。

在氮气保护下,往 100 mL 的圆底烧瓶中依次加入邻硝基苯甲酸(2.5 g, 15 mmol),无水 DMF 以及干燥的二氯甲烷(50 mL)。体系搅拌下冷却到 0 ℃,向体系中缓慢加入草酰氯(2.6 mL, 30 mmol),加完后保持 30 min。然后将反应体系浓缩得到淡黄色液体,重新溶解在 1,2-二氯乙烷(6 mL)和溴苯(2.5 mL, 24 mmol)中。冷却到 0 ℃,加入无水三氯化铁(2.7 g,16.5 mmol)。反应 1 h 后将反应体系直接倒入冰水中(30 mL),减压旋干 DCE 溶剂后加入异丁醇(20 mL)和水混合溶剂重结晶,过滤、水洗得到浅褐色固体(4′-溴苯基)(2-硝基苯基)甲酮。

在 50 mL 圆底烧瓶中依次加入(4′-溴苯基)(2-硝基苯基)甲酮(1.224 g, 4 mmol),铁粉(896 mg, 16 mmol)以及无水乙醇(12 mL)和水(3 mL),搅拌均匀后加入 2 滴浓盐酸,然后加入回流 2h。TLC 检测反应完毕后,用硅藻土或者硅胶将不溶的固体滤除,用乙酸乙酯洗涤,收集黄色的滤液,直接用乙酸乙酯(3×20 mL)萃取三次,有机相合并后无水硫酸钠干燥,旋干浓缩后过柱即得到淡黄色固体(4′-溴苯基)(2-氨基苯基)甲酮 1g。

(3)底物 1j 的制备。

在 50 mL 的圆底烧瓶中依次加入邻硝基苯甲酸(2 g, 12 mmol)和三氟醋酸酐(4 g, 19 mmol)在冰浴下。体系搅拌下冷却到 0 ℃,缓慢加入无水三氟化硼乙醚(1.701 g, 12 mmol),然后往深红色的溶液继续加入对二甲苯(2.015 g, 19 mmol),加完后继续搅拌 2 h。然后反应体系直接倒入冰水中,用三氯甲烷萃取,氢氧化钠溶液洗涤,无水硫酸钠干燥,旋干浓缩后过柱即得到白色固体(2,5′-二甲基苯基)(2-氨基苯基)甲酮。

(4)底物 1p 的制备。

2 - 氨基 - 5 氯苯甲醛 1q 经由 2 - 硝基苯甲醛的还原得到,具体操作与 (4' - 溴苯基)(2 - 硝基苯基)甲酮的还原相同。

4.2.2 N - 甲基 - N - 苄基乙酰胺 2g 的合成

在 25 mL 的圆底烧瓶中依次加入 N - 甲基苄胺(1.21 g, 10 mmol),以及干燥的三乙胺(1.7 mL, 12 mmol)和 10 mL 无水二氯甲烷。冷却到 0 ℃下,逐滴滴加乙酰氯(0.9 mL, 12 mmol),加完后升至室温过夜。反应结束后,加入 10 mL 水淬灭,分层水相继续用二氯甲烷萃取两次,合并的有机相用无水硫酸钠干燥,过滤浓缩过柱得(洗脱剂石油醚/乙酸乙酯 = 2/1)产物无色液体 2 g(冷却下凝固)。

4.3 N - 甲基酰胺作碳合成子构建喹唑啉的合成步骤

1(0.2 mmol),NIS(9 mg, 20 mol%)或者 I_2(11.6 mg, 20 mol%),叔丁基过氧化氢(70% 水溶液, 0.8 mmol),氨水(25% 水溶液,4 mmol)依次加入到 10 mL Schlenk 瓶中。然后加入 1 mL 溶剂并在指定的温度下加热反应,TLC 跟踪。反应结束后,冷到室温后加入饱和硫代硫酸钠溶液直至棕色褪去。然后用乙酸乙酯(3×10 mL)萃取三次,合并的有机相用无水硫酸钠干燥,过滤浓缩过柱(洗脱剂石油醚/乙酸乙酯 = 3/1)得产物 3。

4.4 机理实验

4.4.1 中间体实验

1a(39.4 mg, 0.2 mmol),NIS(9 mg, 20 mol%),TBHP(70% 水溶液, 0.8 mmol)和 1 mL DMA 依次加入到 10 mL Schlenk 瓶中,然后加入并在 120 ℃下加热反应 4 h。反应结束后,冷到室温用乙酸乙酯(3×10 mL)萃取三次,合并的有机相用无水硫酸钠干燥,过滤浓缩过柱(洗脱剂石油醚/乙酸乙酯 = 6/1)得产物 4(18 mg, 30%)和 5(8 mg, 17%)。4 和 5 的表征数据如下:

(2-(叔丁基过氧化甲胺基)苯基)苯基甲酮(4):黄色油状液体。^{1}H NMR (400 MHz, CDCl$_3$) δ (ppm) 9.06 (br, 1H), 7.63-7.60 (m, 2H), 7.55-7.39 (m, 5H), 7.09 (d, J = 8.8 Hz, 1H), 6.71-6.66 (m, 1H), 5.16 (d, J = 7.2 Hz, 2H), 1.21 (s, 9H). ^{13}C NMR (100 MHz, CDCl$_3$) δ (ppm) 199.4, 149.8, 140.1, 135.0, 134.5, 131.1, 129.2, 128.1, 119.0, 116.1, 113.1, 80.5, 77.4, 26.4. LC-MS (ESI) m/z 322.2 [M+Na]$^+$, 219.1, 210.2.

N-(2-苯甲酰苯基)甲酰胺(5):黄色油状液体。^{1}H NMR (400 MHz, CDCl$_3$) δ (ppm) 10.7 (br, 1H), 8.67 (d, J = 8.4 Hz, 1H), 8.49 (s, 1H), 7.71 (d, J = 7.2 Hz, 2H), 7.65-7.43 (m, 5H), 7.14 (t, J = 7.6 Hz, 1H). ^{13}C NMR (100 MHz, CDCl$_3$) δ (ppm) 199.5, 159.6, 139.3, 138.4, 134.3, 133.6, 132.6, 129.9, 128.4, 123.4, 122.7, 122.1. HRMS (EI) m/z calc. C$_{14}$H$_{11}$NO$_2$: 225.0790, found: 225.0788.

4.4.2 自由基抑制实验

1a(39.4 mg, 0.2 mmol), NIS(9 mg, 20 mol%), TBHP(70%水溶液, 0.8 mmol),氨水(25%水溶液,0.4 mmol),TEMPO(31.2 mg)或者 BHT(44 mg)和 1 mLDMA 依次加入到10 mL Schlenk 瓶中,然后在120 ℃下加热反应4 h。反应结束后,冷到室温用乙酸乙酯(3×10 mL)萃取三次,合并的有机相用无水硫酸钠干燥,浓缩过柱分别得到53%和少量的3a。

4.4.3 动力学同位素实验

    1a(39.4 mg,0.2 mmol),NIS(9 mg,20 mol%),TBHP(70%水溶液,0.8 mmol),氨水(25%水溶液,0.4 mmol),0.1 mL DMF 和 0.1 mL 氘代 DMF 依次加入到 10 mL Schlenk 瓶中,然后在 120 ℃下加热反应 1 h。反应结束后,冷到室温先加水洗,然后用乙酸乙酯(3×10 mL)萃取三次,合并的有机相用无水硫酸钠干燥,浓缩过柱得到 3a 和 d-3a 的混合物(21 mg,50%)。我们通过[1]H NMR 分析得到 3a 和 d-3a 的比例是 3.3:1(图 1.7)。

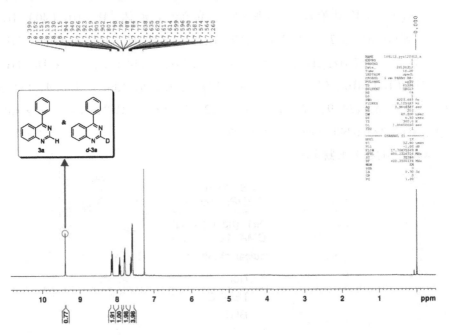

图 1.7　3a 和 d-3a 的[1]H NMR 图谱

4.4.4　[13]C 标记实验

^{13}C-3a, 41% yield
(1.2% ^{13}C incorporation)

NIS (20 mol%)
TBHP(0.8 mmol)
NH$_3$ (aq, 0.4 mmol)
120°C, 4h

1a　　　^{13}C-2b

    碳 13 标记的 DMF(carbonyl-^{13}C,99.3%,cat. No. CLM-503-0.5)直接从剑桥同位素实验室购买没有经过纯化,^{13}C 的含量直接通过反门控去耦^{13}C NMR 来计算[20]。

1a(39.4 mg, 0.2 mmol), NIS(9 mg, 20 mol%), TBHP(70% 水溶液, 0.8 mmol), 氨水(25% 水溶液, 0.4 mmol)和 DMF - carbonyl - ^{13}C(100 μL)依次加入 10 mL Schlenk 瓶中, 然后在 120 度下加热反应 4 h。反应结束后, 冷到室温用乙酸乙酯(3×10 mL)萃取三次, 合并的有机相用无水硫酸钠干燥, 过滤浓缩过柱(洗脱剂石油醚/乙酸乙酯 = 3/1)得产物 ^{13}C - 3a(17 mg, 41%)。

3a: 反门控去耦 ^{13}C NMR (100 MHz, CDCl$_3$) δ 168.3 (int. = 1.00), 154.6 (C, int. = 3.40), 151.1 (int. = 1.15), 137.1 (int. = 1.06), 133.6 (int. = 3.01).

^{13}C - 3a: 反门控去耦 ^{13}C NMR (100 MHz, CDCl$_3$) δ 168.4 (int. = 1.00), 154.6 (C, int. = 3.74), 151.1 (int. = 1.20), 137.1 (int. = 1.11), 133.7 (int. = 3.21), 1.2% of ^{13}C incorporated.

4.5 产物表征数据

4 - 苯基喹唑啉(3a, 99%): 淡黄色固体。m. p. 96 - 97 ℃. ^{1}H NMR (400 MHz, CDCl$_3$) δ (ppm) 9.39 (s, 1H), 8.13 (d, J = 8.8 Hz, 2H), 7.95 - 7.90 (m, 1H), 7.82 - 7.76 (m, 2H), 7.64 - 7.56 (m, 4H). ^{13}C NMR (100 MHz, CDCl$_3$) δ (ppm) 168.5, 154.5, 150.9, 137.0, 133.7, 130.1, 129.9, 128.8, 128.6, 127.7, 127.1, 123.1. HRMS (EI) m/z calc. C$_{14}$H$_{10}$N$_2$: 206.0844, found: 206.0831.

2 - 甲基 - 4 - 苯基喹唑啉(3b, 80%): 黄色油状液体。^{1}H NMR (400 MHz, CDCl$_3$) δ (ppm) 8.07 - 8.02 (m, 2H), 7.90 - 7.87 (m, 1H), 7.77 - 7.74 (m, 2H), 7.59 - 7.52 (m, 4H), 2.96 (m, 3H). ^{13}C NMR (100 MHz, CDCl$_3$) δ (ppm) 168.5, 163.8, 151.4, 137.2, 133.6, 129.8, 128.5, 128.1, 127.0, 126.7, 121.0, 26.5. HRMS (EI) m/z calc. C$_{15}$H$_{12}$N$_2$: 220.1000, found: 220.1001.

4 - (4 - 氟苯基)喹唑啉(3c, 98%): 淡黄色固体。m. p. 91 - 93 ℃. ^{1}H NMR (400 MHz, CDCl$_3$) δ (ppm) 9.37 (s, 1H), 8.13 (dd, J_1 = 13.2 Hz, J_2 = 8.4 Hz, 2H), 7.96 - 7.91 (m, 1H), 7.83 - 7.79 (m, 2H), 7.67 - 7.62 (m, 1H), 7.31 - 7.26 (m, 2H). ^{13}C NMR (100 MHz, CDCl$_3$) δ (ppm) 167.3, 164.0 (d, J_{C-F} = 249.3 Hz), 154.5, 151.0, 133.8, 133.2 (d, J_{C-F} = 3.1 Hz), 132.0 (d, J_{C-F} = 8.6 Hz), 128.9, 127.9, 126.7, 123.0, 115.8 (d, J_{C-F} = 21.7 Hz). HRMS (EI) m/z calc. C$_{14}$H$_9$FN$_2$: 224.0750, found: 224.0751.

4 - (3,5 - 二氟苯基)喹唑啉(3d, 99%)：淡黄色固体。m. p. 101 - 102 ℃. ^{1}H NMR (400 MHz, CDCl$_3$) δ (ppm) 9.39 (s, 1H), 8.15(d, J = 8.4 Hz, 1H), 8.11 - 8.07 (m, 1H), 7.98 - 7.93 (m, 1H), 7.69 - 7.64 (m, 1H), 7.36 - 7.30 (m, 2H), 7.07 - 7.00 (m, 1H). ^{13}C NMR (100 MHz, CDCl$_3$) δ (ppm) 165.7 (t, J_{C-F} = 2.6 Hz), 164.2 (dd, J_{C-F1} = 249.1 Hz, J_{C-F2} = 12.4 Hz), 154.5, 151.2, 140.1 (t, J_{C-F} = 9.2 Hz), 134.1, 129.2, 128.3, 126.1, 122.6, 113.1 (dd, J_{C-F1} = 18.9 Hz, J_{C-F2} = 7.5 Hz), 105.4 (t, J_{C-F} = 25.0 Hz). HRMS (EI) m/z calc. C$_{14}$H$_8$F$_2$N$_2$: 242.0656, found: 242.0655.

4 - (4 - 氯苯基)喹唑啉(3e, 91%)：淡黄色固体。m. p. 116 - 118 ℃. ^{1}H NMR (400 MHz, CDCl$_3$) δ (ppm) 9.38 (s, 1H), 8.14 - 8.07 (m, 2H), 7.96 - 7.91 (m, 1H), 7.79 - 7.71 (m, 2H), 7.66 - 7.62 (m, 1H), 7.58 - 7.55 (m, 2H). ^{13}C NMR (100 MHz, CDCl$_3$) δ (ppm) 167.1, 154.6, 151.1, 136.4, 135.5, 133.8, 131.3, 129.0, 128.9, 127.9, 126.6, 122.9. HRMS (EI) m/z calc. C$_{14}$H$_9$ClN$_2$: 240.0454, found: 240.0455.

4 - (3 - 氯苯基)喹唑啉(3f, 97%)：淡黄色固体。m. p. 81 - 83 ℃. ^{1}H NMR (400 MHz, CDCl$_3$) δ (ppm) 9.38 (s, 1H), 8.14 (d, J = 8.4 Hz, 1H), 8.10 - 8.07 (m, 1H), 7.97 - 7.91 (m, 1H), 7.79 (t, J = 1.6 Hz, 1H), 7.68 - 7.62 (m, 2H), 7.58 - 7.49 (m, 2H). ^{13}C NMR (100 MHz, CDCl$_3$) δ (ppm) 166.8, 154.5, 151.1, 138.8, 134.7, 133.9, 130.1, 129.88, 129.86, 129.0, 128.1, 128.0, 126.5, 122.9. HRMS (EI) m/z calc. C$_{14}$H$_9$ClN$_2$: 240.0454, found: 240.0456.

4 - (4 - 溴苯基)喹唑啉(3 g, 96%)：淡黄色固体。m. p. 152 - 154 ℃. ^{1}H NMR (400 MHz, CDCl$_3$) δ (ppm) 9.38 (s, 1H), 8.16 - 8.07 (m, 2H), 7.96 - 7.91 (m, 1H), 7.75 - 7.61 (m, 5H). ^{13}C NMR (100 MHz, CDCl$_3$) δ (ppm) 167.2, 154.5, 151.1, 135.9, 133.9, 131.9, 131.5, 129.0, 128.0, 126.6, 124.8, 122.9. HRMS (EI) m/z calc. C$_{14}$H$_9$BrN$_2$: 283.9949, found: 283.9946.

4 - (对甲基)喹唑啉(3h, 98%)：淡黄色固体。m. p. 32 - 34 ℃. ^{1}H NMR (400 MHz, CDCl$_3$) δ (ppm) 9.37 (s, 1H), 8.18 - 8.09 (m, 2H), 7.93 - 7.88 (m, 1H), 7.70 (dd, J_1 = 6.4 Hz, J_2 = 1.6 Hz, 2H), 7.63 - 7.58 (m, 1H),

7.39（d，$J = 8.0$ Hz，2H），2.48（s，3H）．^{13}C NMR（100 MHz，CDCl$_3$）δ（ppm）168.4，154.7，151.1，140.3，134.3，133.6，130.0，129.3，128.9，127.6，127.2，123.2，21.4. HRMS（EI）m/z calc. C$_{15}$H$_{12}$N$_2$：220.1000，found：220.1002.

4 -（间甲苯基）喹唑啉（3i，96%）。黄色油状液体。^{1}H NMR（400 MHz，CDCl$_3$）δ（ppm）9.38（s，1H），8.15 - 8.09（m，2H），7.93 - 7.88（m，1H），7.62 - 7.54（m，3H），7.45（t，$J = 7.6$ Hz，1H），7.39（d，$J = 7.6$ Hz，1H），2.48（s，3H）．^{13}C NMR（100 MHz，CDCl$_3$）δ（ppm）168.5，154.6，151.0，138.5，137.0，133.6，130.7，130.4，128.8，128.3，127.6，127.14，127.08，123.2，21.4. HRMS（EI）m/z calc. C$_{15}$H$_{12}$N$_2$：220.1000，found：220.1004.

4 -（萘 - 2 - 基）喹唑啉（3k，98%）：黄色固体。m. p. 133 - 135 ℃. ^{1}H NMR（400 MHz，CDCl$_3$）δ（ppm）9.43（s，1H），8.26（d，$J = 1.6$ Hz，1H），8.21 - 8.13（m，2H），8.03（d，$J = 8.8$ Hz，1H），7.96 - 7.87（m，4H），7.62 - 7.54（m，3H）．^{13}C NMR（100 MHz，CDCl$_3$）δ（ppm）168.3，154.6，151.1，134.4，133.9，133.7，132.8，130.2，128.9，128.6，128.4，127.8，127.3，127.1，126.8，126.7，123.3. HRMS（EI）m/z calc. C$_{18}$H$_{12}$N$_2$：256.1000，found：256.1004.

4 - 叔丁基喹唑啉（3l，96%）：淡黄色油状液体。^{1}H NMR（400 MHz，CDCl$_3$）δ（ppm）9.23（s，1H），8.47（dd，$J_1 = 8.8$ Hz，$J_2 = 0.8$ Hz，1H），8.07（dd，$J_1 = 8.8$ Hz，$J_2 = 0.8$ Hz，1H），7.85 - 7.80（m，1H），7.61 - 7.56（m，1H），1.66（s，9H）．^{13}C NMR（100 MHz，CDCl$_3$）δ（ppm）176.8，153.7，151.0，132.4，130.1，126.5，126.2，123.1，40.0，30.7. HRMS（EI）m/z calc. C$_{12}$H$_{14}$N$_2$：186.1157，found：186.1156.

4 - 异丙基喹唑啉（3m，61%）：黄色油状液体。^{1}H NMR（400 MHz，CDCl$_3$）δ（ppm）9.23（s，1H），8.18（d，$J = 8.4$ Hz，1H），8.05（d，$J = 8.4$ Hz，1H），7.90 - 7.85（m，1H），7.66 - 7.61（m，1H），3.98 - 3.90（m，1H），1.45（d，$J = 6.8$ Hz，6H）．^{13}C NMR（100 MHz，CDCl$_3$）δ（ppm）175.8，154.7，150.0，133.2，129.3，127.3，124.1，123.1，30.9，21.7. HRMS（EI）m/z calc. C$_{11}$H$_{12}$N$_2$：172.1000，found：172.1003.

4-环戊基喹唑啉(3n, 30%): 黄色油状液体。^{1}H NMR (400 MHz, CDCl$_3$) δ (ppm) 9.23 (s, 1H), 8.21 (d, $J = 8.4$ Hz, 1H), 8.04 (d, $J = 8.4$ Hz, 1H), 7.90–7.65 (m, 2H), 4.05–4.00 (m, 1H), 2.22–2.10 (m, 4H), 1.94–1.91 (m, 2H), 1.80–1.78 (m, 2H). ^{13}C NMR (100 MHz, CDCl$_3$) δ (ppm) 174.7, 154.7, 149.8, 133.3, 129.1, 128.3, 127.3, 124.6, 42.4, 32.7, 26.2. HRMS (EI) m/z calc. C$_{13}$H$_{14}$N$_2$: 198.1157, found: 198.1159.

1-(喹唑啉-4-基)环戊醇 (3n', 50%): 黄色固体。m. p. 97–99 ℃. ^{1}H NMR (400 MHz, CDCl$_3$) δ (ppm) 9.22 (s, 1H), 8.21 (dd, $J_1 = 8.4$ Hz, $J_2 = 0.4$ Hz, 1H), 8.04 (d, $J = 8.4$ Hz, 1H), 7.92–7.87 (m, 1H), 7.66–7.61 (m, 1H), 5.61 (s, 1H), 2.55–2.51 (m, 2H), 2.20–2.04 (m, 6H). ^{13}C NMR (100 MHz, CDCl$_3$) δ (ppm) 172.8, 152.4, 151.0, 133.4, 129.8, 127.1, 125.7, 121.6, 83.5, 43.3, 25.9. HRMS (EI) m/z calc. C$_{13}$H$_{14}$N$_2$O: 214.1106, found: 214.1100.

1-(喹唑啉-4-基)丁烷-1-酮(3o', 45%): 黄色油状液体。^{1}H NMR (400 MHz, CDCl$_3$) δ (ppm) 9.41 (s, 1H), 8.67 (dd, $J_1 = 8.4$ Hz, $J_2 = 0.8$ Hz, 1H), 8.04 (d, $J = 8.8$ Hz, 1H), 7.98–7.93 (m, 1H), 7.74–7.69 (m, 1H), 3.27 (t, $J = 7.2$ Hz, 2H), 1.82 (q, $J = 7.2$ Hz, 2H), 1.05 (t, 3H). ^{13}C NMR (100 MHz, CDCl$_3$) δ (ppm) 204.0, 159.9, 154.0, 152.0, 134.2, 129.3, 128.8, 126.4, 121.0, 42.0, 17.3, 13.8. HRMS (EI) m/z calc. C$_{12}$H$_{12}$N$_2$O: 200.0950, found: 200.0943.

6-氯喹唑啉(3p, 42%): 淡黄色固体。m. p. 140–141 ℃. ^{1}H NMR (400 MHz, CDCl$_3$) δ (ppm) 9.37 (s, 1H), 9.35 (s, 1H), 8.02 (d, $J = 8.8$ Hz, 1H), 7.94 (d, $J = 2.0$ Hz, 1H), 7.87 (dd, $J_1 = 8.8$ Hz, $J_2 = 2.0$ Hz, 1H). ^{13}C NMR (100 MHz, CDCl$_3$) δ (ppm) 159.3, 155.5, 148.5, 135.2, 133.7, 130.3, 125.8, 125.6. HRMS (EI) m/z calc. C$_8$H$_5$ClN$_2$: 164.0141, found: 164.0142.

4-苯基-6-氯喹唑啉(3q, 98%): 淡黄色固体。m. p. 135–136 ℃. ^{1}H NMR (400 MHz, CDCl$_3$) δ (ppm) 9.38 (s, 1H), 8.11 (d, $J = 2.0$ Hz, 1H), 8.08 (d, $J = 9.2$ Hz, 1H), 7.85 (dd, $J_1 = 9.2$ Hz, $J_2 = 2.4$ Hz, 1H), 7.79–

7. 74（m，2H），7. 63 - 7. 58（m，3H）. ^{13}C NMR（100 MHz，CDCl$_3$）δ（ppm）167. 7，154. 8，149. 5，136. 5，134. 7，133. 5，130. 6，130. 4，129. 8，128. 8，125. 8，123. 7. HRMS（EI）m/z calc. C$_{14}$H$_9$ClN$_2$：240. 0454，found：240. 0455.

4 - 苯基 - 6 - 溴喹唑啉（3r，96%）：淡黄色固体。m. p. 145 - 146 ℃. ^{1}H NMR（400 MHz，CDCl$_3$）δ（ppm）9. 39（s，1H），8. 28（d，J = 1. 2 Hz，1H），8. 00 - 7. 96（m，2H），7. 79 - 7. 74（m，2H），7. 63 - 7. 58（m，3H）. ^{13}C NMR（100 MHz，CDCl$_3$）δ（ppm）167. 6，154. 8，149. 7，137. 3，136. 5，130. 7，130. 4，129. 9，129. 2，128. 9，124. 2，121. 6. HRMS（EI）m/z calc. C$_{14}$H$_9$BrN$_2$：283. 9949，found：283. 9952.

4 - 苯基 - 6 - 硝基喹唑啉（3s，88%）：淡黄色固体。m. p. 131 - 132 ℃. ^{1}H NMR（400 MHz，CDCl$_3$）δ（ppm）9. 52（s，1H），9. 08（d，J = 2. 4 Hz，1H），8. 67（dd，J_1 = 9. 2 Hz，J_2 = 2. 8 Hz，1H），8. 27（d，J = 9. 2 Hz，1H），7. 84 - 7. 81（m，2H），7. 68 - 7. 62（m，3H）. ^{13}C NMR（100 MHz，CDCl$_3$）δ（ppm）170. 5，157. 2，153. 4，146. 0，135. 8，131. 07，131. 05，130. 1，129. 1，127. 0，124. 1，122. 0. HRMS（EI）m/z calc. C$_{14}$H$_9$N$_3$O$_2$：251. 0695，found：251. 0695.

第二节　N -甲基酰胺作碳合成子构建2,3,5,6 - 四取代对称吡啶

1　引言

吡啶是一种十分重要的含氮杂环化合物[21 - 23]，广泛存在于天然产物、功能性材料和医药中间体中。其中，对称多取代吡啶由于其优秀的生物活性，已经被用作杀菌剂和除草剂（图 1. 8）[24]。此外，它们也能被用作金属催化有机合成反应的配体，其氢化物也可以被用作还原剂[25]。

在过去的几十年中，2,3,5,6 - 四取代对称吡啶主要是通过1,3 - 二羰基化合物、醛（例如甲醛、异丁醛和 2 - 苯乙醛）和铵盐经由缩合和芳香化合成得到［图 1. 9（a）］[26 - 31]。然而，这些合成方法的底物范围比较窄。2014 年，Guan 课题组发展了一个新颖、有效的钌催化的乙酰基酮肟和 N, N - 二甲基甲酰胺

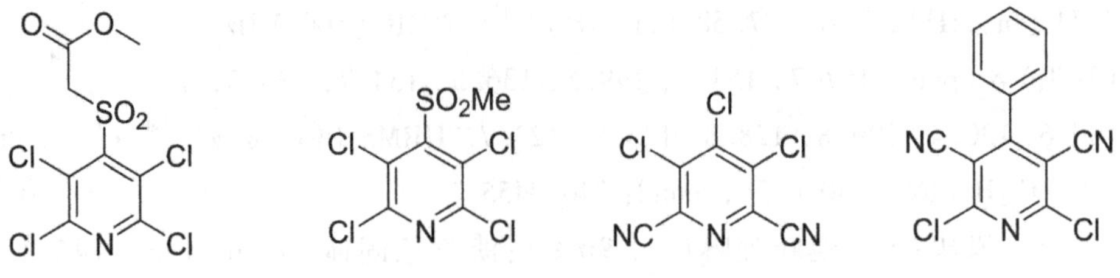

图 1.8　具有生物活性的对称多取代吡啶

（DMF）合成对称的 2,3,5,6 - 四取代吡啶化合物的反应,其中 DMF 的 N - 甲基基团被用作吡啶环的 C - 4 源[图 1.9(b)][32]。然而,这个方法需要预先合成的底物和昂贵的过渡金属,并且吡啶化合物的 C2 位仅限于烷基基团。最近,Wu 课题组也发展了一个通过二甲基亚砜（DMSO）中与硫原子相连的 C—H 和 C—S 的氧化裂解有效合成 2,3,5,6 - 四取代吡啶化合物的方法[图 1.9(c)][33]。在这个反应中,DMSO 中的硫甲基基团提供了吡啶环的 C - 4 源。不幸的是,反应使用了化学计量的铜盐和碘来促进这个反应。此外,吡啶环上的 C2 取代基团也仅限于烷基基团。几乎同时,Yuan 课题组也发展了一个类似的反应,同样采用 DMSO 作为吡啶环 C - 4 源,NH₄I 用作催化剂[34]。因此,寻找一个新颖、简单且通用的合成对称四取代吡啶化合物的方法是极其迫切的。

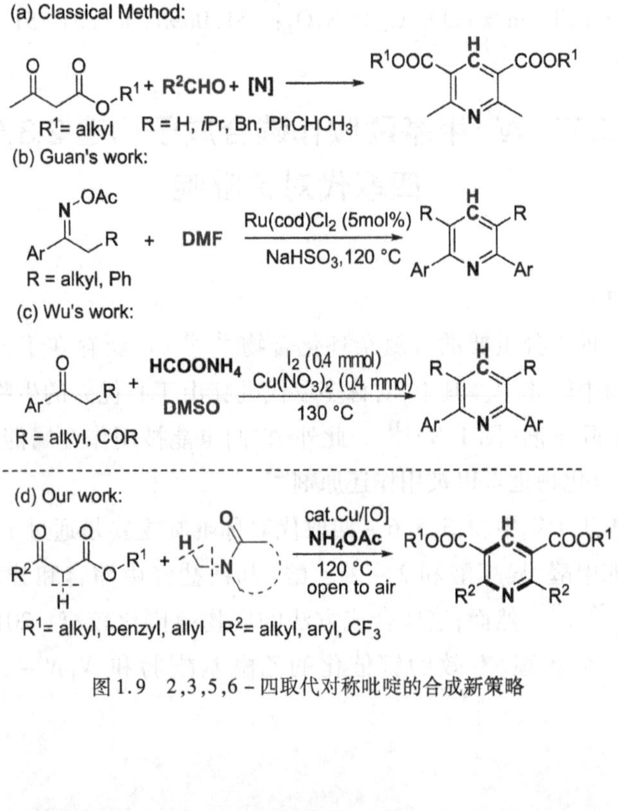

图 1.9　2,3,5,6 - 四取代对称吡啶的合成新策略

本节中,我们发展了一个利用铜催化的氧化[2 + 2 + 1 + 1]环加成反应构建一系列对称的四取代吡啶化合物的新方法[35]。该反应经历了一个 β - 酮酯和 N - 甲基酰胺的交叉脱氢偶联、C—N 键裂解、迈克尔加成、缩合和氧化的串联过程。反应通过 C—H 和 C—N 键裂解一步形成了 4 个化学键,吡啶环额外的氮原子和碳原子分别来自乙酸铵和 N - 甲基酰胺的 N - 甲基基团。

2 结果与讨论

2.1 反应条件优化

最初,我们使用 0.4 mmol 乙酰乙酸乙酯(1a)作为底物、0.4 mmol NH_4OAc 作碱、0.8 mmol 叔丁基过氧化氢(TBHP)作为氧化剂和 10 mol% 的 $Cu(OAc)_2$ 作为催化剂研究这个反应。当反应混合物在 NMP 中 120 ℃下加热 24 h 后,生成了 2,6 - 二甲基 - 3,5 - 二甲酸甲酯吡啶(2a),分离产率为 14%(表 1.2,条件 1)。接下来我们筛选了不同的过氧化试剂,例如过氧化二叔丁基(DTBP)、过氧化苯甲酸叔丁酯(TBPB)和过氧化二异丙苯(DCP)时,DTBP 显示出与 TBHP 一样的产率,而 TBPB 和 DCP 的产率却是很微量的(表 1.2,条件 2 ~ 4)。当多种铜盐,例如 $Cu(TFA)_2$、$Cu(OTf)_2$、$CuBr_2$、$CuCl_2$、$CuCl$、$CuBr$、CuI 和 Cu_2O 作为催化剂时,Cu_2O 的产率最高,为 34%(表 1.2,条件 5 ~ 12)。为了筛选吡啶环四位碳原子的来源,我们又优化了不同的溶剂。结果显示,N,N - 二甲基甲酰胺(DMF)和 N,N - 二甲基乙酰胺(DMA)作为溶剂得到了非常好的结果,其中 DMA 得到了最高 78% 的产率(表 1.2,条件 13 ~ 14)。然而,当 N,N - 二乙基乙酰胺(DEA)作溶剂时却没有得到想要的产物(表 1.2,条件 15)。这些结果表明,2a 中的 C - 4 原子可能是来自溶剂中的 N,N - 二甲基基团。当没有 NH_4OAc 参与反应时,没有产物生成,这说明 NH_4OAc 作为吡啶环的氮合成子(表 1.2,条件 16)。当使用其他 N 合成子,例如 NH_4Cl、NH_3(aq)和 NH_4I 时,产率均大幅度降低(表 1.2,条件 17 ~ 19)。此外,当反应温度从 120 ℃升到 130 ℃或 140 ℃后,反应产率发生明显下降,这是因为升温产生了大量的副产物(表 1.2,条件 20)。当反应温度从 120 ℃降低到 110 ℃或 100 ℃后,反应产率明显下降,这是因为在较低温度下反应活性降低(表 1.2,条件 21)。反应浓度对反应也会造成很明显的影响,高浓度会发生不良反应,低浓度则会降低反应活性(表 1.2,条件 22)。将 TBHP 使用量提高到 1.6 mmol 时同样也会降低反应产率,这是由于 2a 在过量氧化剂条件下发生了进一步氧化(表 1.2,条件 23)。当 NH_4OAc 使用量提高到 0.8 mmol 时,2a 的分离产率提高到 82%(表 1.2,条件 24)。最后,当 0.4 mmol HOAc 和 0.4 mmol NH_4OAc 联合使用时,产率降低到了68%(表1.2,条件25)。因此,最优的反应条件如表1.2中条件24所示。

表1.2 反应条件优化[a]

条件	催化剂	氮合成子	氧化剂	溶剂	产率(%)[b]
1	Cu(OAc)$_2$	NH$_4$OAc	TBHP	NMP	14
2	Cu(OAc)$_2$	NH$_4$OAc	DTBP	NMP	13
3	Cu(OAc)$_2$	NH$_4$OAc	TBPB	NMP	微量
4	Cu(OAc)$_2$	NH$_4$OAc	DCP	NMP	微量
5	Cu(TFA)$_2$	NH$_4$OAc	TBHP	NMP	28
6	Cu(OTf)$_2$	NH$_4$OAc	TBHP	NMP	29
7	CuBr$_2$	NH$_4$OAc	TBHP	NMP	20
8	CuCl$_2$	NH$_4$OAc	TBHP	NMP	15
9	CuCl	NH$_4$OAc	TBHP	NMP	20
10	CuI	NH$_4$OAc	TBHP	NMP	24
11	CuBr	NH$_4$OAc	TBHP	NMP	31
12	Cu$_2$O	NH$_4$OAc	TBHP	NMP	34
13	Cu$_2$O	NH$_4$OAc	TBHP	DMF	37
14	Cu$_2$O	NH$_4$OAc	TBHP	DMA	78
15	Cu$_2$O	NH$_4$OAc	TBHP	DEA	n.d.
16	Cu$_2$O	—	TBHP	DMA	n.d.
17	Cu$_2$O	NH$_4$Cl	TBHP	DMA	11
18	Cu$_2$O	NH$_3$(aq)	TBHP	DMA	痕量
19	Cu$_2$O	NH$_4$I	TBHP	DMA	12
20	Cu$_2$O	NH$_4$OAc	TBHP	DMA	56[c], 25[d]
21	Cu$_2$O	NH$_4$OAc	TBHP	DMA	45[e], 40[f]
22	Cu$_2$O	NH$_4$OAc	TBHP	DMA	64[g], 67[h], 44[i], 35[j]
23[k]	Cu$_2$O	NH$_4$OAc	TBHP	DMA	32
24[l]	Cu$_2$O	NH$_4$OAc	TBHP	DMA	82
25[m]	Cu$_2$O	NH$_4$OAc	TBHP	DMA	68

[a]反应条件:1a(0.4 mmol),催化剂(10 mol%),氧化剂(0.8 mmol),氮合成子(0.4 mmol,溶剂(1 mL),120 ℃,24 h,在空气中。[b]分离产物;n.d. = 未检测到.[c]130 ℃. [d]140 ℃.[e]110 ℃.[f]100 ℃.[g]DMA(0.5 mL). [h]DMA(0.8 mL).[i]DMA(1.5 mL).[j]DMA(2 mL).[k]TBHP(1.6 mmol).[l]NH$_4$OAc(0.8 mmol).[m]NH$_4$OAc(0.4 mmol)和HOAc(0.4 mmol).

2.2 β - 酮酯的底物范围

在最优的反应条件下,我们研究了这个反应条件对不同 β - 酮酯的适用性 (图 1.10)。首先,当不同乙酰乙酸酯(1a - 1g)被用作这个反应时,都能以中等 到优秀的产率得到相应的 2,6 - 二甲基 - 3,5 - 二酯基吡啶(2a - 2g)。例如当 R¹

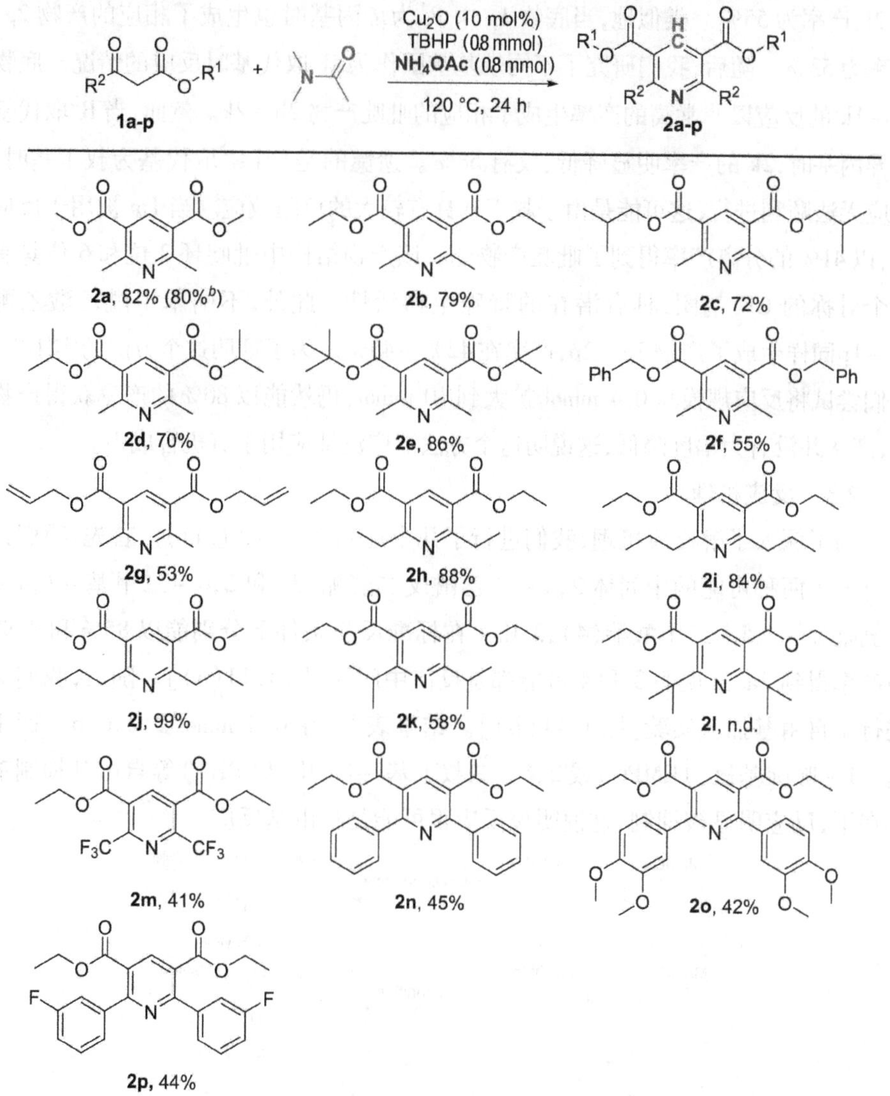

图 1.10 β - 酮酯的底物范围[a]

[a]反应条件:1 (0.4 mmol),Cu₂O (10 mol%),TBHP (0.8 mmol),NH₄OAc (0.8 mmol),DMA (1 mL),120 ℃,24 h,空气;分离产率. [b] 10 mmol 规模.

取代基为一级、二级、三级烷基基团(甲基、乙基、异丁基、叔丁基和异丙基)时,反应都能生成相应的吡啶 2a - 2e,且具有不错的产率。值得注意的是,随着碳链增长产物的产率明显下降(图 1.10, 2a - 2c)。此外,三级烷基取代底物产率(2e)要比一级(2a - 2c)和二级烷基取代底物(2d)产率高。当 R[1] 取代基为苄基时,则生成了产物 2f,产率为 55%。类似地,当底物 1g 中 R[1] 为烯丙基时也生成了相应的产物 2g,产率为 53%。随后,我们研究了不同烷基基团作为 R[2] 取代基时反应的情况。底物 1h - 1k 的反应以非常高的产率生成了相应的吡啶产物 2h - 2k。然而,当 R[2] 取代基是异丙基时,2k 的产率明显降低,仅有 58%。遗憾的是,当 R[2] 取代基为叔丁基时,反应无法顺利进行,这可能是由于叔丁基具有较大的位阻效应。当 1m 被用于反应时,以 41% 的分离产率得到了吡啶产物 2m,该产物结构中吡啶环 2 位和 6 位具有两个对称的 CF_3 基团,具有潜在的特殊生物活性。此外,不同苯甲酰乙酸乙酯 1n - 1p 同样生成了产物 2n - 2p,产率在 42% ~ 45%。为了证明这个方法的实用性,我们尝试将反应规模从 0.4 mmol 扩大到 10 mmol,仍然能以 80% 的产率获得产物 2a,产率并没有大幅度降低,这说明这个方法能广泛地应用于有机合成中。

2.3 反应机理

为了深入了解反应机理,我们进行了几个控制实验(图 1.11)。首先,我们预先合成了两种可能的中间体 2,4 - 二乙酰戊二醇酯(3)和 2,6 - 二甲基 - 1,4 - 二氢吡啶 - 3,5 - 二甲酸酯(4),3 和 4 在标准反应条件下分别能以 85% 和 92% 的产率得到 2a,这说明 3 和 4 可能都是反应中间体[图 1.11(a)]。随后,我们又进行了自由基捕获实验[图 1.11(b)]。结果表明,在 0.4 mmol 2,2,6,6 - 四甲基 - 1 - 哌啶基氧(TEMPO)或 2,6 - 二叔丁基 - 4 - 甲基(BHT)等自由基抑制剂存在下,反应明显被抑制,这说明该反应很可能是自由基反应。

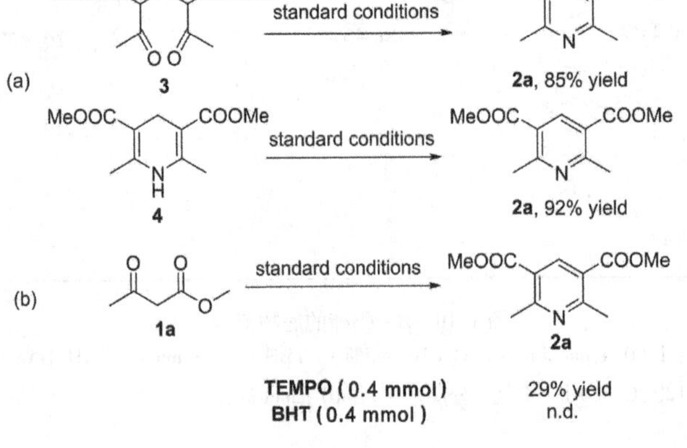

图 1.11 控制实验

当以等比例的 DMF 和 d^7－DMF 作为混合溶剂时,可以观察到一个非常明显的分子间的动力学同位素效应(KIE),这说明 C—H 键断裂应该是反应的决速步骤[图 1.12(a)]。此外,我们也进行了氘标记实验,反应以 32% 的产率得到了相应的氘标记产物 *d*－2a,明确地确定了吡啶的 C－4 原子来自 *N*－甲基酰胺[图 1.12(b)]。值得注意的是,由于在反应过程中可能发生了氢转移,所以少量氘原子被氢原子取代生成了微量 2a。

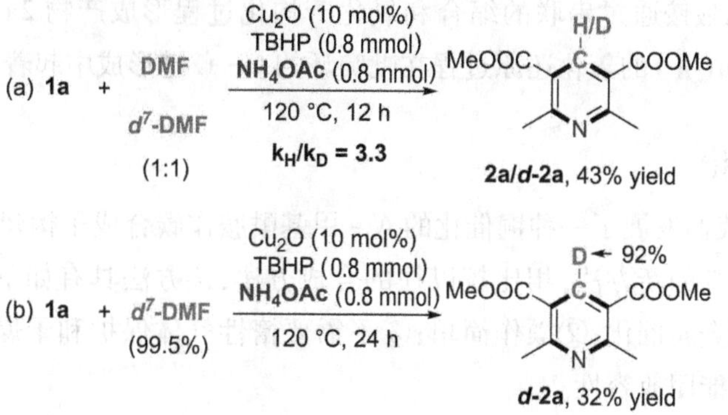

图 1.12 动力学同位素实验和 D 标记实验

根据上述实验结果和以前的研究[17,36-44],我们提出了一个合理的反应机理(图 1.13)。首先,叔丁基过氧化氢分解产生了叔丁氧基自由基,同时 Cu(Ⅰ)被

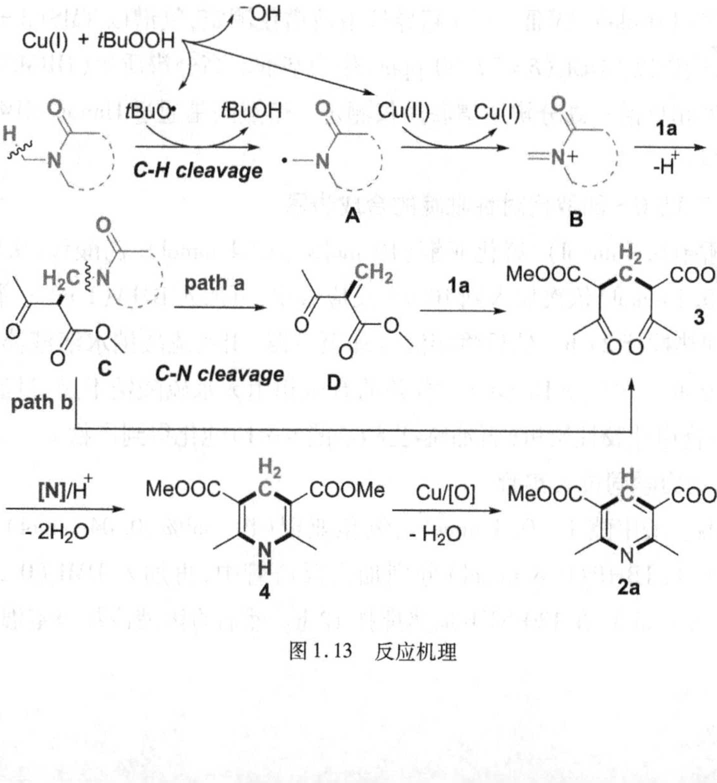

图 1.13 反应机理

氧化为 Cu(Ⅱ)并产生了氢氧根负离子。接着,叔丁氧基自由基夺取了 N – 甲酰胺中与 N 原子毗邻 C(sp^3)—H 键中的氢原子,形成了碳自由基 A。A 在 Cu(Ⅱ)存在的情况下通过单电子转移(SET)形成一个亚胺离子 B,Cu(Ⅱ)自身又转变为 Cu(Ⅰ)[3-5,8-16]。然后,1a 对 B 的亲核加成生成了一个酰胺中间体 C,C 的 C—N 键断裂生成了 α,β – 不饱和酮 D,1a 对 D 迈克尔加成生成了中间体 3(图 1.13,path a)。然而 3 也可以直接由 1a 对 C 的 S_N2 取代生成(图 1.13,path b)。最后,3 和乙酸铵通过串联的缩合和氧化芳构化过程形成产物 2a[45-47]。总之,Cu(Ⅰ) – Cu(Ⅱ)的氧化还原过程在吡啶环的 C—C 键形成中起着重要的作用。

3 结论

总之,我们发展了一种铜催化的 N – 甲基酰胺作碳合成子构建 2,3,5,6 – 四取代对称吡啶的新方法,相比较以往的合成方法,该方法具有如下优点:①使用廉价的过渡金属催化;②操作简单;③不需要惰性气体保护和干燥的溶剂;④具有很好的官能团兼容性。

4 实验部分

4.1 实验试剂与仪器

除另有说明外,所有商用试剂和溶剂均未经过进一步处理而直接使用。氢谱和碳谱采用 Bruker AVⅢ – 600 超导核磁波谱仪测定,氢谱以 TMS($\delta = 0$ ppm)作为基准,碳谱以 CDCl$_3$($\delta = 77.00$ ppm)作为基准。高分辨质谱(HRMS)数据采用超高效液相色谱—高分辨质谱联用仪测定。熔点则是通过 Hanon MP430 自动熔点仪测量。

4.2 2,3,5,6 – 四取代对称吡啶的合成步骤

β – 酮酯(0.4 mmol),氧化亚铜(10 mol%,0.04 mmol),乙酸铵(0.8 mmol)和 TBHP(0.8 mmol)依次加入到 10 mL 反应管中,再加入 DMA(1 mL),混匀后在 120 ℃下加热搅拌 24 h。然后将溶液冷却至室温,用亚硫酸钠水溶液淬灭,再用乙酸乙酯萃取三次(3 × 10 mL)。合并的有机相用无水硫酸钠干燥,过滤后减压浓缩,残留物用硅胶柱层析(石油醚:乙酸乙酯 = 6:1)纯化得到产物 2。

4.3 动力学同位素实验

将乙酰乙酸甲酯 1a(0.4 mmol)、氧化亚铜(10 mol%,0.04 mmol)、乙酸铵(0.8 mmol)和 TBHP(0.8 mmol)分别加入反应管中,再加入 DMF(0.5 mL)和 d^7 – DMF(0.5 mL),在 120 ℃下加热搅拌 12 h。然后将溶液冷却至室温,用亚硫

酸钠水溶液淬灭,再用乙酸乙酯(3×10 mL)萃取。合并的有机相用无水硫酸钠干燥,过滤后减压浓缩,残留物用硅胶柱层析(石油醚:乙酸乙酯 = 6:1)纯化得到 2a 和 *d* - 2a 的混合物。与 2a 的标准¹H NMR 比较,混合物¹H NMR 在9.39 ppm处峰的积分为0.77,而不是1.00,经过计算可得 2a 与 *d* - 2a 的比值为3.3:1(图1.14)。

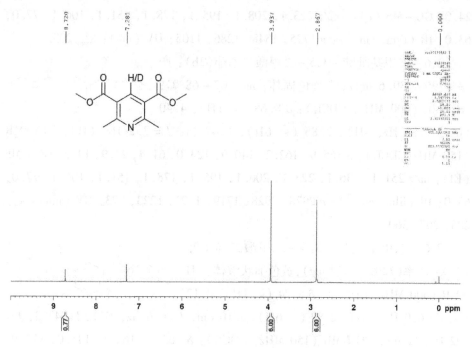

图1.14 2a 与 *d* - 2a 的¹H NMR 图谱

4.4 氘标记实验

将乙酰乙酸甲酯 1a(0.4 mmol)、氧化亚铜(10 mol%,0.04 mmol)、乙酸铵(0.8 mmol)和 TBHP(0.8 mmol)分别加入反应管中,再加入 *d*⁷ - DMF(0.5 mL),在 120 ℃下加热搅拌 12 h。然后将溶液冷却至室温,用亚硫酸钠水溶液淬灭,再用乙酸乙酯(3×10 mL)萃取。合并的有机相经无水硫酸钠干燥,过滤后减压浓缩,残留物用硅胶柱层析(石油醚:乙酸乙酯 = 6:1)纯化得到 *d* - 2a。

d - 2a (92% 氘代): 产率 (32%, 14.3 mg); 白色固体; mp: 100 - 101 ℃; ¹H NMR (600 MHz, CDCl₃): δ 8.73 (s, 0.08H), 3.94 (s, 6H), 2.87 (s, 6H); ¹³C NMR (150 MHz, CDCl₃): δ 171.1, 166.1, 162.6, 122.6, 52.3, 24.8.

4.5　产物表征数据

2,6 - 二甲基吡啶 - 3,5 - 二甲酸二甲酯(2a):产率
(82%，36.5 mg);白色固体;mp:100 - 101 ℃;^{1}H NMR
(600 MHz, CDCl$_3$):δ 8.71 (s, 1H), 3.93 (s, 6H), 2.86
(s, 6H);^{13}C NMR (150 MHz, CDCl$_3$):δ 166.2, 162.6, 141.0, 122.6, 52.3,
24.9;GC - MS (EI):m/z 223.1, 208.1, 195.1, 178.1, 151.1, 106.1, 77.0,
63.0;IR (film, cm^{-1}):ν 1725, 1548, 1286, 1105;UV (nm):λ_{max} 209.

2,6 - 二甲基吡啶 - 3,5 - 二甲酸二乙酯(2b):产
率 (79%，39.6 mg);淡黄色固体;mp: 67 - 68 ℃;
^{1}H NMR (600 MHz, CDCl$_3$):δ 8.68 (s, 1H), 4.40
(q, J = 7.2 Hz, 4H), 2.85 (s, 6H), 1.42 (t, J = 7.2 Hz, 6H);^{13}C NMR
(150 MHz, CDCl$_3$):δ 165.9, 162.2, 140.9, 123.0, 61.4, 24.9, 14.2;GC - MS
(EI):m/z 251.1, 236.1, 223.1, 206.1, 195.1, 178.1, 151.1, 106.1, 77.0,
63.0;IR (film, cm^{-1}):ν 2978, 2928, 1719, 1591, 1223, 773;UV (nm):λ_{max}
205, 207, 360.

2,6 - 二甲基吡啶 - 3,5 - 二甲酸二异丁酯
(2c):产率(72%，44.2 mg);黄色油状液体;^{1}H
NMR (600 MHz, CDCl$_3$):δ 8.74 (s, 1H), 4.12
(d, J = 6.0 Hz, 4H), 2.87 (s, 6H), 2.10 (m, J = 6.6 Hz, 2H), 1.04 (d, J =
7.2 Hz, 12 h);^{13}C NMR (150 MHz, CDCl$_3$):δ 165.8, 162.3, 141.0, 122.9,
71.4, 27.7, 25.0, 19.2;HRMS (ESI):calcd for C$_{17}$H$_{26}$NO$_4$ [M + H]$^+$ 308.1856,
found 308.1861;IR (film, cm^{-1}):ν 2978, 2934, 1718, 1594, 1224, 774;UV
(nm):λ_{max} 208.

2,6 - 二甲基吡啶 - 3,5 - 二甲酸二异丙酯(2d):
产率(70%，39.1 mg);淡黄色固体;mp: 64 - 65 ℃;
^{1}H NMR (600 MHz, CDCl$_3$):δ 8.62 (s, 1H), 5.27
(hept, J = 6.3 Hz, 2H), 2.84 (s, 6H), 1.39 (d, J = 6.3 Hz, 12 h);^{13}C NMR
(150 MHz, CDCl$_3$):δ 165.6, 161.7, 140.8, 123.5, 69.1, 24.9, 21.9;GC -
MS (EI):m/z 279.1, 237.1, 220.1, 195.1, 178.1, 151.1, 133.0, 105.0,
77.0, 63.0, 43.1;IR (film, cm^{-1}):ν 2987, 2938 1715, 1224, 1107, 777;UV
(nm):λ_{max} 360, 366.

2,6 - 二甲基吡啶 - 3,5 - 二甲酸二叔丁酯(2e):产率(86%，52.8 mg);黄

色固体；mp：107 - 108 ℃；^{1}H NMR（600 MHz, CDCl$_3$）：δ 8.53（s, 1H），2.81（s, 6H），1.61（s, 18H）；^{13}C NMR（150 MHz, CDCl$_3$）：δ 165.4, 161.1, 140.7, 124.6, 82.0, 28.1, 25.0；LC - MS（ESI）：[M + H]$^+$308.2；IR（film, cm^{-1}）：ν 2978 2934 1710, 1596, 1266, 1158, 847, 777；UV（nm）：λ_{max} 201, 360.

2,6 - 二甲基吡啶 - 3,5 - 二甲酸二苄酯(2f)：产率(55%，41.2 mg)；白色固体；mp：83 - 84 ℃；^{1}H NMR（600 MHz, CDCl$_3$）：δ 8.75（s, 1H），7.44 - 7.41（m, 4H），7.40 - 7.35（m, 6H），5.35（s, 4H），2.85（s, 6H）；^{13}C NMR（150 MHz, CDCl$_3$）：δ 165.6, 162.6, 141.2, 135.5, 128.7, 128.4, 128.3, 122.7, 67.1, 25.0；LC - MS（ESI）：[M + H]$^+$376.1；IR（film, cm^{-1}）：ν 2966, 2946, 1726, 1594, 1297, 1218, 733；UV（nm）：λ_{max} 209.

2,6 - 二甲基吡啶 - 3,5 - 二甲酸二烯丙酯（2 g）：产率（53%，29.2 mg）；黄色固体；mp：60 - 61 ℃；^{1}H NMR（600 MHz, CDCl$_3$）：δ 8.75（s, 1H），6.09 - 6.01（m, 2H），5.42（dq, J_1 = 17.2 Hz, J_2 = 1.4 Hz, 2H），5.32（dq, J_1 = 10.4 Hz, J_2 = 1.3 Hz, 2H），4.84（dt, J_1 = 5.7 Hz, J_2 = 1.3 Hz, 4H），2.86（s, 6H）；^{13}C NMR（150 MHz, CDCl$_3$）：δ 165.4, 162.6, 141.1, 131.8, 122.7, 118.9, 66.0, 25.0；GC - MS（EI）：m/z 275.1, 260.1, 234.1, 191.1, 178.1, 133.1, 105.1, 63.0, 41.1；IR（film, cm^{-1}）：ν 2961, 2926, 1720, 1594, 1222, 771；UV（nm）：λ_{max} 204, 360, 365.

2,6 - 二乙基吡啶 - 3,5 - 二甲酸二乙酯(2h)：产率（88%，49.2 mg）；淡黄色油状液体；^{1}H NMR（600 MHz, CDCl$_3$）：δ 8.61（s, 1H），4.40（q, J = 7.1 Hz, 4H），3.20（q, J = 7.5 Hz, 4H），1.41（t, J = 7.1 Hz, 6H），1.31（t, J = 7.5 Hz, 6H）；^{13}C NMR（150 MHz, CDCl$_3$）：δ 166.8, 166.0, 141.1, 122.6, 61.4, 30.4, 14.2, 13.8；GC - MS（EI）：m/z 279.1, 264.1, 250.1, 223.1, 179.1, 134.1, 77.0, 63.0；IR（film, cm^{-1}）：ν 2978, 2926, 1725, 1593, 1236, 810；UV（nm）：λ_{max} 202.

2,6 - 二丙基吡啶 - 3,5 - 二甲酸二乙酯(2i)：产率(84%，51.6 mg)；淡黄

色油状液体；^{1}H NMR (600 MHz, CDCl$_3$)：δ 8.61 (s, 1H)，4.40 (q, J = 7.2 Hz, 4H)，3.15 (t, J = 7.8 Hz, 4H)，1.78 - 1.70 (m, 4H)，1.41 (t, J = 7.2 Hz, 6H)，1.00 (t, J = 7.4 Hz, 6H)；^{13}C NMR (150 MHz, CDCl$_3$)：δ 166.2，165.5，141.1，122.8，61.3，38.9，23.2，14.2，14.1；HRMS (ESI)：calcd for C$_{17}$H$_{26}$NO$_4$ [M + H]$^+$ 308.1856, found 308.1857；IR (film, cm^{-1})：ν 2964，2929，1724，1594，1288，1232，1108；UV (nm)：λ_{max} 360.

2,6 - 二丙基吡啶 - 3,5 - 二甲酸二甲酯(2j)：产率 (99%，55.3 mg)；淡黄色油状液体；^{1}H NMR (600 MHz, CDCl$_3$)：δ 8.64 (s, 1H)，3.92 (s, 6H)，3.16 (t, J = 7.8 Hz, 4H)，1.78 - 1.70 (m, 4H)，1.00 (t, J = 7.4 Hz, 6H)；^{13}C NMR (150 MHz, CDCl$_3$)：δ 166.3，166.0，141.2，122.3，52.2，38.8，23.1，14.1；HRMS (ESI)：calcd for C$_{15}$H$_{22}$NO$_4$ [M + H]$^+$ 280.1543, found 280.1545；IR (film, cm^{-1})：ν 2959，2923，2853，1727，1240，1114，740；UV (nm)：λ_{max} 213，360.

2,6 - 二异丙基吡啶 - 3,5 - 二甲酸二乙酯(2k)：产率(58%，35.6 mg)；淡黄色油状液体；^{1}H NMR (600 MHz, CDCl$_3$)：δ 8.44 (s, 1H)，4.38 (q, J = 7.2 Hz, 4H)，3.87 (t, J = 6.6 Hz, 2H)，1.40 (t, J = 7.2 Hz, 6H)，1.29 (d, J = 6.6 Hz, 12 h)；^{13}C NMR (150 MHz, CDCl$_3$)：δ 166.3，166.6，140.1，121.9，61.3，32.8，22.1，14.2；HRMS (ESI)：calcd for C$_{17}$H$_{26}$NO$_4$ [M + H]$^+$ 308.1856, found 308.1860. IR (film, cm^{-1})：ν 2965，2925，2853，1722，1594，1242，1094，802，741；UV (nm)：λ_{max} 202，360.

2,6 - 二(三氟甲基)吡啶 - 3,5 - 二甲酸二乙酯 (2m)：产率(41%，29.4 mg)；淡黄色油状液体；^{1}H NMR (600 MHz, CDCl$_3$)：δ 8.51 (s, 1H)，4.48 (q, J = 7.2 Hz, 4H)，1.42 (t, J = 7.2 Hz, 6H)；^{13}C NMR (150 MHz, CDCl$_3$)：δ 163.5，146.1 (q, J = 37.1 Hz)，141.2，122.9 (q, J = 7.2 Hz)，120.0 (q, J = 274.4 Hz)，63.4，13.8；HRMS (ESI)：calcd for C$_{13}$H$_{12}$F$_6$NO$_4$ [M + H]$^+$ 360.0665, found 360.0669. IR (film, cm^{-1})：ν 2990，1743，1269，1154，1096，861，809；UV (nm)：λ_{max} 209，358.

2,6–二苯基吡啶–3,5–二甲酸二乙酯(2n)：产率(45%，33.7 mg)；无色油状液体；^{1}H NMR (600 MHz, CDCl$_3$)：δ 8.54 (s, 1H)，7.65–7.61 (m, 4H)，7.46–7.42 (m, 6H)，4.21 (q, $J=7.2$ Hz, 4H)，1.10 (t, $J=7.2$ Hz, 6H)；^{13}C NMR (150 MHz, CDCl$_3$)：δ 167.4，159.8，140.3，139.4，129.2，128.9，128.1，124.8，61.7，13.7；LC–MS (ESI)：[M+H]$^+$376.1；IR (film, cm^{-1})：ν 2923，1724，1591，1247，699；UV (nm)：λ_{max} 209，360。

2,6–二(3,4–二甲氧基苯基)吡啶–3,5–二甲酸二乙酯(2o)：产率(42%，41.6 mg)；无色油状液体；^{1}H NMR (600 MHz, CDCl$_3$)：δ 8.45 (s, 1H)，7.30 (d, $J=1.8$ Hz, 2H)，7.20 (dd, $J_1=8.3$ Hz，$J_2=2.0$ Hz, 2H)，6.93 (d, $J=8.3$ Hz, 2H)，4.24 (d, $J=7.2$ Hz, 4H)，3.94 (s, 6H)，3.92 (s, 6H)，1.17 (t, $J=7.2$ Hz, 6H)；^{13}C NMR (150 MHz, CDCl$_3$)：δ 167.9，158.7，150.2，148.7，140.2，131.9，123.9，122.1，112.1，110.5，61.6，55.9，13.9；HRMS (ESI)：calcd for C$_{27}$H$_{30}$NO$_8$[M+H]$^+$496.1966, found 496.1974. IR (film, cm^{-1})：ν 2921，2850，1721，1541，1247，1025，736；UV (nm)：λ_{max} 209。

2,6–二(3–氟苯基)吡啶–3,5–二甲酸二乙酯(2p)：产率(44%，36.2 mg)；无色油状液体；^{1}H NMR (600 MHz, CDCl$_3$)：δ 8.57 (s, 1H)，7.43–7.35(m, 6H)，7.18–7.14 (m, 2H)，4.21 (q, $J=7.2$ Hz, 4H)，1.10 (t, $J=7.2$ Hz, 6H)；^{13}C NMR (150 MHz, CDCl$_3$)：δ 166.8，162.5 (d, $J=244.9$ Hz)，158.4 (d, $J=2.0$ Hz)，141.2 (d, $J=7.9$ Hz)，140.6，129.6 (d, $J=8.3$ Hz)，125.4，124.7 (d, $J=2.7$ Hz)，116.2 (d, $J=20.9$ Hz)，116.0 (d, $J=22.9$ Hz)，61.9，13.7；HRMS (ESI)：calcd for C$_{23}$H$_{20}$F$_2$NO$_4$[M+H]$^+$412.1355, found 412.1358. IR (film, cm^{-1})：ν 2923，2853，1726，1584，1251，1106，739；UV (nm)：λ_{max} 203，209，360。

第三节 N-甲基酰胺作碳合成子构建
2,4-二芳基-1,3,5-三嗪

1 引言

1,3,5-三嗪是一种典型的含三个氮原子的含氮杂环化合物,在天然产物和医药化学上具有很重要的作用和价值[48-51]。其中,2,4-二取代-1,3,5-三嗪不但具有良好的生物活性[52,53],而且可以作为重要的氮配体应用于有机金属材料合成[54,55]和过渡金属催化[56,57]中。

在过去几十年中,2,4-二取代-1,3,5-三嗪化合物主要是通过两分子脒和不同甲酰化试剂经由甲酰化和缩合两步合成[图1.15(a)],然而狭窄的底物范围、极低的产率、苛刻的反应条件限制了它们的应用。最近,已经有研究发现在铜催化氧化的条件下,脒能与DMF或DMSO反应构建对称或非对称的2,4-二取代-1,3,5-三嗪[图1.15(b)][58,59]。其中DMF的N-甲基和DMSO的S-甲

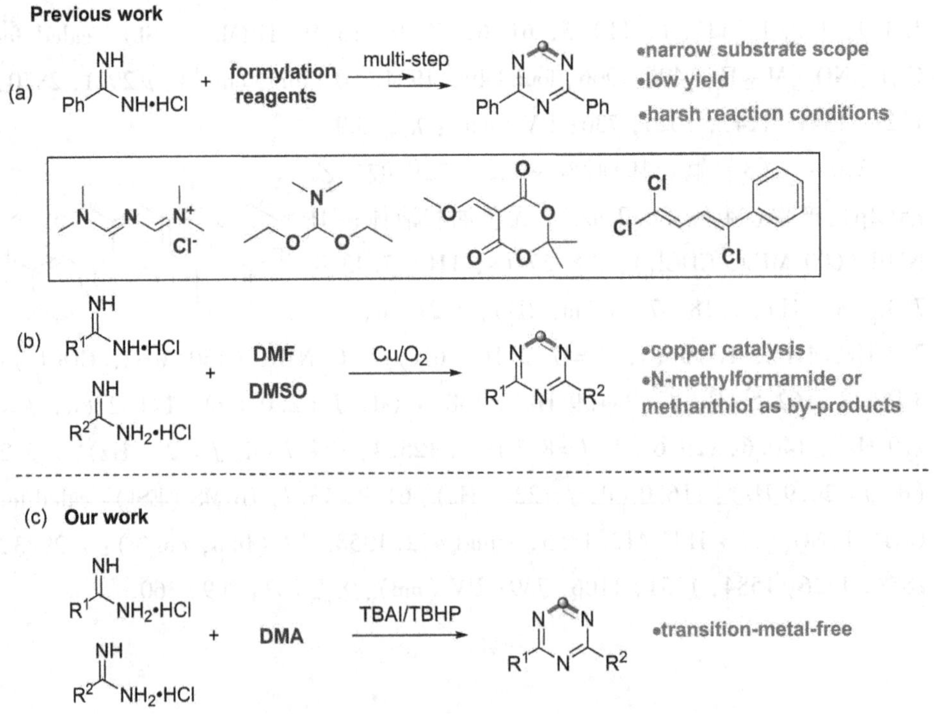

图1.15 2,4-二取代-1,3,5-三嗪的合成策略

基在这些反应中作为碳合成子。尽管这些反应的产率不错,但是过渡金属仍然是反应所必需的,并且副产物 *N*–甲基甲酰胺和甲硫醇会污染环境。因此,找到一个简单且绿色的合成 2,4–二取代–1,3,5–三嗪的方法迫在眉睫。

本节中,我们发展了利用四丁基碘化铵催化的脒和 DMA 的[3+2+1]氧化环化加成反应构建对称 2,4–二芳基–1,3,5–三嗪的方法[图 1.15(c)][60]。其中,1,3,5–三嗪环上额外的碳原子来自 DMA 中与 N 原子相连的甲基。反应经历了 DMA 中 *N*–甲基的 C(sp^3)—H 氨基化和 C—N 裂解过程,可以构建一系列对称的 2,4–二芳基–1,3,5–三嗪。

2　结果与讨论

2.1　反应条件优化

最初,我们以 0.4 mmol 的苄脒盐酸盐(1a)为底物,0.4 mmol 的 K$_2$CO$_3$ 作为碱,0.8 mmol 的 TBHP(70% 水溶液)作为氧化剂,20 mol% 的 KI 作为催化剂,DMA(2a)作为溶剂在 120 ℃下反应 12 小时,得到 2,4–二苯基–1,3,5–三嗪(3a),分离产率为 41%(表 1.3,条件 1)。当尝试使用不同的碘试剂例如四丁基碘化铵(TBAI)、I$_2$ 和 NIS 代替 KI 作催化剂时,我们发现 TBAI 的产率最高,可达到 48%(表 1.3,条件 2～4)。随后我们优化了不同碱例如 Na$_2$CO$_3$、Cs$_2$CO$_3$,KOH 和 *t*BuOK,遗憾的是没有得到理想的结果(表 1.3,条件 5～8)。当增加 K$_2$CO$_3$ 的量至 0.8 mmol 或 1.2 mmol 时,反应产率明显升高(表 1.3,条件 9～10)。提高氧化剂 TBHP 的用量至 1.2 mmol 或 1.6 mmol 时,产率反而下降(表1.3,条件 11～12)。当反应温度升高到130 ℃或 140 ℃时,反应产率也反而发生了下降(表 1.3,条件 13～14)。因此,最优的反应条件如表 1.3 中条件 9 所示。

表 1.3　反应条件优化^a

条件	XI	碱	温度(℃)	产率(%)^b
1	KI	K$_2$CO$_3$	120	41
2	TBAI	K$_2$CO$_3$	120	48
3	I$_2$	K$_2$CO$_3$	120	35
4	NIS	K$_2$CO$_3$	120	27

续表

条件	XI	碱	温度(°C)	产率(%)[b]
5	TBAI	Na$_2$CO$_3$	120	45
6	TBAI	Cs$_2$CO$_3$	120	46
7	TBAI	KOH	120	39
8	TBAI	tBuOK	120	34
9	TBAI	K$_2$CO$_3$[c]	120	53
10	TBAI	K$_2$CO$_3$[d]	120	51
11[e]	TBAI	K$_2$CO$_3$[c]	120	49
12[f]	TBAI	K$_2$CO$_3$[c]	120	49
13	TBAI	K$_2$CO$_3$[c]	130	47
14	TBAI	K$_2$CO$_3$[c]	140	47

[a]反应条件: 1a (0.4 mmol), XI (20 mol%), TBHP (0.8 mmol), 碱(0.4 mmol), DMA (1 mL), 12 h. [b]分离产率. [c] 0.8 mmolK$_2$CO$_3$. [d] 1.2 mmolK$_2$CO$_3$. [e] 1.2 mmolTBHP. [f] 1.6 mmolTBHP.

2.2 对称2,4-二芳基-1,3,5-三嗪的合成

在上述最优的反应条件下,我们对该合成方法的底物范围进行了扩展(图1.16)。当苯环上具有供电子基团(Me 和 OMe)和吸电子基团(Cl 和 CF$_3$)的芳基脒(1b-1f)被用作反应底物时,都以中等产率得到了对称2,4-二苯基-1,3,5-三嗪且吸电子基团产率略高于供电子基团。令我们高兴的是,邻位取代的芳基脒(1f)同样能以中等产率得到目标产物,这说明该反应对立体位阻效应不敏感。值得注意的是,所有的1,3,5-三嗪结构中C6位的C—H键和苯环上的C—X键都提供了后续衍生化的可能。

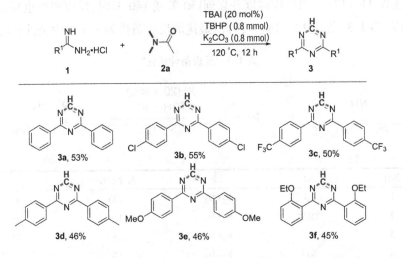

图1.16 DMA 作碳合成子构建对称2,4-二芳基-1,3,5-三嗪

3 结论

总之,我们发展了一种在没有过渡金属存在条件下通过脒和 DMA 的氧化环化反应构建一系列对称的 2,4 – 二取代 – 1,3,5 – 三嗪类化合物的方法。相比以前合成方法,这个方法具有以下优点:①无须过渡金属;②操作相对简单;③官能团的兼容性非常好。

4 实验部分

4.1 实验试剂与仪器

除另有说明,所有商用试剂和溶剂均未经过进一步处理直接使用。氢谱和碳谱采用 Bruker AV Ⅲ – 600 超导核磁波谱仪测定,氢谱以 TMS($\delta = 0$ ppm)作为基准,碳谱以 CDCl$_3$($\delta = 77.00$ ppm)作为基准。高分辨质谱(HRMS)数据采用超高效液相色谱 – 高分辨质谱联用仪测定。熔点则是通过 Hanon MP430 自动熔点仪测量。

4.2 对称 2,4 – 二芳基 – 1,3,5 – 三嗪的合成步骤

在 10 mL 反应管中依次加入脒 1(0.4 mmol)、TBAI(20 mol% ,0.08 mmol)、K$_2$CO$_3$(0.4 mmol)、TBHP(0.8 mmol)和 DMA(1 mL)后,120 ℃下加热搅拌 12 h。然后将溶液冷却至室温,用硫代硫酸钠溶液淬灭,再用乙酸乙酯萃取(3 × 10 mL)。有机相用无水硫酸钠干燥,过滤后减压浓缩,残留物用硅胶柱层析法(石油醚:乙酸乙酯 = 60:1)纯化得到所需的对称 2,4 – 二芳基 – 1,3,5 – 三嗪类化合物。

4.3 产物表征数据

2,4 – 二苯基 – 1,3,5 – 三嗪(3a):白色固体;Mp:74 – 75 ℃;^{1}H NMR(600 MHz,CDCl$_3$):δ 9.25(s,1H),8.65 – 8.63(m,4H),7.62 – 7.58(m,2H),7.56 – 7.53(m,4H);^{13}C NMR(150 MHz,CDCl$_3$):δ 171.3,166.7,135.5,132.8,128.9,128.7.

2,4 – 二(4 – 氯苯基)– 1,3,5 – 三嗪(3b):白色固体;Mp:191 – 192 ℃;^{1}H NMR(600 MHz,CDCl$_3$):δ 9.23(s,1H),8.58 – 8.55(m,4H),7.53 – 7.50(m,4H);^{13}C NMR(150 MHz,CDCl$_3$):δ 170.5,166.7,139.4,133.8,130.2,129.1.

2,4 - 二(4 - 三氟甲基苯基) - 1,3,5 - 三嗪 (3c):白色固体；Mp：152 - 153 ℃；^{1}H NMR (600 MHz, CDCl$_3$)：δ 9.33 (s, 1H), 8.74 (d, J = 8.4 Hz, 4H), 7.81 (d, J = 7.8 Hz, 4H)；^{13}C NMR (150 MHz, CDCl$_3$)：δ 170.4, 167.1, 138.5, 134.4 (q, J = 32.4 Hz), 129.2, 125.8 (q, J = 3.8 Hz), 123.8 (q, J = 271.0 Hz).

2,4 - 二(对甲苯基) - 1,3,5 - 三嗪(3d):白色固体；Mp：159 - 161 ℃；^{1}H NMR (600 MHz, CDCl$_3$)：δ 9.18 (s, 1H), 8.51 (d, J = 7.8 Hz, 4H), 7.33 (d, J = 8.4 Hz, 4H), 2.45 (s, 6H)；^{13}C NMR (150 MHz, CDCl$_3$)：δ 171.1, 166.5, 143.4, 132.9, 129.5, 128.8, 21.7.

2,4 - 二(4 - 甲氧基苯基) - 1,3,5 - 三嗪 (3e):白色固体；Mp：156 - 158 ℃；δ 9.11 (s, 1H), 8.60 - 8.56 (m, 4H), 7.05 - 7.01 (m, 4H), 3.91 (s, 6H)；^{13}C NMR (150 MHz, CDCl$_3$)：δ 170.5, 166.2, 163.5, 130.8, 128.1, 114.0, 55.5；HRMS (ESI)：calcd for C$_{17}$H$_{16}$N$_3$O$_2$[M + H]$^+$294.1237, found 294.1231.

2,4 - 二(2 - 乙氧基苯基) - 1,3,5 - 三嗪(3f):无色油状液体；^{1}H NMR (600 MHz, CDCl$_3$)：δ 9.32 (s, 1H), 7.98(dd, J_1 = 7.7 Hz, J_2 = 1.8 Hz, 2H), 7.48 - 7.44 (m, 2H), 7.09 - 7.03 (m, 4H), 4.17 (q, J = 7.0 Hz, 4H), 1.44 (t, J = 7.0 Hz, 6H)；^{13}C NMR (150 MHz, CDCl$_3$)：δ 172.7, 165.5, 158.0, 132.5, 132.2, 126.3, 120.5, 113.5, 64.6, 14.7；HRMS (ESI)：calcd for C$_{19}$H$_{20}$N$_3$O$_2$[M + H]$^+$322.1551, found 322.1549.

参考文献

[1] Ding S, Jiao N. N,N - Dimethylformamide：A Multipurpose Building Block [J]. Angewandte Chemie International Edition, 2012, 51(37)：9226 - 9237.

[2] Kumar G S, Maheswari C U, Kumar R A, et al. Copper - Catalyzed Oxidative C—O Coupling by Direct C—H Bond Activation of Formamides：Synthesis of Enol Carbamates and 2 - Carbonyl - Substituted Phenol Carbamates [J].

Angewandte Chemie International Edition, 2011, 50(49): 11748 – 11751.

[3] Kim J, Chang S. A New Combined Source of " CN" from N, N – Dimethylformamide and Ammonia in the Palladium – Catalyzed Cyanation of Aryl C— H Bonds [J]. Journal of the American Chemical Society, 2010, 132 (30): 10272 – 10274.

[4] Ding S, Jiao N. Direct Transformation of N, N – Dimethylformamide to— CN: Pd – Catalyzed Cyanation of Heteroarenes via C—H Functionalization [J]. Journal of the American Chemical Society, 2011, 133(32): 12374 – 12377.

[5] Kim J, Choi J, Shin K, et al. Copper – Mediated Sequential Cyanation of Aryl C—B and Arene C—H Bonds Using Ammonium Iodide and DMF[J]. Journal of the American Chemical Society, 2012, 134(5): 2528 – 2531.

[6] Liu J, Yi H, Zhang X, et al. Copper – catalysed oxidative Csp^3—H methylenation to terminal olefins using DMF[J]. Chemical Communications, 2014, 50(57): 7636 – 7638.

[7] Li Y, Xue D, Lu W, et al. DMF as Carbon Source: Rh – Catalyzed α – Methylation of Ketones[J]. Organic Letters, 2014, 16(1): 66 – 69.

[8] Michael J P. Quinoline, quinazoline and acridone alkaloids[J]. Natural Product Reports, 2008, 25(1): 166 – 187.

[9] Michael J P. Quinoline, quinazoline and acridone alkaloids[J]. Natural Product Reports, 2007, 24(1): 223 – 246.

[10] Foster B A, Coffey H A, Morin M J, et al. Pharmacological Rescue of Mutant p53 Conformation and Function[J]. Science, 1999, 286(5449): 2507 – 2510.

[11] Gundla R, Kazemi R, Sanam R, et al. Discovery of Novel Small – Molecule Inhibitors of Human Epidermal Growth Factor Receptor – 2: Combined Ligand and Target – Based Approach[J]. Journal of Medicinal Chemistry, 2008, 51 (12): 3367 – 3377.

[12] Doyle L A, Ross D D. Multidrug resistance mediated by the breast cancer resistance protein BCRP (ABCG2)[J]. Oncogene, 2003, 22(47): 7340 – 7358.

[13] Fry D W, Kraker A J, Mcmichael A, et al. A specific inhibitor of the epidermal growth factor receptor tyrosine kinase[J]. Science, 1994, 265 (5175): 1093 – 1095.

[14] Luth A, Lowe W. Syntheses of 4 – (indole – 3 – yl)quinazolines : A new

class of epidermal growth factor receptor tyrosine kinase inhibitors [J]. European Journal of Medicinal Chemistry, 2008, 43(7): 1478 - 1488.

[15] Silva J F, Walters M, Aldamluji S, et al. Molecular features of the prazosin molecule required for activation of Transport - P[J]. Bioorganic & Medicinal Chemistry, 2008, 16(15): 7254 - 7263.

[16] Burris H A. Dual kinase inhibition in the treatment of breast cancer: initial experience with the EGFR/ErbB - 2 inhibitor lapatinib[J]. Oncologist, 2004, 9: 10 - 15.

[17] Yan Y, Zhang Y, Feng C, et al. Selective Iodine - Catalyzed Intermolecular Oxidative Amination of C (sp^3)—H Bonds with ortho - Carbonyl - Substituted Anilines to Give Quinazolines [J]. Angewandte Chemie International Edition, 2012, 51(32): 8077 - 8081.

[18] Li C. Cross - Dehydrogenative Coupling (CDC): Exploring C—C Bond Formations beyond Functional Group Transformations [J]. Accounts of Chemical Research, 2009, 42(2): 335 - 344.

[19] Yeung, C S, Dong V M. Catalytic Dehydrogenative Cross - Coupling: Forming Carbon - Carbon Bonds by Oxidizing Two Carbon - Hydrogen Bonds [J]. Chemical Reviews, 2011, 111(3): 1215 - 1292.

[20] Roege K E, Kelly W L. Biosynthetic origins of the ionophore antibiotic indanomycin[J]. Organic Letters, 2009, 11(2): 297 - 300.

[21] Roughley S D, Jordan A M. The Medicinal Chemist's Toolbox: An Analysis of Reactions Used in the Pursuit of Drug Candidates [J]. Journal of Medicinal Chemistry, 2011, 54(10): 3451 - 3479.

[22] Carey J S, Laffan D D, Thomson C, et al. Analysis of the reactions used for the preparation of drug candidate molecules [J]. Organic & Biomolecular Chemistry, 2006, 4(12): 2337 - 2347.

[23] Michael J P. Quinoline, quinazoline and acridone alkaloids[J]. Natural Product Reports, 2005, 22(5): 627 - 646.

[24] Henry G D. De novo synthesis of substituted pyridines[J]. Tetrahedron, 2004, 60(29): 6043 - 6061.

[25] Savoia D, Alvaro G, Fabio R D, et al. Highly diastereoselective synthesis of 2,6 - di [1 - (2 - alkylaziridin - 1 - yl) alkyl] pyridines, useful ligands in palladium - catalyzed asymmetric allylic alkylation [J]. Advanced Synthesis &

Catalysis, 2006, 348(14): 1883 – 1893.

[26] Xia J, Wang G. One – Pot Synthesis and Aromatization of 1, 4 – Dihydropyridines in Refluxing Water[J]. Synthesis, 2005, 2005(14): 2379 – 2383.

[27] Litvic M, Cepanec I, Filipan M, et al. Mild, Selective and High – Yield Oxidation of Hantzsch 1, 4 – Dihydropyridines with Lead (IV) Acetate [J]. Heterocycles, 2005, 65(1): 23 – 35.

[28] Nasresfahani M, Karami B, Behzadi M, et al. A simple, efficient, one – pot three – component domino synthesis of Hantzsch pyridines under solvent – free condition[J]. Journal of Heterocyclic Chemistry, 2009, 46(5): 931 – 935.

[29] Xia J, Zhang K, J J. Synthesis and Aromatization of 1, 4 – Dihydropyridines in Water[J]. Chinese Journal of Organic Chemistry. 2009, 29 (11): 1849 – 1852.

[30] Chen S, Hossain M S, Foss F W, et al. Bioinspired Oxidative Aromatizations: One – Pot Syntheses of 2 – Substituted Benzothiazoles and Pyridines by Aerobic Organocatalysis[J]. ACS Sustainable Chemistry & Engineering, 2013, 1 (8): 1045 – 1051.

[31] Abdelmohsen H T, Conrad J, Beifuss U, et al. Laccase – catalyzed oxidation of Hantzsch 1,4 – dihydropyridines to pyridines and a new one pot synthesis of pyridines[J]. Green Chemistry, 2012, 14(10): 268 6 – 2690.

[32] Zhao M, Hui R, Ren Z, et al. Ruthenium – Catalyzed Cyclization of Ketoxime Acetates with DMF for Synthesis of Symmetrical Pyridines[J]. Organic Letters, 2014, 16(11): 3082 – 3085.

[33] Wu X, Zhang J, Liu, S, et al. An Efficient Synthesis of Polysubstituted Pyridines via Csp^3—H Oxidation and C—S Cleavage of Dimethyl Sulfoxide [J]. Advanced Synthesis & Catalysis. 2016, 358(2): 218 – 225.

[34] Chang L, Lai J, Yuan G, et al. One – Pot Synthesis ofHantzsch Pyridines via NH_4I Promoted Condensation of 1, 3 – Dicarbonyl Compounds with DMSO and NH_4OAc[J]. Chinese Journal of Chemistry, 2016, 34(9): 887 – 894.

[35] Yan Y, Li H, Li Z, et al. Copper – Catalyzed Oxidative Coupling of β – Keto Esters with N – Methylamides for the Synthesis of Symmetrical 2,3,5,6 – Tetrasubstituted Pyridines[J]. Journal of Organic Chemistry, 2017, 82(16): 8628 – 8633.

[36] Liu C, Zhang H, Shi W, et al. Bond formations between two nucleophiles: transition metal catalyzed oxidative cross – coupling reactions [J]. Chemical Reviews, 2011, 111(3): 1780 – 1824.

[37] Girard S A, Knauber T, Li C. The Cross – Dehydrogenative Coupling of Csp^3—H Bonds: A Versatile Strategy for C—C Bond Formations [J]. Angewandte Chemie International Edition, 2014, 53(1): 74 – 100.

[38] Liu C, Liu D, Lei A, et al. Recent Advances of Transition – Metal Catalyzed Radical Oxidative Cross – Couplings [J]. Accounts of Chemical Research, 2014, 47(12): 3459 – 3470.

[39] Li Z, Li C. Highly Efficient CuBr – Catalyzed Cross – Dehydrogenative Coupling (CDC) between Tetrahydroisoquinolines and Activated Methylene Compounds [J]. European Journal of Organic Chemistry, 2005, 2005(15): 3173 – 3176.

[40] Zhao L, Li C. Functionalizing Glycine Derivatives by Direct C—C Bond Formation [J]. Angewandte Chemie International Edition, 2008, 47(37): 7075 – 7078.

[41] Li Z, Yu R, Li H, et al. Iron – Catalyzed C—C Bond Formation by Direct Functionalization of C—H Bonds Adjacent to Heteroatoms [J]. Angewandte Chemie International Edition, 2008, 47(39): 7497 – 7500.

[42] Zhang G, Zhang Y, Wang R. Catalytic Asymmetric Activation of a Csp^3—H Bond Adjacent to a Nitrogen Atom: A Versatile Approach to Optically Active α – Alkyl α – Amino Acids and C1 – Alkylated Tetrahydroisoquinoline Derivatives [J]. Angewandte Chemie International Edition, 2011, 50(44): 10429 – 10432.

[43] Li Z, Li H, Guo X, et al. C—H Bond Oxidation Initiated Pummerer – and Knoevenagel – Type Reactions of Benzyl Sulfide and 1,3 – Dicarbonyl Compounds [J]. Organic Letters, 2008, 10(5): 803 – 805.

[44] Richter H, Rohlmann R, Mancheño O G. Catalyzed Selective Direct α – and γ – Alkylation of Aldehydes with Cyclic Benzyl Ethers by Using T$^+$BF4$^-$ in the Presence of an Inexpensive Organic Acid or Anhydride [J]. Chemistry – A European Journal, 2011, 17(41): 11622 – 11627.

[45] Lou B, Chen S, Wang J, et al. An efficient transition – metal – chloride/ sodium – nitrite/TEMPO catalytic system for aerobic oxidativearomatisation of Hantzsch 1,4 – dihydropyridines [J]. Journal of Chemical Research, 2013, 37(7): 409 – 412.

[46] Miyamura H, Maehata K, Kobayashi S. In situ coupled oxidation cycle catalyzed by highly active and reusable Pt - catalysts: dehydrogenative oxidation reactions in the presence of a catalytic amount of o - chloranil using molecular oxygen as the terminal oxidant [J]. Chemical Communications, 2010, 46 (42): 8052 - 8054.

[47] Bai C, Wang N, Wang Y, et al. A new oxidation system for the oxidation of Hantzsch - 1, 4 - dihydropyridines and polyhydroquinoline derivatives under mild conditions[J]. RSC Advances, 2015, 5(122): 100531 - 100534.

[48] Kaminsky R, Brun R. In vitro and in vivo activities of trybizine hydrochloride against various pathogenic trypanosome species [J]. Antimicrobial Agents and Chemotherapy. 1998, 42(11): 2858 - 2862.

[49] Bacchi C J, Vargas M, Rattendi D, et al. Antitrypanosomal activity of a new triazine derivative, SIPI 1029, in vitro and in model infections[J]. Antimicrobial Agents and Chemotherapy, 1998, 42(10): 2718 - 2721.

[50] Iino Y, Karakida T, Sugamata N, et al. Antitumor effects of SEF19, a new nonsteroidal aromatase inhibitor, on 7, 12 - dimethylbenz [a] anthracene - induced mammary tumors in rats[J]. Anticancer Research, 1998, 18(1A): 171 - 176.

[51] Irikura T, Abe Y, Okamura K, et al. New s - triazine derivatives as depressants for reticuloendothelial hyperfunction induced by bacterial endotoxin[J]. Journal of Medicinal Chemistry, 1970, 13(6): 1081 - 1089.

[52] Suda A, Kawasaki K, Komiyama S, et al. Design and synthesis of 2 - amino - 6 - (1H,3H - benzo[de]isochromen - 6 - yl) - 1,3,5 - triazines as novel Hsp90 inhibitors[J]. Bioorganic & Medicinal Chemistry, 2014, 22(2): 892 - 905.

[53] Klenke B, Stewart M, Barrett M P, et al. Synthesis and biological evaluation of s - triazine substituted polyamines as potential new anti - trypanosomal drugs[J]. Journal of Medicinal Chemistry, 2001, 44(21): 3440 - 3452.

[54] Naik S, Kumaravel M, Mague J T, et al. Novel Trisphosphine Ligand Containing 1,3,5 - Triazine Core, [2,4,6 - C_3N_3 { $C_6H_4PPh_2$ - p} (3)]: Synthesis and Transition Metal Chemistry[J]. Inorganic Chemistry, 2014, 53(3): 1370 - 1381.

[55] Xiao C, Li Y, L H, , et al. Syntheses, structures and photoluminescent properties of three d (10) coordination architectures based on in - situ 1,3,5 - triazine derivatives[J]. Journal of Solid State Chemistry, 2013, 208: 127 - 133.

[56] Hernandezjuarez M, Vaquero M, Alvarez E, et al. Hydrogenation of imines catalysed by ruthenium(Ⅱ) complexes based on lutidine – derived CNC pincer ligands. [J]. Dalton Transactions, 2013, 42(2): 351 –354.

[57] Santra P K, Sagar P. Dihydrogen reduction of nitroaromatics, alkenes, alkynes using Pd(II) complexes both in normal and high pressure conditions[J]. Journal of Molecular Catalysis A: Chemical, 2003, 197(1): 37 –50.

[58] Xu X, Zhang M, Jiang H, et al. A Novel Straightforward Synthesis of 2, 4 – Disubstituted – 1,3,5 – triazines via Aerobic Copper – Catalyzed Cyclization of Amidines with DMF[J]. Organic Letters, 2014, 16(13): 3540 –3543.

[59] Huang H, Guo W, Wu W, et al. Copper – Catalyzed Oxidative C(sp^3)— H Functionalization for Facile Synthesis of 1,2,4 – Triazoles and 1,3,5 – Triazines from Amidines[J]. Organic Letters, 2015, 17(12): 2894 –2897.

[60] Yan Y, Li Z, Li H, et al. Alkyl Ether as a One – Carbon Synthon: Route to 2,4 – Disubstituted 1,3,5 – Triazines via C—H Amination/C—O Cleavage under Transition – Metal – Free Conditions [J]. Organic Letters, 2017, 19 (22): 6228 –6231.

第二章 醚或醇作碳合成子构建含氮杂环

醚或醇是一种常见有机溶剂,近些年来已经逐渐作为一种碳偶联试剂广泛应用于氧化偶联反应中[1-3]。然而,醚或醇经由 C—H/C—O 断裂作为碳合成子构建含氮杂环化合物的研究极少。本章中,我们将重点介绍本课题组近年来采用醚或醇类化合物作碳合成子构建喹唑啉、1,3,5 - 三嗪和吡啶等含氮杂环的研究成果。

第一节 醚或醇作碳合成子构建喹唑啉

1 引言

第一章第一节我们已经发展了 NIS 催化的与氮原子相邻的 C—H 键分子间氨基化反应。反应以邻羰基苯胺、N - 甲基酰胺以及氨水作为原料高效地合成了有用的医药中间体喹唑啉。虽然反应无需金属、操作简单、底物范围广,但是仍有 N - 甲基乙酰胺等环境不友好副产物产生。因此,发展一个绿色高效合成喹唑啉的方法是十分有价值的。

本节中,我们发展了利用单质碘催化的邻羰基苯胺和醚(或醇)的分子间氨基化反应构建喹唑啉的方法,1,3,5 - 三嗪的额外的碳原子是来自醚或醇中与氧相连的碳原子[4]。反应无需金属,操作简单,副产物仅为乙醇和水等。

2 结果与讨论

2.1 反应条件优化

首先,我们尝试了以 0.2 mmol 邻氨基二苯甲酮作底物,20 mol% 的 NIS 作为催化剂,0.8 mmol 的 TBHP 作为氧化剂,甲基叔丁基醚(MTBE,1 mL)作为溶剂,0.4 mmol 碳酸氢铵作为氮合成子,50 ℃反应 12 h 后,能以 84% 的 GC 产率生成 4 - 苯基喹唑啉 3a(表 2.1,条件 1)。同样在没有碳酸氢铵的条件下没有任何产物生成(表 2.1,条件 2)。接下来我们优化了不同氮合成子如乙酸铵、氯化铵和氨水,氨水得到了最高的 85% 的产率(表 2.1,条件 4~6)。随后我们优化了不同的含碘催化剂如单质碘、四丁基碘化铵、碘化钾以及碘苯,发现单质碘可以得到 98% 的 GC 产率和 95% 的分离产率(表 2.1,条件 7~10)。最后,我们用其他氧化剂如 DTBP,过氧化异丙苯,过硫酸钾和间氯过苯甲酸代替 TBHP 时,都没有想要的产物生成(表 2.1,条件 11~14)。我们也尝试将反应在室温下进行,然而只得到 50% 的产率(表 2.1,条件 15)。因此,最优反应条件如表 2.1 中条件 9 所示。

表 2.1　反应条件优化[a]

条件	XI	氧化剂	氮源	产率(%)[b]
1	NIS	TBHP	NH_4HCO_3	84
2	NIS	TBHP	none	n.d.
3	none	TBHP	NH_4HCO_3	n.d.
4	NIS	TBHP	NH_4Cl	n.d.
5	NIS	TBHP	NH_4OAc	63
6	NIS	TBHP	NH_3(aq)	85
7	KI	TBHP	NH_3(aq)	69
8	nBu_4NI	TBHP	NH_3(aq)	20
9	I_2	TBHP	NH_3(aq)	98(95)
10	Phi	TBHP	NH_3(aq)	n.d.
11	I_2	DTBP	NH_3(aq)	n.d.
12	I_2	Ph—OOH	NH_3(aq)	n.d.
13	I_2	$K_2S_2O_8$	NH_3(aq)	n.d.
14	I_2	m-CPBA	NH_3(aq)	n.d.
15[c]	I_2	TBHP	NH_3(aq)	n.d.

[a]反应条件:1a (0.2 mmol),氮合成子 (0.4 mmol),XI (0.04 mmol),氧化剂 (0.8 mmol),MeOtBu (1 mL),50 ℃,12 h. [b]产率通过 GC-MS 确定,括号中为分离产率. [c]室温反应.

2.2　醚或醇的底物范围

在最优的反应条件下,我们对醚和醇的底物范围进行了扩展(表 2.2)。首先当 1a 和苯甲醚 2b 反应时,得到微量的产物 3a。而乙醚 2c 很顺利地得到了相应的产物 3b。当含有不同类型碳氢的醚当作底物时,我们可以发现可以得到不同产物。如含有两种碳氢键的乙二醇二甲醚 2d 作为底物,可以分别得到 70% 产率的 3a 和 18% 产率的 3c;而含有三种碳氢键的乙二醇单甲醚 2e 可以分别得到 62% 产率的 3a,17% 产率的 3c 和 9% 产率的 3d。和 N – 甲基酰胺作碳合成子反应的选择性一样,仍然是一级碳氢键大于二级碳氢键。之后,我们也选择甲醇 2g 和乙醇 2h 作为底物,也可以分别得到 92% 的 3a 和 75% 的 3b。而当乙二醇 2i 作为底物时,也得到了我们想要的产物 3d。但是奇怪的是,同时得到 32% 的 3a,具体原因尚不清楚。鉴于甲醇的廉价和容易除去,我们将这个反应规模放大到 10 mmol,可以得到 85% 的产率。和传统的需要强酸及高温的方法相比,这个简单温和的方法可以广泛地应用于喹唑啉合成中。

表 2.2　醚或醇的底物范围[a]

序号	醚或醇		产物	产率(%)[b]
1	—O— (叔丁基)	2a	3a	95
2	—O—Ph	2b	3a	微量
3	(乙醚)	2c	3b	80
4	(乙二醇二甲醚)	2d	3a/3c	70/18
5	(乙二醇单甲醚)OH	2e	3a/3c/3d	62/17/9
6	(三甘醇二甲醚)	2f	—	—
7	MeOH	2g	3a	92(85[c])
8	EtOH	2h	3b	75
9	HO—OH	2i	3a/3d	49/32

[a]反应条件: 1a (0.2 mmol),氨水 (25% 水溶液,0.4 mmol),碘 (0.04 mmol),TBHP (70% 水溶液,0.8 mmol),醚或醇 (1 mL),50 ℃,12 h。[b]分离产率。[c]10 mmol 规模.

3 结论

总之,我们成功地实现了单质碘催化的与氧原子相邻的 $C(sp^3)$—H 键氨基化反应。反应以邻氨基二苯甲酮作底物,醚(或醇)作碳合成子高效地合成了有用的医药中间体喹唑啉。和以前的工作相比,反应中避免了任何金属的使用,操作简单,不需要惰性气体保护,底物范围广而且只有水和醇作为副产物生成。

4 实验部分

4.1 实验试剂与仪器

除非特殊注明,所有化学试剂均直接购买且未经进一步处理直接使用。所有化合物的氢谱和碳谱均采用 Brucker AVANCE III 400 核磁共振仪测定,使用四甲基硅烷(TMS, $\delta = 0$ ppm)作为基准,化学位移(δ)和耦合常数(J)分别以 ppm 和 Hz 作为单位。高分辨质谱(HRMS)数据采用 UK LTD GCT – TOF 质谱分析仪测定。熔点采用熔点仪测定且未经过校正。

4.2 醚或醇作碳合成子构建喹唑啉的合成操作

1a(0.2 mmol),I_2(11.6 mg, 20 mol%),TBHP(70% 水溶液,0.8 mmol),氨水(25% 水溶液,4 mmol)依次加入到 10 mL Schlenk 瓶中。然后加入 1 mL 醚或醇类溶剂 2 并在 50 ℃ 加热 12 h,TLC 跟踪。反应结束后,冷到室温后加入饱和硫代硫酸钠溶液直至棕色褪去。然后用乙酸乙酯(3 × 10 mL)萃取 3 次,合并的有机相用无水硫酸钠干燥,过滤浓缩过柱(洗脱剂石油醚/乙酸乙酯 = 3/1)得产物 3。

4.3 产物表征数据

4 – 苯基喹唑啉(3a):淡黄色固体。m. p. 96 – 97 ℃. ^{1}H NMR (400 MHz, CDCl$_3$) δ (ppm) 9.39 (s, 1H), 8.13 (d, $J = 8.8$ Hz, 2H), 7.95 – 7.90 (m, 1H), 7.82 – 7.76 (m, 2H), 7.6 4 – 7.56 (m, 4H). ^{13}C NMR (100 MHz, CDCl$_3$) δ (ppm) 168.5, 154.5, 150.9, 137.0, 133.7, 130.1, 129.9, 128.8, 128.6, 127.7, 127.1, 123.1. HRMS (EI) m/z calc. $C_{14}H_{10}N_2$: 206.0844, found: 206.0831.

2 – 甲基 – 4 – 苯基喹唑啉(3b):黄色油状液体。^{1}H NMR (400 MHz, CDCl$_3$) δ (ppm) 8.07 – 8.02 (m, 2H), 7.90 – 7.87 (m, 1H), 7.77 – 7.74 (m, 2H), 7.59 – 7.52 (m, 4H), 2.96 (m, 3H). ^{13}C NMR (100 MHz, CDCl$_3$) δ (ppm) 168.5, 163.8, 151.4,

137.2, 133.6, 129.8, 128.5, 128.1, 127.0, 126.7, 121.0, 26.5. HRMS（EI）m/z calc. $C_{15}H_{12}N_2$：220.1000, found：220.1001.

2 - （甲氧基甲基）- 4 - 苯基喹唑啉（3c）：黄色固体。m. p. 107 - 109 ℃. ^1H NMR（400 MHz, $CDCl_3$）δ（ppm）8.20 - 8.10（m, 1H）, 8.09 - 8.08（m, 1H）, 7.92 - 7.87（m, 1H）, 7.79 - 7.76（m, 2H）, 7.60 - 7.56（m, 4H）, 4.94（m, 3H）, 3.64（m, 3H）. ^{13}C NMR（100 MHz, $CDCl_3$）δ（ppm）168.9, 162.5, 151.3, 137.1, 133.7, 130.0, 129.9, 128.9, 128.6, 127.4, 127.1, 121.9, 75.8, 59.2. HRMS（EI）m/z calc. $C_{16}H_{14}N_2O$：250.1106, found：250.1110.

2 - 羟甲基 - 4 - 苯基喹唑啉（3d）：黄色油状液体。^1H NMR（400 MHz, $CDCl_3$）δ（ppm）8.14 - 8.08（m, 2H）, 7.93 - 7.90（m, 1H）, 7.79 - 7.76（m, 2H）, 7.62 - 7.52（m, 4H）, 5.04（m, 3H）. ^{13}C NMR（100 MHz, $CDCl_3$）δ（ppm）169.1, 163.8, 150.6, 136.9, 134.1, 129.9, 130.2, 129.9, 128.7, 128.2, 127.4, 122.0, 64.7. HRMS（EI）m/z calc. $C_{15}H_{12}N_2O$：236.0950, found：236.0955.

第二节　醚作碳合成子构建2,4 - 二取代 - 1,3,5 - 三嗪

1 引言

在第一章第三节我们已经发展了利用 TBAI 催化的脒和 DMA 的［3 + 2 + 1］氧化环加成构建对称2,4 - 二取代 - 1,3,5 - 三嗪的方法,其中 DMA 的 N - 甲基在反应中作为碳合成子。虽然无须过渡金属,但是反应产率中等且仍有 N - 甲基乙酰胺等环境不友好副产物产生。因此,发展一个简单且绿色地合成2,4 - 二取代 - 1,3,5 - 三嗪的方法迫在眉睫。

本节中,我们发展了利用碘化钾催化脒和醚的［3 + 2 + 1］氧化环加成构建2,4 - 二取代 - 1,3,5 - 三嗪的方法,1,3,5 - 三嗪的额外碳原子是来自醚中与氧相连的碳原子[5]。反应经历了醚的 $C(sp^3)$—H 氨基化和 C—O 裂解过程,可以合成对称和非对称的2,4 - 二取代 - 1,3,5 - 三嗪,产率高达85%,并都有较好的官能团兼容性。尤其是这个反应产生的乙醇、氨和水等副产物都不会对环境造成严重污染。

2 结果与讨论

2.1 反应条件优化

最初,我们以 0.4 mmol 的苄脒盐酸盐(1a)为底物,0.4 mmol 的 K_2CO_3 作为碱,0.8 mmol 的 TBHP(70% 水溶液)作为氧化剂,20 mol% 的 KI 作为催化剂,甲基叔丁基醚作为溶剂(2a)在 120 ℃下反应 12 h,得到 2,4 - 二苯基 - 1,3,5 - 三嗪(3a),分离产率为 78%(表 2.3,条件 1)。当尝试使用不同的碘试剂,例如 TBAI、I_2 和 NIS,代替 KI 作催化剂时,3a 的产率发生明显的降低(表 2.3,条件 2 ~ 4)。我们对 Na_2CO_3、Cs_2CO_3,KOH,和 tBuOK 等不同碱进行了筛选,发现 tBuOK 作碱反应时得到 3a 的产率最高,为 83%(表 2.3,条件 5 ~ 8)。当增加 tBuOK 的量至 0.6 mmol 或 0.8 mmol 时,反应产率明显降低(表 2.3,条件 9 和 10)。为了使反应条件更加温和,我们降低了反应温度,温度降低使反应产率发生明显变化。尤其是反应温度在 100 ℃时,反应产率最高,为 85%(表 2.3,条件 11 ~ 14)。因此,条件 11 中所列反应条件就是最优的反应条件。

表 2.3　反应条件优化[a]

条件	XI	碱	温度(℃)	产率(%)[b]
1	KI	K_2CO_3	120	78
2	TBAI	K_2CO_3	120	63
3	I_2	K_2CO_3	120	58
4	NIS	K_2CO_3	120	60
5	KI	Na_2CO_3	120	75
6	KI	Cs_2CO_3	120	82
7	KI	KOH	120	77
8	KI	tBuOK	120	83
9	KI	tBuOK[c]	120	57
10	KI	tBuOK[d]	120	54
11	KI	tBuOK	100	85

				续表
条件	XI	碱	温度(℃)	产率(%)[b]
12	KI	tBuOK	90	75
13	KI	tBuOK	80	70
14	KI	tBuOK	60	68

[a] 反应条件: 1a (0.4 mmol), XI (20 mol%), TBHP (0.8 mmol), 碱 (0.4 mmol), MTBE (1 mL), 12 h. [b] 分离产率. [c] 0.6 mmol tBuOK. [d] 0.8 mmol tBuOK.

2.2 对称2,4–二取代–1,3,5–三嗪的合成

在最优反应条件下,我们探索了这个合成方法底物脒的普适性(图2.1)。首先,具有供电子基团(甲基和甲氧基)和吸电子基团(F、Cl、Br 和 CF₃)的芳基脒(1a–1m)被用作反应底物时,都得到了对称的 2,4–二取代–1,3,5–三嗪并有较好的产率。结果表明,除了 1k 外,邻位取代的芳基脒(1l 和 1m)与对位取代的芳基脒(1b 和 1g)具有相似的产率。令我们高兴的是,吡啶基取代脒(1n 和 1o)反应也分别以 30% 和 28% 的产率得到了 2,4–二吡啶–1,3,5–三嗪 2n 和 2o。值得注意的是,所有的 1,3,5–三嗪结构中 C6 位的 C—H 键和苯环上的 C—X 键都提供了后续衍生化的可能。

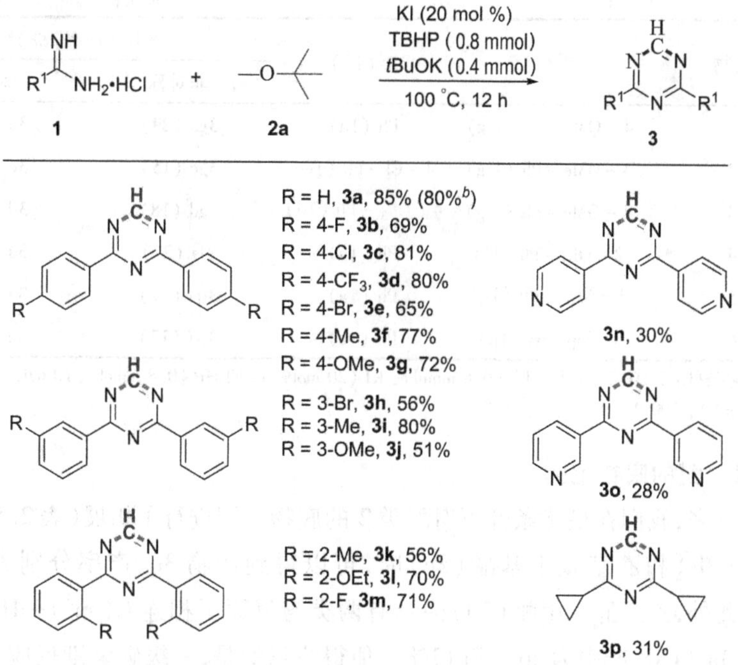

图2.1 脒的自偶联反应合成对称2,4–二取代–1,3,5–三嗪[a]

[a] 反应条件: 1 (0.4 mmol), KI (20 mol%), TBHP (0.8 mmol), tBuOK (0.4 mmol), MTBE (1 mL), 100 ℃, 12 h; 分离产率. [b] 10 mmol 规模.

2.3 非对称2,4－二取代－1,3,5－三嗪的合成

接着,我们希望用这个合成方法合成非对称的2,4－二取代－1,3,5－三嗪。令人高兴的是,两种不同的芳基脒之间的交叉耦合反应成功地合成了非对称的产物(表2.4)。最初,等量的4－甲氧基苯甲脒(1g)和苯甲脒(1a)反应分别生成了3种产物3g、3ga和3a,产率分别为8%、10%和28%。由于反应活性的不同,3a的产率要比3g和3ga高。为了提高非对称产物3ga的产率,我们将1g和1a比例改变为4:1,分别得到3g、3ga和3a的产率为13%、12%和27%。令我们高兴的是,当1g和1a比例为1:4的反应可以得到29%产率的3ga和30%产率的3a,没有检测到1g的自偶联产物3g。相似地,是当1c和1d替代1a后也能得到非对称的产物3gc和3gd,产率分别为15%和18%。当用1g替代1l、1q和1p后,可以得到非对称的产物3la、3qa和3pa,产率为17%～27%。

表2.4 不同脒交叉偶联合成非对称2,4－二取代－1,3,5－三嗪[a]

底物	R^1(1)	R^2(1')	产物(产率,%)[b]	
			非对称	对称
1	4－OMe－Ph(1g)	Ph(1a)	3ga(29)	3a(30)
2	4－OMe－Ph(1g)	4－Cl－Ph(1c)	3gc(15)	3c(25)
3	4－OMe－Ph(1g)	4－CF$_3$－Ph(1d)	3gd(18)	3d(19)
4	2－OEt－Ph(1l)	Ph(1a)	3la(27)	3a(23)
5	4－NO$_2$－Ph(1q)	Ph(1a)	3qa(17)	3a(29)
6	cyclopropyl(1p)	Ph(1a)	3pa(17)	3a(34)

[a] 反应条件:1(0.2 mmol),1'(0.8 mmol),KI(20 mol%),TBHP(0.8 mmol),tBuOK(0.4 mmol),MTBE(1 mL),100 ℃,12 h。[b] 分离产率.

2.4 醚的底物范围

接下来,我们在最优条件下对醚类2的底物范围进行了扩展(表2.5)。当使用乙醚(2b)和乙基叔丁基醚(2c)时,可以得到产物3q,产率分别为63%和67%。此外,乙二醇二甲醚(2d)因具有两类与氧原子相连 C(sp^3)—H 键,能分别得到3a和3r,产率为26%和12%。值得注意的是,一级碳氢键反应所得产物产率要比二级碳氢键高。此外,我们还用环醚进行了反应。例如,1,3－二氧戊

环(2e)通过直接氧化 C(sp^3)—H 氨基化和缩合反应得到了 3a,产率为 34%；1,4-二氧六环(2f)发生了意想不到的 C—C 消除反应,也以 13% 的产率生成了 3a。

表 2.5　醚的底物范围[a]

序号	醚		产物	产率(%)[b]
1		2b	R^5 = Me,3q	63
2		2c	R^5 = Me,3q	67
3		2d	R^5 = H,3a	26
			R^5 = CH$_2$OCH$_3$,3r	12
4		2e	R^5 = H,3a	34
5		2f	R^5 = H,3a	13

[a] 反应条件：1a (0.4 mmol), KI (20 mol%), TBHP (0.8 mmol), tBuOK (0.4 mmol), 醚2 (1 mL), 100 ℃,12 h. [b] 分离产率.

2.5　反应机理

为了研究反应的原理,我们设计了一些控制实验(图 2.2)。在没有添加 TBHP 而仅仅使用 0.8 mmol 碘的情况下,我们并没有得到预期的产物,这说明 TBHP 作为自由基引发剂是必须的[图 2.2(a)]。此外,当反应体系中添加自由基抑制剂 TEMPO 后,反应发生了明显的抑制[图 2.2(b)]。同时,通过 LC-MS 检测到了 1-叔丁氧基-2-甲氧基-2,2,6,6-四甲基哌啶,这证明了叔丁氧基自由基的存在,其可能是由 MTBE 通过 C—H 裂解形成的。然后,当使用 0.8 mmol 高价碘例如 PhI(OAc)$_2$ 或 KIO,代替我们的催化体系后,没有生成我们预期的产物[图 2.2(c)、(d)],这说明这个反应并不是通过高价碘催化的。事实上,在反应过程中,我们能明显观察到反应溶液颜色从无色变为黄色又变为无色,说明了反应应该经历了一个 I$^-$/I$_2$ 的氧化还原过程。最后,当把 MTBE 换成甲醇后,仅仅只有少量的产物 3a 生成,这排除了 MEBE 先水解成甲醇再被氧化成甲醛的机理[图2.2(e)]。

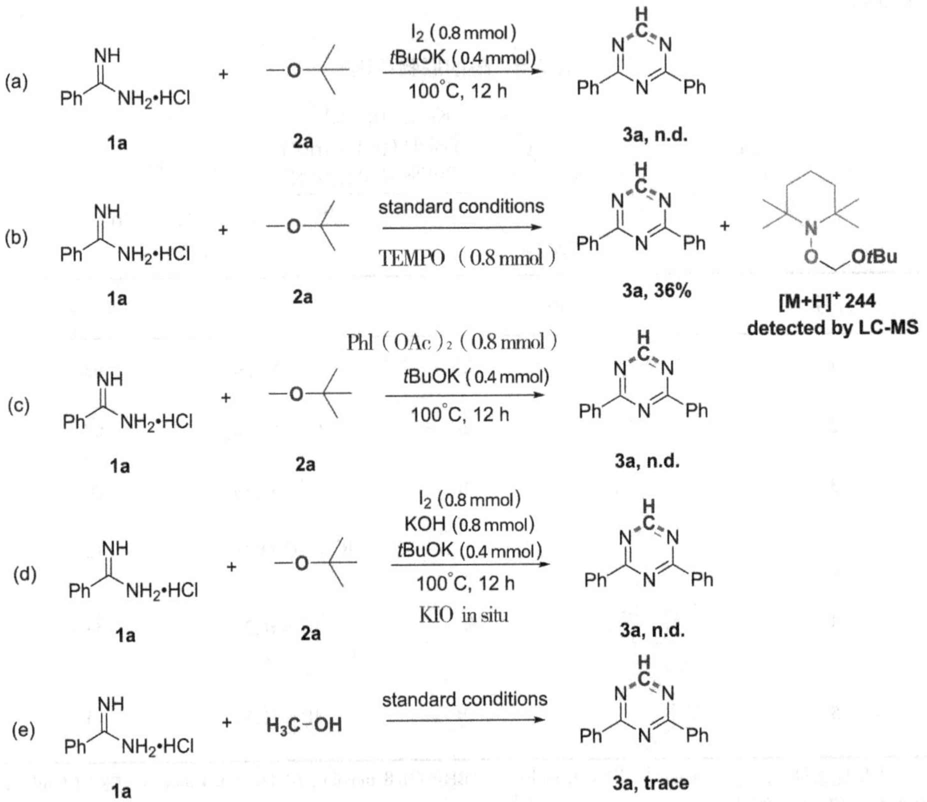

图 2.2　控制实验

基于上述实验结果和以前研究[1-4],我们提出了一个非常合理的反应机理(图2.3)。最初,在碘负离子存在下,TBHP 发生均裂生成了一个叔丁氧自由基和羟基负离子,同时碘负离子自身被氧化为碘单质。然后,叔丁氧自由基夺走了 MTBE 的 C(sp³)—H 键的一个氢原子,生成了叔丁氧亚甲基自由基 A。自由基 A 与碘单质发生了单电子转移(SET)过程生成了氧鎓离子 B。接着,1a 中氨基对 B 的亲核加成生成了中间产物 C,C 的 C—O 键断裂生成了亚胺 D,紧接着 1a 对 D 发生亲核加成生成了中间产物 E。E 失去一分子的氨转变成了 F,最终 F 的氧化芳构化生成了 3a。总之,I⁻–I₂ 的催化循环对 C—N 键的形成起到了非常重要的作用。

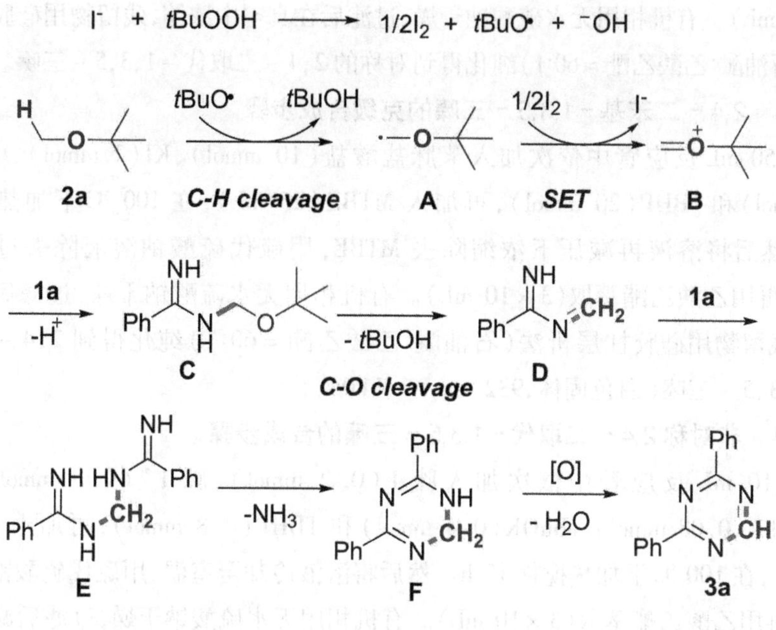

图 2.3 反应机理

3 结论

总之,我们发展了一种通过碘化钾催化的脒和醚的氧化环化反应构建一系列对称和非对称 2,4 – 二取代 – 1,3,5 – 三嗪的方法。与以前合成方法相比,这个方法具有以下优点:①无需过渡金属;②操作相对简单;③反应产生的废物只有乙醇、氨和水;④官能团的兼容性非常好。

4 实验部分

4.1 实验试剂与仪器

除另有说明外,所有商用试剂和溶剂均未经进一步纯化而直接使用。H 谱和 C 谱采用 Bruker AVⅢ – 600 超导核磁波谱仪测定,分别以 TMS 和 CDCl₃作为基准。采用超高效液相色谱—高分辨质谱联用仪测定 HRMS。熔点则是通过 Hanon MP430 自动熔点仪测量。

4.2 对称 2,4 – 二取代 – 1,3,5 – 三嗪的合成步骤

在 10 mL 反应管中依次加入脒 1(0.4 mmol)、KI(20 mol% ,0.08 mmol)、tBuOK(0.4 mmol)和 TBHP(0.8 mmol),再加入 MTBE(1 mL),在 100 ℃下加热搅拌 12 h。然后将溶液冷却至室温,用硫代硫酸钠溶液淬灭,再用乙酸乙酯萃取

(3×10 mL)。有机相用无水硫酸钠干燥,过滤后在真空中浓缩,残留物用硅胶柱层析法(石油醚:乙酸乙酯 =60:1)纯化得到对称的2,4－二取代－1,3,5－三嗪。

4.3　2,4－二苯基－1,3,5－三嗪的克级合成步骤

在50 mL反应管中依次加入苄脒盐酸盐(10 mmol)、KI(2 mmol)、tBuOK (10 mmol)和TBHP(20 mmol),再加入MTBE(25 mL),在100 ℃下加热搅拌12 h。然后将溶液再减压下浓缩除去MTBE,用硫代硫酸钠溶液除去过量的TBHP,再用乙酸乙酯萃取(3×10 mL)。有机相用无水硫酸钠干燥,过滤后减压浓缩,残留物用硅胶柱层析法(石油醚:乙酸乙酯 =60:1)纯化得到2,4－二苯基－1,3,5－三嗪(白色固体,932 mg,产率80%)。

4.4　非对称2,4－二取代－1,3,5－三嗪的合成步骤

在10 mL反应管中依次加入脒1(0.2 mmol)、脒1'(0.8 mmol)、KI (20 mol%,0.08 mmol)、tBuOK(0.4 mmol)和TBHP(0.8 mmol),再加入MTBE (1 mL),在100 ℃下加热搅拌12 h。然后将溶液冷却至室温,用硫代硫酸钠溶液淬灭,再用乙酸乙酯萃取(3×10 mL)。有机相用无水硫酸钠干燥,过滤后减压浓缩,残留物用硅胶柱层析法(石油醚:乙酸乙酯 =60:1)纯化得到非对称的2,4－二取代－1,3,5－三嗪。

4.5　自由基捕获实验

苄脒盐酸盐 1a + 叔丁基醚 2a → standard conditions / TEMPO (0.8 mmol) → 3a, 36% + [M+H]+ 244 detected by LC-MS

在10 mL反应管中依次加入苄脒盐酸盐(0.4 mmol)、KI(20 mol%, 0.08 mmol)、tBuOK(0.4 mmol)、TEMPO(0.8 mmol)和TBHP(0.8 mmol),再加入MTBE(1 mL),在100 ℃下加热搅拌12 h。然后将溶液冷却至室温,用硫代硫酸钠溶液淬灭,再用乙酸乙酯萃取(3×10 mL)。有机相用无水硫酸钠干燥,减压混合物浓缩后取微量的残留物溶解在乙腈/水的溶液中,并用LC－MS分析检测自由基加合物(图2.4)。

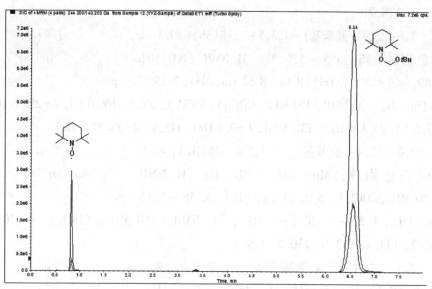

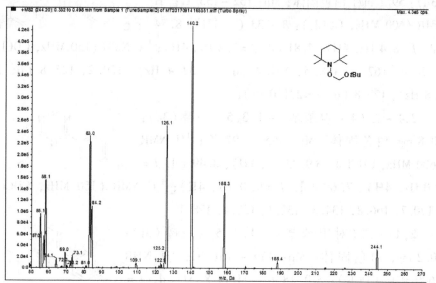

图 2.4　LC – MS 检测自由基中间体

4.6　产物表征数据

2,4 – 二苯基 – 1,3,5 – 三嗪(3a)：39.6 mg，白色固体；
Mp：74 – 75 ℃；^{1}H NMR (600 MHz, CDCl$_3$)：δ 9.25 (s,
1H)，8.65 – 8.63 (m,4H)，7.62 – 7.58 (m,2H)，7.56 –
7.53 (m,4H)；^{13}C NMR (150 MHz, CDCl$_3$)：δ 171.3，166.7，135.5，132.8，

128.9，128.7.

2,4－二(4－氟苯基)－1,3,5－三嗪(3b)：37.1 mg，白色固体；Mp：155－156 ℃；^{1}H NMR（600 MHz，CDCl$_3$）：δ 9.20（s，1H），8.67－8.62（m，4H），7.25－7.20（m，4H）；^{13}C NMR（150 MHz，CDCl$_3$）：δ 170.3，166.6，166.0（d，J＝252.6 Hz），131.6（d，J＝3.0 Hz），131.3（d，J＝9.4 Hz），115.9（d，J＝21.5 Hz）.

2,4－二(4－氯苯基)－1,3,5－三嗪(3c)：48.9 mg，白色固体；Mp：191－192 ℃；^{1}H NMR（600 MHz，CDCl$_3$）：δ 9.23（s，1H），8.58－8.55（m，4H），7.53－7.50（m，4H）；^{13}C NMR（150 MHz，CDCl$_3$）：δ 170.5，166.7，139.4，133.8，130.2，129.1.

2,4－二(4－三氟甲基苯基)－1,3,5－三嗪(3d)：59.1 mg，白色固体；Mp：152－153 ℃；^{1}H NMR（600 MHz，CDCl$_3$）：δ 9.33（s，1H），8.74（d，J＝8.4 Hz，4H），7.81（d，J＝7.8 Hz，4H）；^{13}C NMR（150 MHz，CDCl$_3$）：δ 170.4，167.1，138.5，134.4（q，J＝32.4 Hz），129.2，125.8（q，J＝3.8 Hz），123.8（q，J＝271.0 Hz）.

2,4－二(4－溴苯基)－1,3,5－三嗪(3e)：50.8 mg，白色固体；Mp：195－197 ℃；^{1}H NMR（600 MHz，CDCl$_3$）：δ 9.23（s，1H），8.49（d，J＝9.0 Hz，4H），7.68（d，J＝9.0 Hz，4H）；^{13}C NMR（150 MHz，CDCl$_3$）：δ 170.7，166.8，134.3，132.1，130.4，128.1.

2,4－二(对甲苯基)－1,3,5－三嗪(3f)：40.2 mg，白色固体；Mp：159－161 ℃；^{1}H NMR（600 MHz，CDCl$_3$）：δ 9.18（s，1H），8.51（d，J＝7.8 Hz，4H），7.33（d，J＝8.4 Hz，4H），2.45（s，6H）；^{13}C NMR（150 MHz，CDCl$_3$）：δ 171.1，166.5，143.4，132.9，129.5，128.8，21.7.

2,4－二(4－甲氧基苯基)－1,3,5－三嗪(3g)：42.2 mg，白色固体；Mp：156－158 ℃；δ 9.11（s，1H），8.60－8.56（m，4H），7.05－7.01（m，4H），3.91（s，6H）；^{13}C NMR（150 MHz，CDCl$_3$）：δ 170.5，166.2，

163.5, 130.8, 128.1, 114.0, 55.5; HRMS (ESI): calcd for $C_{17}H_{16}N_3O_2$ [M + H]$^+$ 294.1237, found 294.1231.

2,4 – 二(3 – 溴苯基) – 1,3,5 – 三嗪(3h):
43.8 mg, 白色固体; Mp: 180 – 182 ℃; ^{1}H NMR
(600 MHz, CDCl$_3$): δ 9.27 (s, 1H), 8.76 (t, J =
1.7 Hz, 2H), 8.57 (dt, J_1 = 7.8 Hz, J_2 = 1.1 Hz, 2H), 1.41 (dq, J_1 = 7.9 Hz,
J_2 = 1.0 Hz, 2H), 1.31 (t, J = 7.8 Hz, 2H); ^{13}C NMR (150 MHz, CDCl$_3$):
δ 170.3, 166.9, 137.3, 135.9, 131.9, 130.3, 127.5, 123.1; HRMS (ESI):
calcd for $C_{15}H_{10}Br_2N_3$ [M + H]$^+$ 390.9270, found 390.9265.

2,4 – 二(间甲苯基) – 1,3,5 – 三嗪(3i):
41.7 mg, 白色固体; Mp: 87 – 88 ℃; ^{1}H NMR
(600 MHz, CDCl$_3$): δ 9.24 (s, 1H), 8.46 – 8.43 (m,
4H), 7.46 – 7.41 (m, 4H), 2.49 (s, 6H); ^{13}C NMR (150 MHz, CDCl$_3$):
δ 171.4, 166.5, 138.5, 135.5, 133.7, 129.4, 128.7, 126.1, 21.5; HRMS
(ESI): calcd for $C_{17}H_{16}N_3$ [M + H]$^+$ 262.1339, found 262.1332.

2,4 – 二(3 – 甲氧基苯基) – 1,3,5 – 三嗪
(3j): 29.9 mg, 白色固体; Mp: 105 – 107 ℃; ^{1}H
NMR (600 MHz, CDCl$_3$): δ 9.25 (s, 1H), 8.24
(t, J = 7.7 Hz, 2H), 8.18 – 8.16 (m, 2H), 7.46 (t, J = 7.9 Hz, 2H), 7.17 –
7.14 (m, 2H), 3.94 (s, 6H); ^{13}C NMR (150 MHz, CDCl$_3$): δ 171.1, 166.6,
160.0, 136.9, 129.8, 121.4, 119.2, 113.3, 55.4.

2,4 – 二(邻甲苯基) – 1,3,5 – 三嗪(3k): 29.2 mg, 淡
黄色油状液体; ^{1}H NMR (600 MHz, CDCl$_3$): δ 9.32 (s,
1H), 8.14 (dd, J_1 = 7.7 Hz, J_2 = 1.1 Hz, 2H), 7.44 –
7.41(m, 2H), 7.37 – 7.32 (m, 4H), 2.72 (s, 6H); ^{13}C NMR (150 MHz,
CDCl$_3$): δ 173.8, 165.7, 138.9, 135.5, 131.8, 131.2, 131.1, 126.1, 22.0.

2,4 – 二(2 – 乙氧基苯基) – 1,3,5 – 三嗪(3l):
44.9 mg, 无色油状液体; ^{1}H NMR (600 MHz, CDCl$_3$):
δ 9.32 (s, 1H), 7.98 (dd, J_1 = 7.7 Hz, J_2 = 1.8 Hz, 2H),
7.48 – 7.44 (m, 2H), 7.09 – 7.03 (m, 4H), 4.17 (q, J = 7.0 Hz, 4H), 1.44
(t, J = 7.0 Hz, 6H); ^{13}C NMR (150 MHz, CDCl$_3$): δ 172.7, 165.5, 158.0,

132.5, 132.2, 126.3, 120.5, 113.5, 64.6, 14.7; HRMS (ESI): calcd for $C_{19}H_{20}N_3O_2$ [M + H]$^+$ 322.1551, found 322.1549.

2,4 - 二(2 - 氟苯基) - 1,3,5 - 三嗪(3m): 38.2 mg, 白色固体; Mp: 68 - 70 ℃; ^{1}H NMR (600 MHz, CDCl$_3$): δ 9.39 (s, 1H), 8.36 (dt, J_1 = 7.7 Hz, J_2 = 1.8 Hz, 2H), 7.59 - 7.54 (m, 2H), 7.34 - 7.31 (m, 2H), 7.27 - 7.23 (m, 2H); ^{13}C NMR (150 MHz, CDCl$_3$): δ 170.4 (d, J = 5.2 Hz), 166.5, 162.2 (d, J = 258.3 Hz), 134.0 (d, J = 8.8 Hz), 132.2, 124.4 (d, J = 3.5 Hz), 124.0 (d, J = 7.9 Hz), 117.3 (d, J = 22.0 Hz); HRMS (ESI): calcd for $C_{15}H_{10}F_2N_3$ [M + H]$^+$ 270.0838, found 270.0832.

2,4 - 二(吡啶 - 4 - 基) - 1,3,5 - 三嗪(3n): 14.1 mg, 白色固体; Mp: 181 - 182 ℃; ^{1}H NMR (600 MHz, CDCl$_3$): δ 9.45 (s, 1H), 8.91 (d, J = 5.5 Hz, 4H), 8.47 (dd, J_1 = 4.6 Hz, J_2 = 1.4 Hz, 4H); ^{13}C NMR (150 MHz, CDCl$_3$): δ 170.5, 167.6, 150.8, 142.5, 122.2.

2,4 - 二(吡啶 - 3 - 基) - 1,3,5 - 三嗪(3o): 13.2 mg, 白色固体; Mp: 183 - 184 ℃; ^{1}H NMR (600 MHz, CDCl$_3$): δ 9.83 (q, J = 1.6 Hz, 2H), 9.34 (s, 1H), 8.89 (dt, J_1 = 7.9 Hz, J_2 = 1.9 Hz, 2H), 8.85 (dd, J_1 = 4.8 Hz, J_2 = 1.6 Hz, 2H), 7.54 - 7.51 (m, 2H); ^{13}C NMR (150 MHz, CDCl$_3$): δ 170.2, 167.0, 153.4, 150.4, 136.3, 130.9, 123.7.

2,4 - 二环丙基 - 1,3,5 - 三嗪(3p): 10.0 mg, 淡黄色油状液体; ^{1}H NMR (600 MHz, CDCl$_3$): δ 8.70 (s, 1H), 2.11 - 2.06 (m, 2H), 1.22 - 1.19 (m, 4H), 1.15 - 1.10 (m, 4H); ^{13}C NMR (150 MHz, CDCl$_3$): δ 179.6, 164.6, 17.8, 11.9; HRMS (ESI): calcd for $C_9H_{12}N_3$ [M + H]$^+$ 162.1026, found 162.1023.

2 - 甲基 - 4,6 - 二苯基 - 1,3,5 - 三嗪(3q): 31.0 mg (diethyl ether as the carbon source), 白色固体; Mp: 106 - 107 ℃; ^{1}H NMR (600 MHz, CDCl$_3$): δ 8.65 - 8.62 (m, 4H), 7.59 - 7.56 (m 2H), 7.55 - 7.51 (m, 4H), 2.78 (s, 3H); ^{13}C NMR (150 MHz, CDCl$_3$): δ 177.0, 171.2, 135.9, 132.5, 128.9, 128.6, 26.0.

2 - (甲氧基甲基) - 4,6 - 二苯基 - 1,3,5 - 三嗪(3r): 6.7 mg, 白色固体;

Mp: 77 – 79 ℃；^{1}H NMR (600 MHz, CDCl$_3$)：δ 8.68 (d, J = 7.2 Hz, 4H)，7.60 (t, J = 7.2 Hz, 2H)，7.56 – 7.52 (m, 4H)，4.77 (s, 2H)，3.67 (s, 3H)；^{13}C NMR (150 MHz, CDCl$_3$)：δ 176.1, 171.6, 135.6, 132.7, 129.0, 128.7, 74. 6, 59.4；HRMS (ESI)：calcd for C$_{17}$H$_{16}$N$_3$O [M + H]$^+$ 278.1288, found 278.1280.

2 – 苯基 – 4 – (4 – 甲氧基苯基) – 1,3,5 – 三嗪 (3ga)：15.3 mg，白色固体；Mp: 127 – 129 ℃；^{1}H NMR (600 MHz, CDCl$_3$)：δ 9.18 (s, 1H)，8.63 – 8.59 (m, 4H)，7.61 – 7.58 (m, 1H)，7.56 – 7.52 (m, 2H)，7.05 – 7.03 (m, 2H)，3.91 (s, 3H)；^{13}C NMR (150 MHz, CDCl$_3$)：δ 171.0, 170.8, 166.5, 163.6, 135.7, 132.6, 130.9, 128.8, 128.7, 128.0, 114.1, 55.5.

2 – (4 – 甲氧基苯基) – 4 – (4 – 氯苯基) – 1, 3,5 – 三嗪(3gc)：8.9 mg，白色固体；Mp: 167 – 169 ℃；^{1}H NMR (600 MHz, CDCl$_3$)：δ 9.16 (s, 1H)，8.59 – 8.54 (m, 4H)，7.52 – 7.49 (m, 2H)，7.05 – 7.02 (m, 2H)，3.91 (s, 3H)；^{13}C NMR (150 MHz, CDCl$_3$)：δ 170.9, 170.1, 166.5, 163.7, 139.0, 134.2, 130.9, 130.1, 129.0, 127.8, 114.1, 55.5；HRMS (ESI)：calcd for C$_{16}$H$_{13}$ClN$_3$O [M + H]$^+$ 298.0742, found 298.0745.

2 – (4 – 三氟甲基苯基) – 4 – (4 – 甲氧基苯 基) – 1,3,5 – 三嗪(3gd)：12.0 mg，白色固体；Mp: 123 – 125 ℃；^{1}H NMR (600 MHz, CDCl$_3$)：δ 9.21 (s, 1H)，8.72 (q, J = 8.1 Hz, 2H)，8.61 – 8.58 (m, 2H)，7.79 (d, J = 8.2 Hz, 2H)，7.06 – 7.03 (m, 2H)，3.92 (s, 3H)；^{13}C NMR (150 MHz, CDCl$_3$)：δ 171.1, 169.8, 166.7, 163.8, 139.1, 133.9 (q, J = 32.0 Hz), 131.0, 129.1, 127.6, 125.6 (q, J = 3.6 Hz), 123.9 (q, J = 271.0 Hz), 114.2, 55.5；HRMS (ESI)：calcd for C$_{17}$H$_{13}$F$_3$N$_3$O [M + H]$^+$ 332.1006, found 332.1002.

2 – 苯基 – 4 – (2 – 乙氧基苯基) – 1,3,5 – 三嗪(3la)：15.0 mg，白色固体；Mp: 47 – 49 ℃；^{1}H NMR (600 MHz, CDCl$_3$)：δ 9.29 (s, 1H)，8.62 – 8.59 (m, 2H)，8.03 (dd, J_1 = 7.7 Hz, J_2 = 1.7 Hz, 1H)，7.60 – 7.57 (m, 1H)，7.54 – 7.47 (m, 3H)，7.12 – 7.06 (m, 2H)，4.19 (q, J = 7.2 Hz, 2H)，1.45 (t, J = 7.2 Hz, 3H)；

^{13}C NMR (150 MHz, CDCl$_3$): δ 172.9, 171.1, 166.1, 158.3, 135.7, 132.8, 132.7, 132.2, 128.9, 128.7, 126.0, 120.6, 113.5, 64.6, 14.8; HRMS (ESI): calcd for C$_{17}$H$_{16}$N$_3$O [M + H]$^+$ 278.1288, found 278.1295.

2 - 苯基 - 4 - (4 - 硝基苯基) - 1,3,5 - 三嗪 (3qa): 9.5 mg, 白色固体; Mp: 164 - 166 ℃; ^{1}H NMR (600 MHz, CDCl$_3$): δ 9.33 (s, 1H), 8.84 - 8.81 (m, 2H), 8.66 - 8.63 (m, 2H), 8.41 - 8.38 (m, 2H), 7.66 - 7.63 (m, 1H), 7.60 - 7.56 (m, 2H); ^{13}C NMR (150 MHz, CDCl$_3$): δ 171.8, 169.5, 167.0, 150.5, 141.3, 134.9, 133.3, 129.8, 129.0, 128.9, 123.8.

2 - 环丙基 - 4 - 苯基 - 1,3,5 - 三嗪(3pa): 6.7 mg, 白色固体; Mp: 54 - 56 ℃; ^{1}H NMR (600 MHz, CDCl$_3$): δ 8.98 (s, 1H), 8.50 - 8.47 (m, 2H), 7.58 - 7.55 (m, 1H), 7.52 - 7.48 (m, 2H), 2.27 - 2.22 (m, 1H), 1.36 - 1.33 (m, 2H), 1.23 - 1.19 (m, 2H); ^{13}C NMR (150 MHz, CDCl$_3$): δ 180.7, 170.4, 165.6, 135.4, 132.6, 128.7, 128.6, 18.2, 12.2; HRMS (ESI): calcd for C$_{12}$H$_{12}$N$_3$ [M + H]$^+$ 198.1026, found 198.1025.

第三节 醇或醚作碳合成子构建吡啶或二氢吡啶

1 引言

在第一章第二节中,我们已经发展了一种铜催化利用 DMA 作碳合成子构建 2,3,5,6 - 四取代对称吡啶的方法,虽然该方法有诸多优点,但是仍然会产生 N - 甲基乙酰胺等有毒副产物。因此,发展更加绿色地合成 2,3,5,6 - 四取代对称吡啶的方法仍然是十分有意义的。

近年来,醇因其良好的原子经济性和低污染等优点被广泛用作有机合成的碳合成子[1-4]。特别是在金属催化剂的作用下,可以得到许多有价值的杂环化合物。受这些重要发现的启发,本节中我们发展了一种铜催化的 1,3 - 二羰基化合物、甲醇和醋酸铵的[2 + 2 + 1 + 1]环加成反应,能够以中等至优异的产率得到 2,3,5,6 - 四取代吡啶[6]。吡啶的额外氮原子和碳原子分别来自乙酸铵和甲醇。该方法以水和叔丁醇为废弃物,原子经济性和效率高。

2 结果与讨论

2.1 反应条件优化

最初,当0.4 mmol 乙酰乙酸甲酯(1a)、0.4 mmol NH₄OAc、0.8 mmol TBHP (70% 水溶液)作为氧化剂和10 mol% 的 Cu₂O 作为催化剂在1 mL 甲醇中120 ℃ 下加热24 h,以92% 的产率获得2,6 - 二甲基吡啶 - 3,5 - 二甲酸二甲酯(2a) (表2.6,条件1)。当不加入 Cu₂O 时反应无法顺利进行,这表明铜催化剂在该反应中发挥了重要作用(表2.6,条件2)。优化其他铜催化剂,如 Cu(OAc)₂、Cu(TFA)₂、Cu(OTf)₂、CuBr₂、CuBr 和 CuI 并没有明显提高反应产率(表2.6,条件3~8)。当使用其他过氧化剂如 DTBP 和过氧化氢时,明显对反应不利(表2.6,条件9~10),当不使用 TBHP 时无法顺利得到2a(表2.6,条件11)。这些表明,TBHP 是该转化的关键。此外,将反应温度从120 ℃ 降低到100 ℃、80 ℃ 或60 ℃ 会导致反应产率显著降低(表2.6,条件12~14)。当甲醇和水以1:1的比例作为共溶剂时,只得到25% 的2a(表2.6,条件15)。因此,最佳反应条件如表2.6中条件1所示。

表2.6 反应条件优化[a]

条件	催化剂	氧化剂	温度(℃)	产率(%)[b]
1	Cu₂O	TBHP	120	92
2	—	TBHP	120	微量
3	Cu(OAc)₂	TBHP	120	77
4	Cu(TFA)₂	TBHP	120	71
5	Cu(OTf)₂	TBHP	120	75
6	CuBr₂	TBHP	120	76
7	CuBr	TBHP	120	66
8	CuI	TBHP	120	63
9	Cu₂O	DTBP	120	72
10	Cu₂O	H₂O₂	120	30
11	Cu₂O	—	120	微量

续表

条件	催化剂	氧化剂	温度(℃)	产率(%)[b]
12	Cu₂O	TBHP	100	82
13	Cu₂O	TBHP	80	68
14	Cu₂O	TBHP	60	59
15[c]	Cu₂O	TBHP	120	25

[a]反应条件：1a (0.4 mmol)，催化剂 (10 mol%)，氧化剂(0.8 mmol)，NH₄OAc (0.8 mmol)，MeOH (1 mL)，24 h. [b]分离产率. [c]MeOH (0.5 mL) 和 H₂O (0.5 mL) 作为混合溶剂.

2.2 1,3 - 二羰基化合物的底物范围

在最佳反应条件下,我们考察了该反应的底物范围(表2.7)。当各种1,3-二羰基化合物1a-1i为底物时,以中等至优异的产率获得相应的2,3,5,6-四取代吡啶2a-2i。首先,β-酮甲酯(1a-1d)、甲醇和醋酸铵的反应分别以54-93%的产率得到相应的产物2a-2d。值得注意的是,产物2d的产率最低,可能是由于异丙基的空间位阻。然后,各种烷基乙酰乙酸酯1e-1h的反应也以64-90%的产率得到2,6-二甲基吡啶-3,5-二羧酸酯2e-2h。此外,乙酰丙酮(1i)也被用于该反应,以40%的产率得到产物2i。

表2.7 1,3-二羰基化合物的底物范围[a]

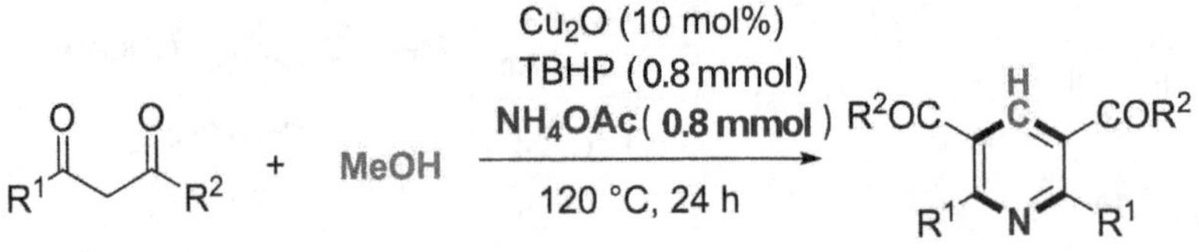

序号	底物		产物		产率(%)[b]
1		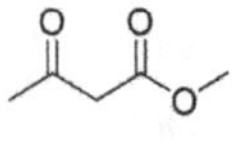 1a		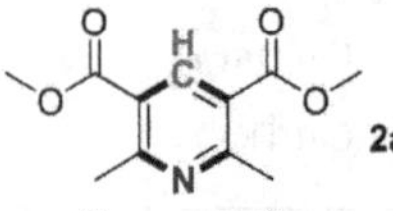 2a	92
2		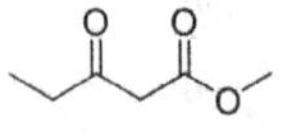 1b		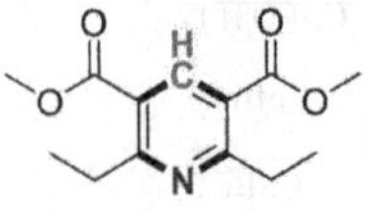 2b	72
3		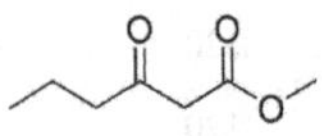 1c		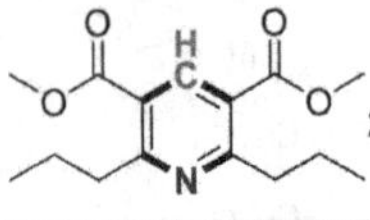 2c	93

续表

序号	底物	产物	产率(%)^b
4	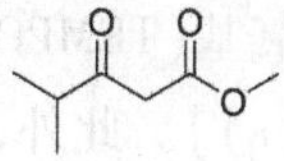 1d	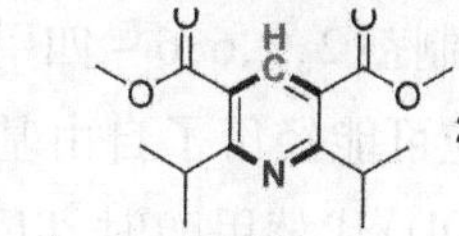 2d	54
5	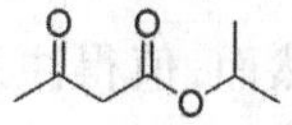 1e	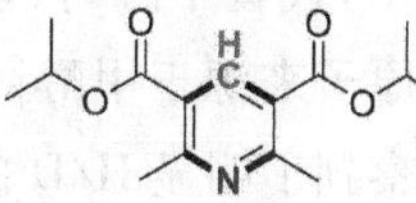 2e	73
6	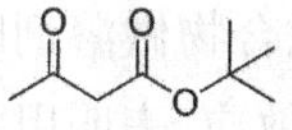 1f	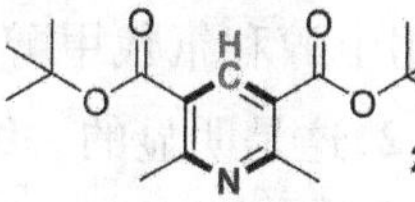 2f	88
7	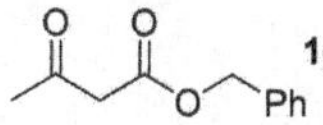 1g	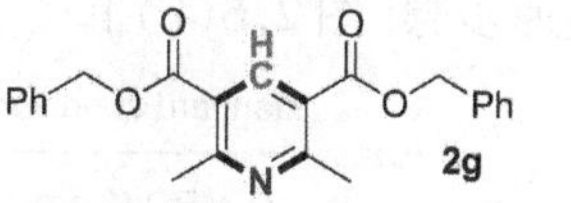 2g	75
8	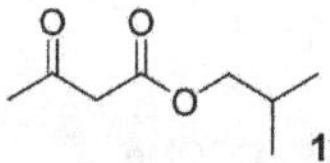 1h	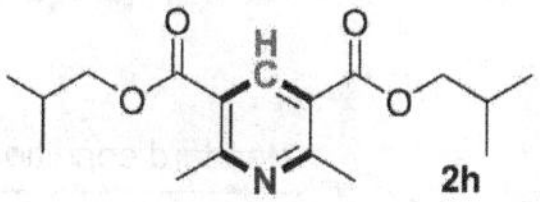 2h	72
9	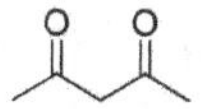 1i	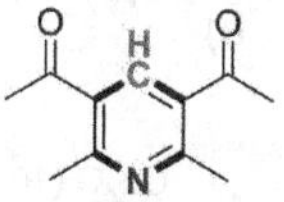 2i	40

^{a}反应条件: 1a–1i (0.4 mmol), Cu$_2$O (10 mol%), TBHP (0.8 mmol), NH$_4$OAc (0.8 mmol), MeOH (1 mL), 120 ℃, 24 h. ^{b}分离产率.

　　此外,当使用乙醇代替甲醇时,在标准条件下乙酰乙酸甲酯能以42%产率得到2,4,6-三甲基-1,4-二氢吡啶-3,5-二甲酸二甲酯(3),而未得到目标产物2,4,6-三甲基吡啶-3,5-二甲酸二甲酯,这可能是因为C-4位置甲基的存在抑制了产物3的进一步氧化芳构化[图2.5(a)]。类似地,当使用乙醚代替甲醇时,也能以40%的产率得到产物3[图2.5(b)]。

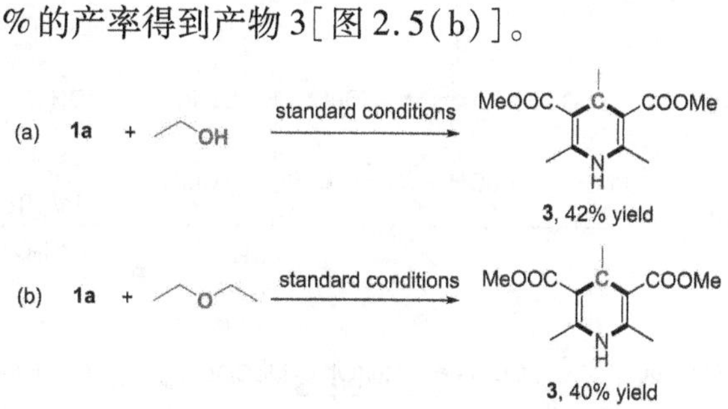

(a) 1a + ⌒OH → standard conditions → MeOOC—C—COOMe (3, 42% yield)

(b) 1a + ⌒O⌒ → standard conditions → MeOOC—C—COOMe (3, 40% yield)

图2.5　乙醇和乙醚作碳合成子构建二氢吡啶

2.3 反应机理

为了深入了解反应机理,我们进行了几个控制实验(图2.6)。首先当在反应体系中加入自由基抑制剂2,2,6,6－四甲基－1－哌啶氧基(TEMPO)时,反应明显受到抑制,表明反应可能经历了自由基历程[图2.6(a)]。此外,在标准条件下,当氘代甲醇(CD$_3$OD)代替甲醇时,以60%的产率得到了氘代产物2a–d,表明吡啶环上的额外碳原子来源于甲醇[图2.6(b)]。然而,值得注意的是,在氘标记实验中我们还观察到了明显H/D的交换现象,这可能是反应过程中发生了氢转移。此外,当使用甲醇和氘代甲醇(体积比1:1)混合物做溶剂时,动力学同位素效应KIE值为3.2,这是明显的一级动力学同位素效应,表明甲醇中C—H断裂可能是一个决速步骤[图2.6(c)]。

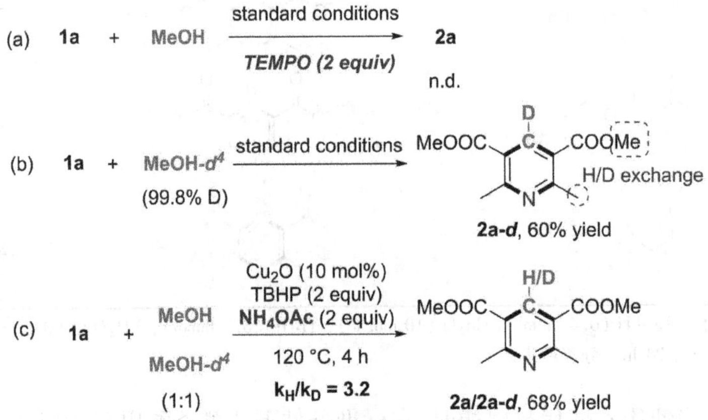

图2.6 实验机理

在上述实验结果和以前文献基础上[7-9],我们提出了一个可能的反应机理(图2.7)。最初,Cu(I)还原叔丁基过氧化氢生成叔丁氧自由基,自身被氧化为Cu(Ⅱ)。

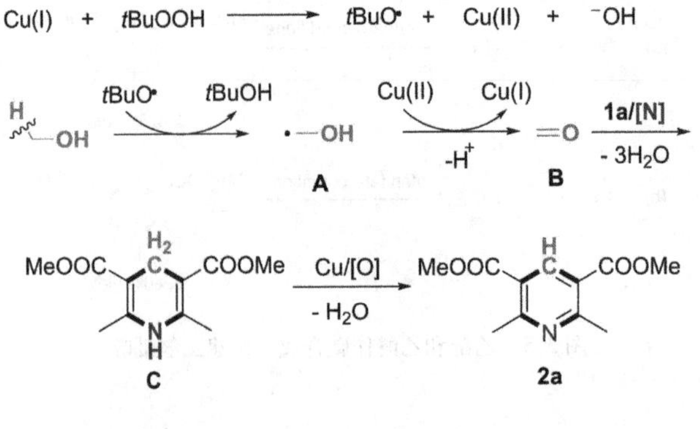

图2.7 反应机理

然后叔丁氧自由基攫取甲醇甲基 C(sp³)—H 键的氢原子,生成碳自由基中间体 A。随后在 Cu(Ⅱ)存在下,碳自由基 A 通过单电子转移过程生成甲醛 B[10,11]。最后,甲醛、1a 和乙酸铵经由脱水缩合和氧化芳构化串联过程得到产物 2a[12,13]。

3 结论

综上所述,我们发展了一种铜催化的两分子 1,3 - 二羰基化合物、一分子甲醇和一分子乙酸铵的四组分氧化环化反应,以中等至优异的产率构建了一系列 2,3,5,6 - 四取代吡啶化合物。与以往合成方法相比,该方法具有以下特点:①操作简单;②具有良好的官能团耐受性;③仅以水和叔丁醇为废弃物。

4 实验部分

4.1 实验试剂与仪器

除另有说明外,实验过程中使用的所有试剂和溶剂均未经纯化。用 Bruker Ascend TM 600 超导核磁共振仪测定产物的¹H 谱图和¹³C 谱图,分别以四甲基硅烷($\delta = 0$ ppm)和 CDCl₃($\delta = 77.00$ ppm)作为基准记录产物的化学位移。使用 Hanon MP 430 自动熔点测定仪测定熔点。

4.2 2,3,5,6 - 四取代对称吡啶的合成步骤

将 Cu₂O(10 mol% ,0.04 mmol)、NH₄OAc(0.8 mmol)和 MeOH(1 mL)加到 10 mL 反应管中,然后加入 1,3 - 二羰基化合物 1(0.4 mmol)和 TBHP(0.8 mmol),混合液在 120 ℃下搅拌 24h。反应结束后冷却至室温,用乙酸乙酯(3×10 mL)萃取。萃取得到的有机相经无水 Na₂SO₄ 干燥,过滤后减压下浓缩,浓缩物经由硅胶柱层析纯化即可得到所要产物 2。

4.3 产物表征数据

2,6 - 二甲基吡啶 - 3,5 - 二甲酸二甲酯(2a):产率 41.0 mg(92%);白色固体;Mp:99 - 100 ℃;¹H NMR(600 MHz, CDCl₃):δ 8.71(s,1H),3.93(s,6H),2.86(s,6H);¹³C NMR(150 MHz, CDCl₃):δ 166.2,162.6,141.0,122.6,52.3,24.9.

2,6 - 二乙基吡啶 - 3,5 - 二甲酸二甲酯(2b):产率 36.2 mg(72%);淡黄色油状液体;¹H NMR(600 MHz, CDCl₃):δ 8.64(s,1H),3.93(s,6H),3.21(q,$J = 7.8$ Hz,

4H），1.31（t, J =7.8 Hz, 6H）；^{13}C NMR（150 MHz, CDCl$_3$）：δ 167.2, 166.3, 141.2, 122.0, 52.3, 30.3, 13.7.

2,6 - 二丙基吡啶 - 3,5 - 二甲酸二甲酯（2c）：产率 51.9 mg（93%）；淡黄色油状液体；^{1}H NMR（600 MHz, CDCl$_3$）：δ 8.64（s, 1H），3.92（s, 6H），3.16（t, J =7.8 Hz, 4H），1.78 - 1.70（m, 4H），1.00（t, J =7.8 Hz, 6H）；^{13}C NMR（150 MHz, CDCl$_3$）：δ 166.3, 166.0, 141.2, 122.3, 52.2, 38.8, 23.1, 14.1.

2,6 - 二异丙基吡啶 - 3,5 - 二甲酸二甲酯（2d）：产率 30.1 mg（54%）；淡黄色油状液体；^{1}H NMR（600 MHz, CDCl$_3$）：δ 8.50（s, 1H），3.92（s, 6H），3.91（hept, J = 6.6 Hz, 2H），1.29（d, J = 6.6 Hz, 12H）；^{13}C NMR（150 MHz, CDCl$_3$）：δ 169.8, 166.7, 140.5, 121.4, 52.3, 32.7, 22.1. HRMS（ESI）：calcd for C$_{15}$H$_{22}$NO$_4$[M + H]$^+$ 280.1543, found 280.1546.

2,6 - 二甲基吡啶 - 3,5 - 二甲酸二异丁酯（2e）：产率 40.7 mg（73%）；白色固体；Mp: 65 - 66 ℃；^{1}H NMR（600 MHz, CDCl$_3$）：δ 8.62（s, 1H），5.27（hept, J = 6.3 Hz, 2H），2.84（s, 6H），1.39（d, J =6.3 Hz, 12H）；^{13}C NMR（150 MHz, CDCl$_3$）：δ 165.6, 161.7, 140.8, 123.5, 69.1, 24.9, 21.9.

2,6 - 二甲基吡啶 - 3,5 - 二甲酸二叔丁酯（2f）：产率 54.0 mg（88%）；白色固体；Mp: 108 - 109 ℃；^{1}H NMR（600 MHz, CDCl$_3$）：δ 8.53（s, 1H），2.81（s, 6H），1.61（s, 18H）；^{13}C NMR（150 MHz, CDCl$_3$）：δ 165.4, 161.1, 140.7, 124.6, 82.0, 28.1, 25.0.

2,6 - 二甲基吡啶 - 3,5 - 二甲酸二苄酯（2 g）：产率 56.3 mg（75%）；白色固体；Mp: 84 - 85 ℃；^{1}H NMR（600 MHz, CDCl$_3$）：δ 8.75（s, 1H），7.44 - 7.41（m, 4H），7.40 - 7.35（m, 6H），5.35（s, 4H），2.85（s, 6H）；^{13}C NMR（150 MHz, CDCl$_3$）：δ 165.6, 162.6, 141.2, 135.5, 128.7, 128.4, 128.3, 122.7, 67.1, 25.0.

2,6 - 二甲基吡啶 - 3,5 - 二甲酸二异丁酯（2h）：产率 44.2 mg（72%）；淡黄色油状液体；^{1}H NMR（600

MHz, CDCl$_3$) δ 8.74 (s, 1H), 4.12 (d, J = 6.6 Hz, 4H), 2.87 (s, 6H), 2.10 (m, J = 6.6 Hz, 2H), 1.04 (d, J = 6.6 Hz, 12H); ^{13}C NMR (150 MHz, CDCl$_3$) δ 165.8, 162.3, 141.0, 122.9, 71.4, 27.7, 25.0, 19.2.

2,6 - 二甲基 - 3,5 - 二乙酰基吡啶(2i)：产率 15.3 mg (40%)；淡黄色油状液体；^{1}H NMR (600 MHz, CDCl$_3$)：δ 8.25 (s, 1H), 2.78 (s, 6H), 2.64 (s, 6H); ^{13}C NMR (150 MHz, CDCl$_3$)：δ 199.2, 160.2, 137.8, 130.1, 29.3, 24.9.

2,4,6 - 三甲基 - 1,4 - 二氢吡啶 - 3,5 - 二甲酸二甲酯 (3)：产率 20.0 mg (42%)；白色固体；Mp：154 - 155 ℃；^{1}H NMR (600 MHz, CDCl$_3$)：δ 5.75 (bs, 1H), 3.81 (q, J = 6.6 Hz, 1H), 3.72 (s, 6H), 2.28 (s, 6H), 0.96 (d, J = 6.6 Hz, 3H); ^{13}C NMR (150 MHz, CDCl$_3$)：δ 168.2, 144.7, 104.2, 50.9, 28.4, 22.2, 19.4.

2a - d：Yield 26.8 mg (60%)；白色固体；Mp：101 - 102 ℃；^{1}H NMR (600 MHz, CDCl$_3$)：δ 8.71 (s, 0.10H), 3.93 (s, 6H), 2.86 (s, 1.26H), 2.84 (t, J = 1.8 Hz, 2.85H, CH$_2$D); 2.82 (quint, J = 1.8 Hz, 1.63H, CHD$_2$); ^{13}C NMR (150 MHz, CDCl$_3$) δ 166.17, 166.15, 162.6, 141.0, 140.7 (t, J = 25.5 Hz), 122.6, 122.5, 52.3, 51.5 (hept, J = 22.5 Hz), 24.9, 24.5 (hept, J = 19.5 Hz).

参考文献

[1] Guo S, Kumar P S, Yang M, et al. Recent Advances of Oxidative Radical Cross - Coupling Reactions：Direct α - C(sp^3)—H Bond Functionalization of Ethers and Alcohols[J]. Advanced Synthesis & Catalysis, 2017, 359(1)：2 - 25.

[2] Lakshman M K, Vuram P K. Cross - dehydrogenative coupling and oxidative - amination reactions of ethers and alcohols with aromatics and heteroaromatics[J]. Chemical Science, 2017, 8(9)：5845 - 5888.

[3] Phillips A M, Pombeiro A J. Recent Developments in Transition Metal - Catalyzed Cross - Dehydrogenative Coupling Reactions of Ethers and Thioethers[J]. Chemcatchem, 2018, 10(16)：3354 - 3383.

[4] Yan Y, Zhang Y, Feng C, et al. Selective Iodine - Catalyzed Intermolecular Oxidative Amination of C(sp^3)—H Bonds with ortho - Carbonyl -

Substituted Anilines to Give Quinazolines [J]. Angewandte Chemie International Edition, 2012, 51(32): 8077 – 8081.

[5] Yan Y, Li Z, Li H, et al. Alkyl Ether as a One – Carbon Synthon: Route to 2,4 – Disubstituted 1,3,5 – Triazines via C—H Amination/C—O Cleavage under Transition – Metal – Free Conditions [J]. Organic Letters, 2017, 19 (22): 6228 – 6231.

[6] Yan Y, Li Z, Cui C, et al. Synthesis of 2,3,5,6 – Tetrasubstituted Pyridines via Copper – Catalyzed Domino Oxidative Annulation of 1,3 – Dicarbonyl Compounds with Methanol and Ammonium Acetate [J]. Chinese Journal of Organic Chemistry, 2018, 38(12): 3381 – 3385.

[7] Zhang W, Guo F, Wang F, et al. Synthesis of quinazolines via CuO nanoparticles catalyzed aerobic oxidative coupling of aromatic alcohols and amidines [J]. Organic & Biomolecular Chemistry, 2014, 12(30): 5752 – 5756.

[8] You Q, Wang F, Wu C, et al. Synthesis of 1,3,5 – triazines via $Cu(OAc)_2$ – catalyzed aerobic oxidative coupling of alcohols and amidine hydrochlorides[J]. Organic & Biomolecular Chemistry, 2015, 13(24): 6723 – 6727.

[9] Li J, Zhang J, Yang H, et al. A Green Aerobic Oxidative Synthesis of Pyrrolo[1,2 – α]quinoxalines from Simple Alcohols without Metals and Additives [J]. Journal of Organic Chemistry, 2017, 82(1): 765 – 769.

[10] Li Z, Fan F, Yang J, et al. A Free Radical Cascade Cyclization of Isocyanides with Simple Alkanes and Alcohols[J]. Organic Letters, 2014, 16(12): 3396 – 3399.

[11] Xu Z, Hang Z, Chai L, et al. A Free – Radical – Promoted Site – Specific Cross – Dehydrogenative – Coupling of N – Heterocycles with Fluorinated Alcohols [J]. Organic Letters, 2016, 18(18): 4662 – 4665.

[12] Miyamura H, Maehata K, Kobayashi S. In situ coupled oxidation cycle catalyzed by highly active and reusable Pt – catalysts: dehydrogenative oxidation reactions in the presence of a catalytic amount of o – chloranil using molecular oxygen as the terminal oxidant[J]. Chemical Communications, 2010, 46(42): 8052 – 8054.

[13] Bai C, Wang N, Wang Y, et al. A new oxidation system for the oxidation of Hantzsch – 1,4 – dihydropyridines and polyhydroquinoline derivatives under mild conditions[J]. RSC Advances, 2015, 5(122): 100531 – 100534.

第三章 叔胺作碳合成子构建含氮杂环

叔胺是一种常用的有机碱,通常作为有机反应中的缚酸剂、氮配体等。近年来,叔胺经由 C—H/C—N 键断裂可作为羰基化试剂[1]、亚甲基化试剂[2,3],应用于有机合成中。然而,叔胺作为碳合成子构建含氮杂环化合物鲜有研究[4]。本章中,我们将重点介绍本课题组近来采用叔胺作碳合成子构建喹唑啉、喹唑啉酮和 1,3,5 – 三嗪等含氮杂环的研究成果。

第一节 叔胺作碳合成子构建喹唑啉和喹唑啉酮

1 引言

在前两章中,我们已经分别利用 N – 甲基酰胺、醚或醇作碳合成子实现了喹唑啉的合成。虽然反应无需金属且底物范围广,然而过氧化试剂的使用限制了进一步工业应用。因此,发展一种操作简单且绿色制备喹唑啉的新方法是十分渴求的。

本节中,我们发展了一个通过碘催化的 $C(sp^3)$—H 氨基化/C—N 断裂和串联环氧化过程构建喹唑啉和喹唑啉酮的方法[5]。反应在无需金属条件下进行且一步形成两个 C—N 键,产物中额外的碳原子来自叔胺的 N – 甲基。值得注意的是,反应中氧气作为氧化剂,避免了过氧化试剂的使用,更加绿色安全。

2 结果与讨论

2.1 反应条件优化

最初,当 2 – 氨基二苯甲酮(1a,0.2 mmol)、TMEDA(2a,0.4 mmol)、氨水(25% 水溶液,0.4 mmol)、TBHP(70% 水溶液,0.8 mmol)作氧化剂和 NIS(20 mmol%)作催化剂在 1 mL DMSO 中 120 ℃下加热 20 h,我们得到了 4 – 苯基喹唑啉(3a),产率为 68%(表 3.1,条件 1)。意料之中地,在不加入氨水或 TMEDA 的情况下,并没有检测到所需产物 3a,这表明氨水可能是产物的氮合成子,而 TMEDA 可能是产物的碳合成子(表 3.1,条件 2~3)。当我们使用不同碘试剂作为催化剂时,单质碘得到了最好的结果,产率为91%(表3.1,条件4~5)。随后,我们又尝试了不同的氮合成子如 NH_4HCO_3,NH_4OAc 和 NH_4Cl 等,NH_4Cl 得到了最高的产率(97%)(表3.1,条件6~8)。当我们对各种过氧化物如 DTBP,H_2O_2(30%水溶液)和 $K_2S_2O_8$ 等进行优化后,并没有产生比 TBHP 的更好的结果(表3.1,条件9~11)。但值得注意的是,当没有加入额外的氧化剂而仅在空气中时,也得到了产物3a,产率为80%(表3.1,条件12)。当用氧气作为氧化剂时,也有效地得到了3a,产率为97%(表3.1,条件13)。然而,在氮气条件下3a的产率只有25%,这表明,分子氧在该反应中是必不可少的。当反应在无溶剂条件下并使用 2 mmol TMEDA 时,仅以36%的产率得到3a(表3.1,条件15);而当碘的加入量减少至10%时,3a的产率降低到了86%(表3.1,条件16)。因此,反应的最优条件如下:20 mol% 的单质碘作为氧化剂,氧气为氧化剂,氯化铵作为氮合成子,1 mL DMSO 作为溶剂,加热温度为 120 ℃,反应时间为 20 h。

表3.1　反应条件优化^a

条件	催化剂	氧化剂	氮合成子	产率(%)^b
1	NIS	TBHP	NH_3(aq)	68
2	NIS	TBHP	—	n. d.
3^c	NIS	TBHP	NH_3(aq)	n. d.
4	I_2	TBHP	NH_3(aq)	91
5	nBu_4NI	TBHP	NH_3(aq)	45
6	I_2	TBHP	NH_4HCO_3	74
7	I_2	TBHP	NH_4OAc	91
8	I_2	TBHP	NH_4Cl	97
9	I_2	DTBP	NH_4Cl	65
10	I_2	H_2O_2	NH_4Cl	96
11	I_2	$K_2S_2O_8$	NH_4Cl	微量
12	I_2	Air	NH_4Cl	80
13	I_2	O_2(101 kPa)	NH_4Cl	97
14	I_2	N_2	NH_4Cl	25

续表

条件	催化剂	氧化剂	氮合成子	产率(%)[b]
15[d]	I₂	O₂	NH₄Cl	36
16[e]	I₂	O₂	NH₄Cl	86

[a]反应时间:1a (0.2 mmol), 2a (TMEDA, 0.4 mmol), 氮合成子 (0.4 mmol), 催化剂 (0.04 mmol), 氧化剂 (0.8 mmol), DMSO (1 mL), 120 ℃, 20 h. [b]分离产率; n.d. = 未检测到. [c]未加入 TMEDA. [d]无溶剂反应,加入 2 mmol TMEDA. [e]10 mol% 碘.

2.2 不同胺底物范围

在上述最佳反应条件下,不同的 N－甲基胺(2b－2g)被用作碳合成子合成喹唑啉(表3.2)。首先,当不同三级胺如 1－甲基哌啶(2b),4－甲基吗啉(2c)和 N,N－二甲基苯胺(2d)代替 TMEDA 时,所有反应都得到了所需产物 3a,而且用 2d 得到产物的产率比 2b 和 2c 的产率更高。此外,当使用二级胺如 N－甲基苯胺(2e),N－甲基苄胺(2f)和 N,N′－二甲基乙二胺(2g)作为碳源时,反应也以中等产率生成了 3a,其中使用 2e 得到的产物的产率比 2f 和 2g 的产率更高。这些结果清楚地表明,芳香胺的反应活性高于脂肪胺的反应活性,三级胺的反应活性高于二级胺的反应活性,这可能是与在反应途径中亚胺碘化物中间体的稳定性不同有关。

表3.2　不同胺底物范围[a]

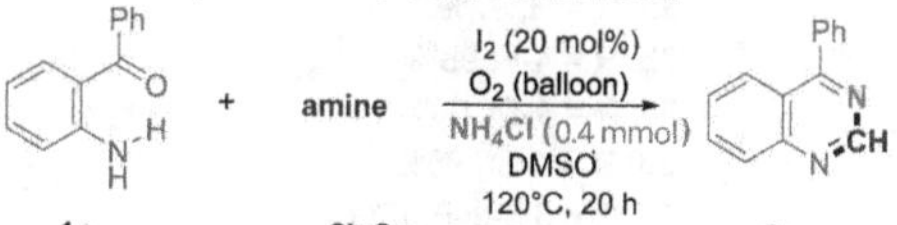

序号	胺		产率(%)[b]
1	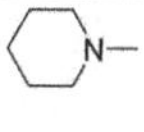 1-甲基哌啶	2b	30%
2	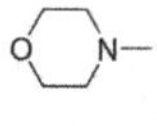 4-甲基吗啉	2c	28%
3	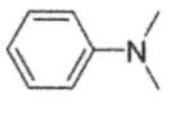 N,N-二甲基苯胺	2d	80%
4	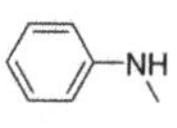 N-甲基苯胺	2e	58%
5	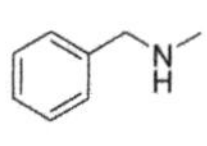 N-甲基苄胺	2f	29%
6	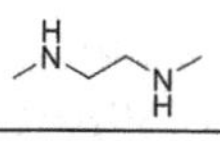 N,N′-二甲基乙二胺	2g	20%

[a]反应时间:1a (0.2 mmol), 2 (TMEDA, 0.4 mmol), NH₄Cl (0.4 mmol), I₂(0.04 mmol), DMSO (1 mL), O₂(101 kPa), 120 ℃, 20 h. [b]分离产率.

2.3 邻羰基苯胺底物范围

紧接着,我们在最优反应条件下研究了邻羰基苯胺的底物范围(图3.1)。首先,当 R¹ 是芳香取代基时,无论是苯环上含有吸电子(F,Cl 或 Br)还是供电子(Me)基团,底物 1a–1h 都分别能以优良的产率得到产物 3a–3h。然而,当在苯环上具有 2,4,6–三甲基取代基即 1i 为底物时,由于其较大的空间位阻效应并未得到所需产品 3i。而当 R¹ 是一个 2–萘基取代基时,产物 3j 的产率是 99%。相反地,当 R¹ 是脂肪取代基时,除了 1n 外,底物 1k–1q 可以分别以较低的产率得到产品 3k–3q。明显地,三级烷基取代基的反应活性大于一级烷基和二级烷基取代基。最后,当 Cl、Br、NO₂ 基团被引入到 2–氨基二苯甲酮的 5 位时,都能以很高的产率得到所需产品 3r–3t。值得注意的是,所有反应中底物的碳卤键都能完整保持,这为进一步衍生化提供了可能。为探讨该合成方法的可行性和应

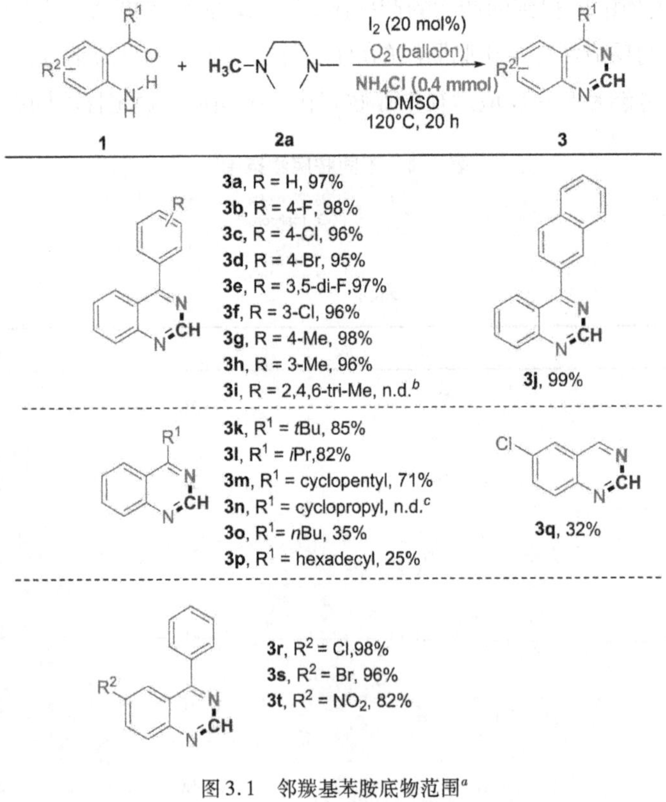

图 3.1 邻羰基苯胺底物范围ᵃ

ᵃ反应时间:1 (0.2 mmol), 2a (TMEDA, 0.4 mmol), NH₄Cl (0.4 mmol), I₂ (0.04 mmol), DMSO (1 mL), O₂ (101 kPa), 120 ℃, 20 h. ᵇ1i 被完全回收. ᶜ产物为未知的混合物.

用前景,我们将 3a 的合成规模从 0.2 mmol 到 10 mmol 即从毫克级别到克级,产率略微有所下降为 90%,这表明该方法可以广泛应用于有机合成中。

2.4 2-氨基苯甲酰胺底物范围

最后,我们也尝试将这一新方法应用于喹唑啉酮的合成中(图 3.2)。令我们高兴的是,2-氨基-N-苯基苯甲酰胺(4a)与 TMEDA 在标准条件下能够反应得到所需的 3-苯基喹唑啉-4(3H)-酮(5a),产率为 78%。同样,2-氨基-N-烷基苯甲酰胺 4b~4e 也可分别得到产品 5b~5e,产率为 48%~62%。不幸的是,当用 2-氨基苯甲酰胺(4f)作为底物时,却得不到所需产品 5f。

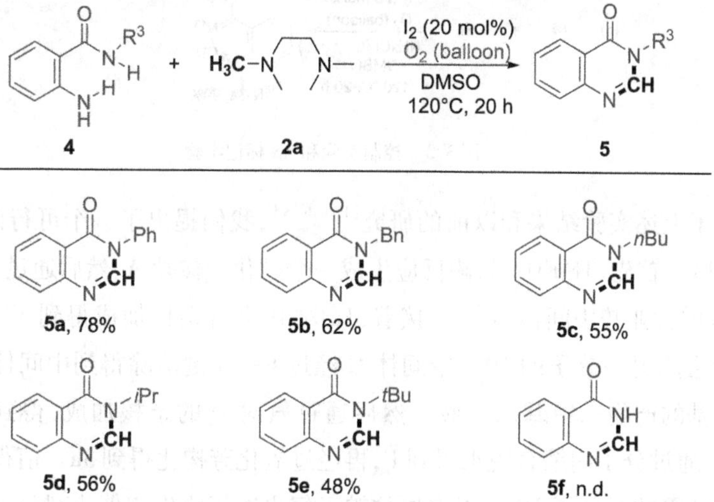

图 3.2 2-氨基苯甲酰胺底物范围[a]

[a]反应时间:4(0.2 mmol),2a(TMEDA,0.4 mmol),NH$_4$Cl(0.4 mmol),I$_2$(0.04 mmol),DMSO(1 mL),O$_2$(101 kPa),120 ℃,20 h。

2.5 反应机理

为了深入了解该反应的机理,我们进行了几个控制实验(图 3.3)。首先,当自由基抑制剂 2,2,6,6-四甲基-1-哌啶(TEMPO)存在时,反应并不能得到有效抑制[图 3.3(a)]。这表明,该反应可能不经过自由基途径,这与前两种喹唑啉合成机理完全不同。我们猜测,甲醛有可能是作为一个反应中间体。通常甲醛是通过 Nash 试剂(乙酰丙酮和铵盐)的颜色变化来检测,然而该反应中由于碘的存在会明显干扰颜色变化。因此,我们无法检测颜色变化确定是否存在甲醛。当我们了解到 Nash 实验原理后,我们进行了一个类似的反应,以 6 取代 1a 在标准条件下进行反应[图 3.3(b)]。然而,无论是 Nash 产物 7a 还是其进一步氧化产物 7b 都没有生成,这表明不存在中间体甲醛。此外,我们也进行了[15]N 标记实验,得到了[¹⁵N]标记的3a,产率为99%,这清楚地表明喹唑啉上的氮原子来源于NH₄Cl,而不是TMEDA中氮原子[图3.3(c)]。

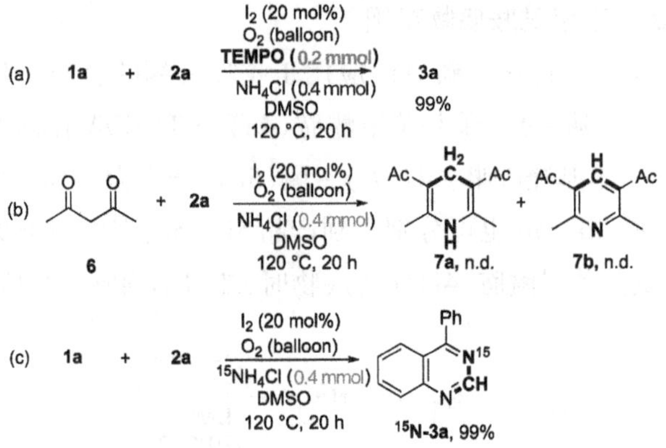

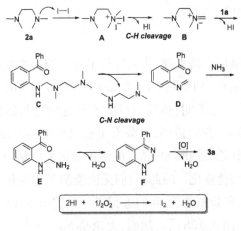

图3.3 控制实验和¹⁵N标记实验

基于上述实验结果和以前的研究[1-4,6-9],我们提出了一个可行的反应机理(图3.4)。首先,TMEDA与碘反应生成一个碘化季铵盐A,然后通过去除一分子HI生成碘代亚胺中间体B[10]。接着,1a对B进行亲核加成得到了一个中间体C,同时去除另一分子的HI。中间体C经过C—N键消除得到中间体D,同时得到脱甲基的产物三甲基乙二胺。然后通过氨对D的亲核加成,得到中间体E。最后,E通过分子内缩合脱水得到F,再经过氧化芳构化得到3a。值得注意的是,反应中消除的两分子HI可以在原位被氧气再次氧化生成催化剂分子碘,从而实现I₂/I⁻的催化循环,反应副产物为三甲基乙二胺和三分子水。

图3.4 反应机理

3 结论

我们已经发展了碘催化的经由多米诺需氧过程合成喹唑啉和喹唑啉酮的反应。通过串联的 C—H 活化 C—N 断裂步骤,一步构建两个 C—N 键。杂环化合物的额外的碳原子来源于 TMEDA 的 N - 甲基基团。和其他已知的喹唑啉和喹唑啉酮合成方法相比,这种新颖的方法具有如下优点:①无须金属;②无须过氧化物;③操作简单;④具有广泛的底物范围。

4 实验部分

4.1 实验试剂与仪器

除非特别注明,反应所需底物和其他试剂均直接购买使用且无须进一步纯化。^{1}H NMR 谱的化学位移(单位为 ppm)以在 CDCl$_3$ 中的四甲基硅烷($\delta = 0$ ppm)作基准,^{13}C NMR 谱的化学位移用 CDCl$_3$($\delta = 77.00$ ppm)作基准。高分辨质谱 HRMS(EI)采用四级杆飞行时间(TOF)质谱分析仪测定。

4.2 反应底物制备

4.2.1 4a 的制备

靛红酸酐(815 mg,5 mmol)溶于 EtOH(10 mL)中,加入苯胺(916 μL,5 mmol)和 I$_2$(127 mg,0.5 mmol),混合溶液在回流下搅拌过夜。冷却到室温后,在减压下浓缩,用饱和 Na$_2$S$_2$O$_3$ 溶液除去碘,再用 EtOAc 萃取 3 次,然后用盐水洗涤,并用无水 Na$_2$SO$_4$ 干燥。有机相经减压浓缩,过柱纯化得到 2 - 氨基 - N - 苯基苯甲酰胺(4a),为浅黄色固体(742 mg,产率 70%)。

4.2.2 4b~4e 的制备

靛红酸酐(815 mg,5 mmol)溶于 DMF 中,加入苄胺(547 μL,5 mmol),混合溶液在 50~60 ℃下加热 1 h。反应完成后,用水淬灭,再用 EtOAc 萃取 3 次。有机层用无水 Na$_2$SO$_4$ 干燥,减压浓缩,过柱纯化得到 2 - 氨基 - N - (苯甲基) - 苯甲酰胺(4b),为白色固体(1.1 g,产率 98%)。

4c~4e 分别根据用于 4b 中的方法进行合成。

4.3 喹唑啉和喹唑啉酮的合成步骤

将底物 1(0.2 mmol),I$_2$(11.6 mg,20 mol%),NH$_4$Cl(21.4 mg,0.4 mmol),N - 甲基胺 2(0.4 mmol)和 DMSO(1 mL)依次加入到 10 mL 具有三通阀的厚壁耐压反应管中。经过 3 次氧气置换后,将混合物在 120 ℃下搅拌加热反应,并通过薄层色谱(TLC)监测。反应完成后,将溶液冷却至室温,用乙酸乙酯(5 mL)稀释,并用盐水洗涤。用乙酸乙酯(3×10 mL)萃取水层,用 Na_2SO_4 将合并的有机层干燥,过滤并减压浓缩,硅胶柱层析纯化(洗脱剂:石油醚/乙酸乙酯=3:1)得到所需的喹唑啉3。

喹唑啉酮5的合成步骤与3相似,过程中无需添加氯化铵。

4.4 产物表征数据

4-苯基喹唑啉(3a):产率97%(40 mg). 淡黄色固体。m. p. 95-97 ℃. ^{1}H NMR (400 MHz, CDCl$_3$) δ (ppm) 9.39 (s, 1 H, N═CH—N or 2-Ar—H), 8.13 (d, J = 8.8 Hz, 2 H, 5,8-Ar—H), 7.95-7.90 (m, 1 H, 7-Ar—H), 7.82-7.76 (m, 2 H, 2',6'-Ph—H), 7.64-7.56 (m, 4 H, 6-Ar—H and 3',4',5'-Ph—H). ^{13}C NMR (100 MHz, CDCl$_3$) δ (ppm) 168.5 (C═N), 154.5 (N═CH—N), 150.9 (C), 137.0 (C), 133.7 (CH), 130.1 (CH), 129.9 (CH), 128.8 (CH), 128.6 (CH), 127.7 (CH), 127.1 (CH), 123.1 (C).

4-(4-氟苯基)喹唑啉(3b):产率98%(43.9 mg). 淡黄色固体。m. p. 91-93 ℃. ^{1}H NMR (400 MHz, CDCl$_3$) δ (ppm) 9.37 (s, 1 H, N═CH—N), 8.13 (dd, J_1 = 13.2 Hz, J_2 = 8.4 Hz, 2 H, 5, 8-Ar—H), 7.96-7.91 (m, 1 H, 7-Ar—H), 7.83-7.79 (m, 2 H, 2',6'-Ph—H), 7.67-7.62 (m, 1 H, 6-Ar—H), 7.31-7.26 (m, 2 H, 3',5'-Ph—H). ^{13}C NMR (100 MHz, CDCl$_3$) δ (ppm) 167.3 (C═N), 164.0 (d, J_{C-F} = 249.3 Hz, C—F), 154.5 (N═CH—N), 151.0 (C), 133.8 (CH), 133.2 (d, J_{C-F} = 3.1 Hz, C), 132.0 (d, J_{C-F} = 8.6 Hz, CH), 128.9 (CH), 127.9 (CH), 126.7 (CH), 123.0 (C), 115.8 (d, J_{C-F} = 21.7 Hz, CH).

4-(4-氯苯基)喹唑啉(3c):产率96%(46.1 mg). 淡黄色固体。m. p. 116-118 ℃. ^{1}H NMR (400 MHz, CDCl$_3$) δ (ppm) 9.38 (s, 1 H, N═CH—N), 8.14-8.07 (m, 2 H, 5,8-Ar—H), 7.96-7.91 (m, 1 H, 7-Ar—H), 7.79-7.71 (m, 2 H, 2',6'-Ph—H), 7.66-7.62 (m, 1 H, 6-Ar—H), 7.58-7.55 (m, 2 H, 3',5'-Ph—H). ^{13}C NMR (100 MHz, CDCl$_3$) δ (ppm) 167.1 (C═N), 154.6 (N═CH—N), 151.1 (C), 136.4 (C—Cl), 135.5 (C), 133.8 (CH), 131.3 (CH), 129.0 (CH), 128.9 (CH), 127.9 (CH), 126.6 (CH), 122.9(C).

4-(4-溴苯基)喹唑啉(3d):产率95%(54 mg). 淡黄色固体。m. p.

152 – 154 ℃. ^{1}H NMR (400 MHz, CDCl$_3$) δ (ppm) 9.38 (s, 1 H, N═CH—N), 8.16 – 8.07 (m, 2 H, 5,8 – Ar—H), 7.96 – 7.91 (m, 1 H, 7 – Ar—H), 7.75 – 7.61 (m, 5 H, 6 – Ar—H and Ph—H). ^{13}C NMR(100 MHz, CDCl$_3$) δ (ppm) 167.2 (C═N), 154.5 (N═CH—N), 151.1 (C), 135.9 (C), 133.9 (CH), 131.9 (CH), 131.5 (CH), 129.0 (CH), 128.0 (CH), 126.6 (CH), 124.8 (C—Br),122.9 (C).

4 –(3,5 – 二氟苯基)喹唑啉(3e):产率97% (47 mg). 淡黄色固体。m. p. 100 – 102 ℃. ^{1}H NMR (400 MHz, CDCl$_3$) δ (ppm) 9.39 (s, 1 H, N═CH—N), 8.15 (d, J = 8.4 Hz, 1 H, 8 – Ar—H), 8.11 – 8.07 (m, 1 H, 5 – Ar—H), 7.98 – 7.93 (m, 1 H, 7 – Ar—H), 7.69 – 7.64 (m, 1 H, 6 – Ar—H), 7.36 – 7.30 (m, 2 H, 2',6' – Ph – H), 7.07 – 7.00 (m, 1 H, 4' – Ph—H). ^{13}C NMR (100 MHz, CDCl$_3$) δ (ppm) 165.7 (t, J_{C-F} = 2.6 Hz, C═N), 164.2 (dd, J_{C-F1} = 249.1 Hz, J_{C-F2} = 12.4 Hz, C—F$_1$ and C—F$_2$), 154.5 (N═CH—N), 151.2(C), 140.1 (t, J_{C-F} = 9.2 Hz, C), 134.1 (CH), 129.2 (CH), 128.3 (CH), 126.1 (CH), 122.6 (C), 113.1 (dd, J_{C-F1} = 18.9 Hz, J_{C-F2} = 7.5 Hz, CH—CF$_1$ and CH—CF$_2$), 105.4 (t, J_{C-F} = 25.0 Hz, CF$_1$—CH—CF$_2$).

4 –(3 – 氯苯基)喹唑啉(3f):产率96% (46.1 mg). 淡黄色固体。m. p. 81 – 83 ℃. ^{1}H NMR (400 MHz, CDCl$_3$) δ (ppm) 9.38 (s, 1 H, N═CH—N), 8.14 (d, J = 8.4 Hz, 1 H, 8 – Ar—H), 8.10 – 8.07 (m, 1 H, 5 – Ar—H), 7.97 – 7.91 (m, 1 H, 7 – Ar—H), 7.79 (t, J = 1.6 Hz, 1 H, 6 – Ar—H), 7.68 – 7.62 (m, 2 H, 2', 6' – Ph—H), 7.58 – 7.49 (m, 2 H, 4',5' – Ph—H). ^{13}C NMR (100 MHz, CDCl$_3$) δ (ppm)166.8 (C═N), 154.5 (N═CH—N), 151.1 (C), 138.8 (C—Cl), 134.7 (C), 133.9 (CH), 130.1 (CH), 129.88 (CH), 129.86 (CH), 129.0 (CH), 128.1 (CH), 128.0 (CH), 126.5 (CH), 122.9 (C).

4 –(对甲苯基)喹唑啉(3g):产率98% (43.1 mg). 淡黄色固体。m. p. 32 – 34 ℃. ^{1}H NMR (400 MHz, CDCl$_3$) δ (ppm) 9.37 (s, 1 H, N═CH—N), 8.18 – 8.09 (m, 2 H, 5,8 – Ar—H), 7.93 – 7.88 (m, 1 H, 7 – Ar—H), 7.70 (dd, J_1 = 6.4 Hz, J_2 = 1.6 Hz,

2 H, 2',6' – Ph—H), 7.63 – 7.58 (m, 1 H, 6 – Ar—H), 7.39 (d, J = 8.0 Hz, 2 H, 3',5' – Ph—H), 2.48 (s, 3 H, CH$_3$). ^{13}C NMR (100 MHz, CDCl$_3$) δ (ppm) 168.4 (C=N), 154.7 (N=CH—N), 151.1 (C), 140.3 (C), 134.3 (C), 133.6 (CH), 130.0 (CH), 129.3 (CH), 128.9 (CH), 127.6 (CH), 127.2 (CH), 123.2 (C), 21.4 (CH$_3$).

4 – (间甲苯基) 喹唑啉 (3h): 产率 96% (42.3 mg). 黄色油状液体。^{1}H NMR (400 MHz, CDCl$_3$) δ (ppm) 9.38 (s, 1 H, N=CH—N), 8.15 – 8.09 (m, 2 H, 5,8 – Ar—H), 7.93 – 7.88 (m, 1 H, 7 – Ar—H), 7.62 – 7.54 (m, 3 H, 6 – Ar—H and 2',6' – Ph—H), 7.45 (t, J = 7.6 Hz, 1 H, 5' – Ph—H), 7.39 (d, J = 7.6 Hz, 1 H, 4' – Ph—H), 2.48 (s, 3 H, CH$_3$). ^{13}C NMR (100 MHz, CDCl$_3$) δ (ppm) 168.5 (C=N), 154.6 (N=CH—N), 151.0 (C), 138.5 (C), 137.0 (C), 133.6 (CH), 130.7 (CH), 130.4 (CH), 128.8 (CH), 128.3 (CH), 127.6 (CH), 127.14 (CH), 127.08 (CH), 123.2 (C), 21.4 (CH$_3$).

4 – (萘 – 2 – 基) 喹唑啉 (3j): 产率 99% (50.7 mg). 黄色固体。m. p. 133 – 135 ℃. ^{1}H NMR (400 MHz, CDCl$_3$) δ (ppm) 9.43 (s, 1 H, N=CH—N), 8.26 (d, J = 1.6 Hz, 1 H, 1' – Nap—H), 8.21 – 8.13 (m, 2 H, 5,8 – Ar—H), 8.03 (d, J = 8.8 Hz, 1 H, 7 – Ar—H), 7.96 – 7.87 (m, 4 H, 3'4',5',8' – Nap—H), 7.62 – 7.54 (m, 3 H, 6 – Ar—H and 6',7' – Nap—H). ^{13}C NMR (100 MHz, CDCl$_3$) δ (ppm) 168.3 (C=N), 154.6 (N=CH—N), 151.1 (C), 134.4 (C), 133.9 (C), 133.7, 132.8 (C), 130.2 (CH), 128.9 (CH), 128.6 (CH), 128.4 (CH), 127.8 (CH), 127.3 (CH), 127.1 (CH), 126.8 (CH), 126.7 (CH), 123.3 (C).

4 – 叔丁基喹唑啉 (3k): 产率 85% (31.6 mg). 黄色油状液体。^{1}H NMR (400 MHz, CDCl$_3$) δ (ppm) 9.23 (s, 1 H, N=CH—N), 8.47 (dd, J_1 = 8.8 Hz, J_2 = 0.8 Hz, 1 H, 8 – Ar—H), 8.07 (dd, J_1 = 8.8 Hz, J_2 = 0.8 Hz, 1 H, 5 – Ar—H), 7.85 – 7.80 (m, 1 H, 7 – Ar—H), 7.61 – 7.56 (m, 1 H, 6 – Ar—H), 1.66 (s, 9 H, 3CH$_3$). ^{13}C NMR (100 MHz, CDCl$_3$) δ (ppm) 176.8 (C=N), 153.7 (N=CH—N), 151.0 (C), 132.4 (CH), 130.1 (CH), 126.5 (CH), 126.2 (CH), 123.1 (C), 40.0 (C), 30.7 (CH$_3$).

4 - 异丙基喹唑啉(3l):产率 82%（28.2 mg）.黄色油状液体。
^{1}H NMR (400 MHz, CDCl$_3$) δ (ppm) 9.23 (s, 1 H, N＝CH—N),
8.18 (d, J = 8.4 Hz, 1 H, 8 - Ar—H), 8.05 (d, J = 8.4 Hz, 1 H,
5 - Ar—H), 7.90 - 7.85 (m, 1 H, 7 - Ar—H), 7.66 - 7.61 (m, 1 H, 6 - Ar—
H), 3.94 (h, J = 6.8 Hz, 1 H, CH), 1.45 (d, J = 6.8 Hz, 6 H, 2CH$_3$).
^{13}C NMR (100 MHz, CDCl$_3$) δ (ppm) 175.8 (C＝N), 154.7 (N＝CH—N),
150.0 (C), 133.2 (CH), 129.3 (CH), 127.3 (CH), 124.1 (CH), 123.1
(C), 30.9 (CH), 21.7 (CH$_3$).

4 - 环戊基喹唑啉(3m):产率 71%（27.7 mg).黄色油状液体。
^{1}H NMR (400 MHz, CDCl$_3$) δ (ppm) 9.23 (s, 1 H, N＝CH—N),
8.21 (d, J = 8.4 Hz, 1 H, 8 - Ar—H), 8.04 (d, J = 8.4 Hz, 1 H,
5 - Ar—H), 7.90 - 7.65 (m, 2 H, 6,7 - Ar—H), 4.05 - 4.00 (m,
1 H, CH), 2.22 - 2.10 (m, 4 H, 2CH$_2$), 1.94 - 1.91 (m, 2 H, CH$_2$), 1.80 -
1.78 (m, 2 H, 2CH$_2$). ^{13}C NMR (100 MHz, CDCl$_3$) δ (ppm) 174.7 (C＝N),
154.7 (N＝CH—N), 149.8 (C), 133.3 (CH), 129.1 (CH), 128.3 (CH),
127.3 (CH), 124.6 (C), 42.4 (CH), 32.7 (CH$_2$), 26.2 (CH$_2$).

4 - 丁基喹唑啉(3o):产率 35%（13 mg）. 黄色油状液体。^{1}H
NMR (400 MHz, CDCl$_3$) δ (ppm) 9.22 (s, 1 H, N＝CH—N),
8.15 (d, J = 8.4 Hz, 1 H, 8 - Ar—H), 8.04 (d, J = 8.4 Hz, 1 H,
5 - Ar—H), 7.91 - 7.86 (m, 1 H, 7 - Ar—H), 7.67 - 7.64 (m,
1 H, 6 - Ar—H), 3.29 (t, J = 8.0 Hz, 2H, CH$_2$), 1.91 - 1.85 (m, 2H, CH$_2$),
1.54 - 1.48 (m, 2 H, CH$_2$), 1.00 (t, J = 7.6 Hz, 3 H, CH$_3$). ^{13}C NMR
(100 MHz, CDCl$_3$) δ (ppm) 171.8 (C＝N), 154.6 (N＝CH—N), 149.9
(C), 133.5 (CH), 129.2 (CH), 127.5 (CH), 124.7 (CH), 124.0 (C), 34.4
(CH$_2$), 31.1 (CH$_2$), 22.9 (CH$_2$), 13.9 (CH$_3$). HRMS (EI) m/z calc.
C$_{12}$H$_{14}$N$_2$: 186.1157, found: 186.1145.

4 - 十六烷基喹唑啉(3p):产率 25%（17.7 mg）. 黄色固体。m.p.
48 - 50 ℃.^{1}H NMR (400 MHz, CDCl$_3$) δ (ppm) 9.22 (s, 1 H, N＝
CH—N), 8.14 (dd, J_1 = 8.4 Hz, J_2 = 0.8 Hz, 1 H, 8 - Ar—H), 8.04
(d, J = 8.8 Hz, 1 H, 5 - Ar—H), 7.91 - 7.86 (m, 1 H, 7 - Ar—H), 7.66 - 7.62
(m, 1 H, 6 - Ar—H), 3.27 (t, J = 8.0 Hz, 2 H, CH$_2$), 1.91 - 1.86 (m, 2 H,

CH_2), 1.50 – 1.45 (m, 2 H, CH_2), 1.41 – 1.35 (m, 2 H, CH_2), 1.35 – 1.24 (m, 22 H, —$(CH_2)_{11}$—), 0.88 (t, J = 6.8 Hz, 3 H, CH_3). ^{13}C NMR (100 MHz, CDCl$_3$) δ (ppm) 171.8 (C=N), 154.6 (N=CH—N), 149.9 (C), 133.5 (CH), 129.2 (CH), 127.4 (CH), 124.7 (CH), 124.0 (CH), 34.7 (CH_2), 31.9 (CH_2), 29.74 (CH_2), 29.67 (CH_2), 29.63 (CH_2), 29.60 (CH_2), 29.5 (CH_2), 29.4 (CH_2), 29.3 (CH_2), 29.1 (CH_2), 22.7 (CH_2), 14.1 (CH_3). HRMS (EI) m/z calc. $C_{24}H_{38}N_2$: 354.3035, found: 354.3027.

6 – 氯喹唑啉(3q):产率 32% (10.5 mg). 淡黄色固体。m. p. 140 – 142 ℃. ^{1}H NMR (400 MHz, CDCl$_3$) δ (ppm) 9.37 (s, 1 H, 4 – Ar—H), 9.35 (s, 1 H, 2 – Ar—H), 8.02 (d, J = 8.8 Hz, 1 H, 8 – Ar—H), 7.94 (d, J = 2.0 Hz, 1 H, 5 – Ar—H), 7.87 (dd, J_1 = 8.8 Hz, J_2 = 2.0 Hz, 1 H, 7 – Ar—H). ^{13}C NMR (100 MHz, CDCl$_3$) δ (ppm) 159.3 (CH=N), 155.5 (N=CH—N), 148.5 (C), 135.2 (CH), 133.7 (C – Cl), 130.3 (CH), 125.8 (CH), 125.6 (C).

4 – 苯基 – 6 – 氯喹唑啉(3r):产率 98% (47 mg). 淡黄色固体。m. p. 134 – 136 ℃. ^{1}H NMR (400 MHz, CDCl$_3$) δ (ppm) 9.38 (s, 1 H, N=CH—N), 8.11 (d, J = 2.0 Hz, 1 H, 5 – Ar—H), 8.08 (d, J = 9.2 Hz, 1 H, 8 – Ar—H), 7.85 (dd, J_1 = 9.2 Hz, J_2 = 2.4 Hz, 1 H, 7 – Ar—H), 7.79 – 7.74 (m, 2 H, 2',6' – Ph—H), 7.63 – 7.58 (m, 3 H, 3',4',5' – Ph—H). ^{13}C NMR (100 MHz, CDCl$_3$) δ (ppm) 167.7 (C=N), 154.8 (N=CH—N), 149.5 (C), 136.5 (C), 134.7 (CH), 133.5 (C—Cl), 130.6 (CH), 130.4 (CH) 129.8 (CH), 128.8 (CH), 125.8 (CH), 123.7 (C).

4 – 苯基 – 6 – 溴喹唑啉(3s):产率 96% (54.5 mg). 淡黄色固体。Mp: 144 – 146 ℃. ^{1}H NMR (400 MHz, CDCl$_3$) δ (ppm) 9.39 (s, 1 H, N=CH—N), 8.28 (d, J = 1.2 Hz, 1 H, 5 – Ar—H), 8.00 – 7.96 (m, 2 H, 7,8 – Ar—H), 7.79 – 7.74 (m, 2 H, 2',6' – Ph—H), 7.63 – 7.58 (m, 3 H, 3',4',5' – Ph—H). ^{13}C NMR (100 MHz, CDCl$_3$) δ (ppm) 167.6 (C=N), 154.8 (N=CH—N), 149.7 (C), 137.3 (CH), 136.5 (C), 130.7 (CH), 130.4 (CH), 129.9 (CH), 129.2 (CH), 128.9 (CH), 124.2 (C), 121.6 (C—Br).

4 – 苯基 – 6 – 硝基喹唑啉(3t):产率 82% (41.2 mg). 淡黄色固体。m. p.

130 – 132 ℃. ^{1}H NMR (400 MHz, CDCl$_3$) δ (ppm) 9.52 (s, 1 H, N=CH—N), 9.08 (d, J = 2.4 Hz, 1 H, 5 - Ar—H), 8. 67 (dd, J_1 = 9.2 Hz, J_2 = 2.8 Hz, 1 H, 7 - Ar—H), 8.27 (d, J = 9.2 Hz, 1 H, 8 - Ar—H), 7.84 – 7.81 (m, 2 H, 2',6' - Ph—H), 7.68 – 7.62 (m, 3 H, 3',4',5' - Ph—H). ^{13}C NMR (100 MHz, CDCl$_3$) δ (ppm) 170.5 (C=N), 157.2 (N=CH—N), 153.4 (C), 146.0 (C—NO$_2$), 135.8 (C), 131.07 (CH), 131.05 (CH), 130.1 (CH), 129.1 (CH), 127.0 (CH), 124.1 (CH), 122.0 (C).

3 - 苯基 - 4(3H) - 喹唑啉酮(5a):产率78% (34.6 mg). 黄色固体。Mp: 138 – 140 ℃. ^{1}H NMR (400 MHz, CDCl$_3$) δ (ppm) 8.38 – 8.35 (m, 1H, 5 - Ar—H), 8.15 (s, 1H, N=CH—N), 7.83 – 7.76 (m, 2H, 7,8 - Ar—H), 7.58 – 7.42 (m, 6H, 6 - Ar—H and Ph—H). ^{13}C NMR (100 MHz, CDCl$_3$) δ (ppm) 160.7 (C=O), 147.8 (C), 146.0 (N=CH—N), 137.4 (C), 134.6 (CH), 129.6 (CH), 129.1 (CH), 127.6 (CH), 127.5 (CH), 127.2 (CH), 127.0 (CH), 122.4 (C).

3 - 苄基 - 4(3H) - 喹唑啉酮(5b):产率62% (29.3 mg). 淡黄色固体。Mp:120 – 121 ℃. ^{1}H NMR (400 MHz, CDCl$_3$) δ (ppm) 8.33 (dd, J_1 = 8.0 Hz, J_2 = 0.8 Hz, 1H, 5 - Ar—H), 8.18 (s, 1H, N=CH—N), 7.79 – 7.71 (m, 2H, 7,8 - Ar—H), 7.54 – 7.49 (m, 1H, 6 - Ar—H), 7.38 – 7.26 (m, 5H, Ph—H), 5.21 (s, 2H, CH$_2$). ^{13}C NMR (100 MHz, CDCl$_3$) δ (ppm) 160.9 (C=O), 147.6 (C), 146.4 (N=CH—N), 135.6 (C), 134.3 (CH), 129.0 (CH), 128.3 (CH), 128.0 (CH), 127.4 (CH), 127.2 (CH), 126.9 (CH), 122.0 (C), 49.6 (CH$_2$).

3 - 丁基 - 4(3H) - 喹唑啉酮(5c):产率55% (22.2 mg). 淡黄色固体。Mp:71 – 73 ℃ ^{1}H NMR (400 MHz, CDCl$_3$) δ (ppm) 8.32 (dd, J_1 = 8.0 Hz, J_2 = 0.8 Hz, 1H, 5 - Ar—H), 8.09 (s, 1H, N=CH—N), 7.79 – 7.71 (m, 2H, 7,8 - Ar—H), 7.54 – 7.28 (m, 1H, 6 - Ar—H), 4.02 (t, J = 7.4 Hz, 2H, CH$_2$), 1.83 – 1.75 (m, 2H, CH$_2$), 1.46 – 1.39 (m, 2H, CH$_2$), 0.98 (t, J = 7.4 Hz, 3H, CH$_3$). ^{13}C NMR (100 MHz, CDCl$_3$) δ (ppm) 160.9 (C=O), 147.6 (C), 146.7 (N=CH—N), 134.2 (CH), 127.3 (CH), 127.1 (CH), 126.7 (CH), 122.0 (C), 46.9 (CH$_2$), 31.4 (CH$_2$), 19.8 (CH$_2$), 13.6 (CH$_3$).

3－异丙基－4(3H)－喹唑啉酮(5d)：产率56%（21 mg）。
黄色固体。Mp：91－93 ℃ ^{1}H NMR（400MHz，CDCl$_3$）δ（ppm）
8.32（dd，J_1＝8.0 Hz，J_2＝0.8 Hz，1H，5－Ar—H），8.13（s，
1H，N＝CH—N），7.78－7.69（m，2H，7,8－Ar—H），7.53－7.48（m，1H，
6－Ar—H），5.20（h，J＝6.8 Hz，1H，CH），1.50（d，J＝6.8 Hz，6H，
2CH$_3$）。^{13}C NMR（100 MHz，CDCl$_3$）δ（ppm）160.6（C＝O），147.5（C），
143.5（N＝CH—N），134.1（CH），127.2（CH），127.1（CH），126.8（CH），
121.9（C），46.0（CH），22.0（CH$_3$）。

3－叔丁基－4(3H)－喹唑啉酮(5e)：产率48%（19.4 mg）。
淡黄色固体。Mp：66－68 ℃。^{1}H NMR（400MHz，CDCl$_3$）
δ（ppm）8.43（s，1H，N＝CH—N），8.30（d，J＝8.0 Hz，1H，
5－Ar—H），7.76－7.74（m，2H，7,8－Ar－H），7.53－7.49（m，1H，6－
Ar—H），1.78（s，9H，3CH$_3$）。^{13}C NMR（100 MHz，CDCl$_3$）δ（ppm）161.9
（C＝O），147.1（C），144.0（N＝CH—N），133.9（CH），126.9（CH），
126.64（CH），126.62（CH），123.0（C），60.8（C），28.6（CH$_3$）。

3－^{15}N－4－苯基喹唑啉(^{15}N－3a)：淡黄色固体。Mp：85－87 ℃。
^{1}H NMR（400 MHz，CDCl$_3$）δ（ppm）9.39（d，J＝14.8 Hz，1H，
N＝CH—^{15}N），8.16－8.12（m，2 H，5,8－Ar—H），7.95－7.90
（m，1 H，7－Ar—H），7.82－7.76（m，2 H，2',6'－Ph—H），
7.64－7.57（m，4 H，6－Ar—H and 3',4',5'－Ph—H）。^{13}C NMR（100 MHz，
CDCl$_3$）δ（ppm）168.4（C＝N），154.4（d，J＝4.3 Hz，N＝CH—^{15}N），
150.9（d，J＝3.1 Hz，C），136.9（d，J＝7.1 Hz，C），133.7（CH），130.1（CH），
129.9（d，J＝1.7 Hz，CH），128.7（CH），128.6（CH），127.7（CH），
127.1（CH），123.1（d，J＝1.4 Hz，C）。HRMS（EI）m/z calc. C$_{14}$H$_{10}$^{15}NN：
207.0814，found：207.0804。

第二节　叔胺作碳合成子构建2,4－二取代－1,3,5－三嗪

1　引言

在前两章中，我们已经分别利用 N－甲基酰胺或醚作碳合成子实现了2,4－
二取代－1,3,5－三嗪化合物的合成。虽然避免了过渡金属的使用，然而过氧化

试剂的使用限制了进一步工业应用。因此,开发一种简单、环境友好地合成 2, 4 – 二取代 1,3,5 – 三嗪的方法仍然是非常必要的。

　　本节中,我们发展了一种碘介导的形式氧化[3 + 2 + 1]环加成反应,用于在空气中以脒和叔胺合成一系列对称和非对称的 2,4 – 二取代 – 1,3,5 – 三嗪,产率高达 85%,且具有良好的官能团兼容性[11]。1,3,5 – 三嗪环的额外碳原子是经由叔胺经氧化 C(sp^3)—H 胺化和 C(sp^3)—N 断裂而引入的。该反应涉及一个串联的叔胺的 C—H 胺化反应、C—N 断裂、亲核加成、缩合和芳构化过程。

2　结果与讨论

2.1　反应条件优化

　　最初,我们以 0.4 mmol 苄脒盐酸盐(1a)和 0.4 mmol N,N,N',N' – 四甲基乙二胺(TMEDA,2a)为底物,20 mol% 的碘为催化剂、0.8 mmol TBHP(70% 水溶液)为氧化剂、0.8 mmol K$_2$CO$_3$ 为碱开始研究。当反应混合物在 120 ℃ 下 DMSO 中加热 12 h 时,以 30% 的产率获得 2,4 – 二苯基 – 1,3,5 – 三嗪(3a)(表 3.3,条件 1)。在没有 TBHP 的情况下,3a 的产率为 24%,这表明过氧化物对该反应不是必需的(表 3.3,条件 2)。当碘增加到 0.8 mmol 时,反应产率明显提高(表 3.3,条件 3)。延长反应时间也使产率从 40% 提高到 47%(表 3.3,条件 4)。筛选其他碱例如 Na$_2$CO$_3$、Cs$_2$CO$_3$、tBuONa、tBuOK、NaOH、KOH、K$_3$PO$_4$ 和 KOAc,Cs$_2$CO$_3$ 的产率最高,为 59%(表 3.3,条件 5 ~ 12)。当不添加碱时,我们未检测到 3a(表 3.3,条件 13)。增加或减少 Cs$_2$CO$_3$ 的量对反应产率无效(表 3.3,条件 14)。反应溶剂如 DMF、NMP 和 H$_2$O 的变化并没有提高反应产率(表 3.3,条件 15 ~ 17)。随后我们研究了温度对反应的影响,在 130 ℃ 下 3a 的产率为 79%(表 3.3,条件 18),当反应温度进一步提高到 140 ℃ 时,3a 的产率为 85%(表 3.3,条件 18)。在没有 TMEDA 的情况下没有检测到 3a,这证明在该反应中只有 TMEDA 提供了额外的碳原子(表 3.3,条件 20)。因此,最佳的反应条件如表 3.3 中条件 19 所示。

表 3.3　反应条件优化^a

续表

条件	碱	溶剂	温度(℃)	产率(%)[b]
1[c,d]	K_2CO_3	DMSO	120	30
2[c,e]	K_2CO_3	DMSO	120	24
3[c]	K_2CO_3	DMSO	120	40
4	K_2CO_3	DMSO	120	47
5	Na_2CO_3	DMSO	120	32
6	Cs_2CO_3	DMSO	120	59
7	tBuONa	DMSO	120	22
8	tBuOK	DMSO	120	微量
9	KOH	DMSO	120	微量
10	NaOH	DMSO	120	微量
11	K_3PO_4	DMSO	120	50
12	KOAc	DMSO	120	42
13	—	DMSO	120	n. d.
14	Cs_2CO_3	DMSO	120	25[f],30[g],44[h],49[i]
15	Cs_2CO_3	DMF	120	39
16	Cs_2CO_3	NMP	120	35
17	Cs_2CO_3	H_2O	120	微量
18	Cs_2CO_3	DMSO	130	79
19	Cs_2CO_3	DMSO	140	85
20[j]	Cs_2CO_3	DMSO	140	n. d.

[a]反应条件：1a (0.4 mmol)，2a (0.4 mmol)，I_2 (0.4 mmol)，碱 (0.8 mmol)，溶剂 (1 mL)，空气，24 h. [b]分离产率. [c]12 h. [d]20 mol% I_2 和 0.8 mmol TBHP. [e]20 mol % I_2. [f]0.4 mmol Cs_2CO_3. [g]0.6 mmol Cs_2CO_3. [h]1 mmol Cs_2CO_3. [i]1.2 mmol Cs_2CO_3. [j]未使用2a.

2.2 对称2,4 - 二取代 - 1,3,5 - 三嗪的合成

在最佳反应条件下,我们研究了该合成方法对不同脒 1 的适用性(图 3.5)。首先,在苯环上有给电子基团或缺电子基团的苯甲脒(1a - 1k)都能得到对称的 2,4 - 二芳基 - 1,3,5 - 三嗪(3a - 3k),产率中等至良好。值得注意的是,供电子基团(Me 和 OMe)取代苯甲脒比缺电子基团(F、Br 和 CF_3)取代苯甲脒的产率更高。此外,由于空间位阻的原因,邻位取代苯甲脒(1k 和 1l)的产率低于对位取代苯甲脒(1f 和 1g)。此外,3 - 吡啶和 4 - 吡啶甲脒在该反应中也具有很好的兼容性,且由于电子效应的存在 3n 的产率高于 3m。值得注意的是,产物 3 中苯环上的 C—X 键和 1,3,5 - 三嗪环上的 C—H 键为进一步的衍生化提供了可能。

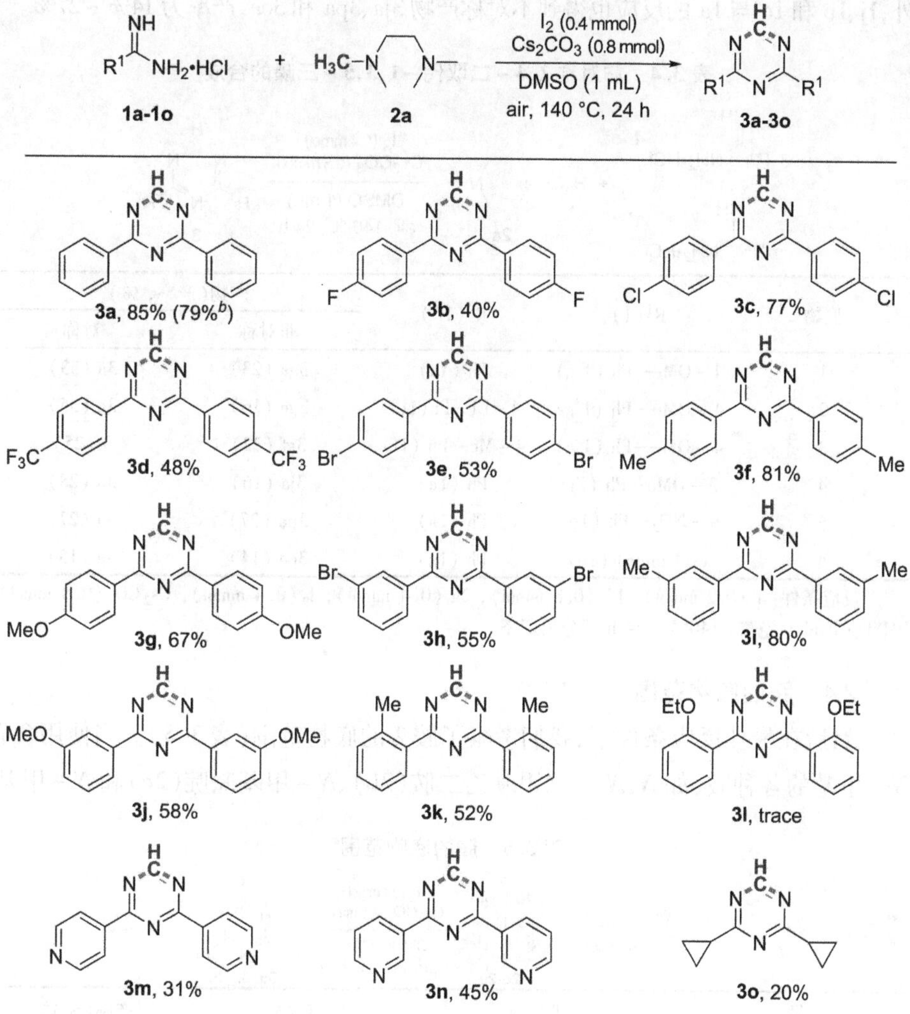

图3.5　对称2,4-二取代-1,3,5-三嗪的合成[a]

[a]反应条件：1（0.4 mmol），2a（0.4 mmol），I$_2$（0.4 mmol），Cs$_2$CO$_3$（0.8 mmol），DMSO（1 mL），空气，140 ℃，24 h；分离产率。[b]10 mmol 规模.

2.3　非对称2,4-二取代-1,3,5-三嗪的合成

随后,我们以两种不同的芳基甲脒为底物进行了交叉偶联反应。反应在生成两个自偶联产物的同时,得到了所需的非对称2,4-二取代-1,3,5-三嗪(表3.4)。最初,4-甲氧基苯甲脒(1g)与苯甲脒(1a)以等摩尔比反应可得到两个自偶联产物(3g和3a)和一个交叉偶联产物3ga。为了提高3ga的收率,我们将1g与1a的摩尔比改为1:4,3ga 和3a的收率分别为23%和33%,未检测到另一个自偶联产品3g。同样,当1a被1c或1d取代时,所得不对称产物3gc或3gf的产率分别为16%和22%。此

外,1j、1p 和 1o 与 1a 的反应也得到不对称产物 3ja、3pa 和 3oa,产率为 14%~27%。

表 3.4　非对称 2,4-二取代-1,3,5-三嗪的合成[a]

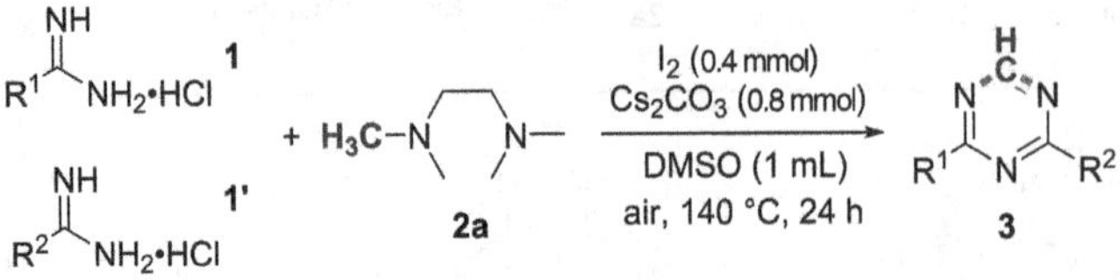

底物	R¹(1)	R²(1')	产物(产率,%)[b]	
			非对称	对称
1	4-OMe—Ph (1g)	Ph (1a)	3ga (23)	3a (33)
2	4-OMe—Ph (1g)	4-Cl-Ph(1c)	3gc (16)	3c (35)
3	4-OMe—Ph (1g)	4-Me-Ph(1f)	3gf (22)	3f(25)
4	3-OMe-Ph (1j)	Ph (1a)	3ja (16)	3a (28)
5	4-NO₂-Ph (1p)	Ph (1a)	3pa (27)	3a (27)
6	cyclopropyl (1o)	Ph (1a)	3oa (14)	3a (15)

[a]反应条件:1 (0.2 mmol),1'(0.8 mmol),2a (0.4 mmol),I₂(0.4 mmol),Cs₂CO₃(0.8 mmol),DMSO (1 mL),空气,140 ℃,24 h。[b]分离产率.

2.4　胺的底物范围

然后在最佳反应条件下,我们考察了胺 2 的底物范围(表 3.5)。当使用含有 N-甲基的各种胺,如 N,N'-二甲基乙二胺(2b)、N-甲基哌啶(2c)和 N-甲基

表 3.5　胺的底物范围[a]

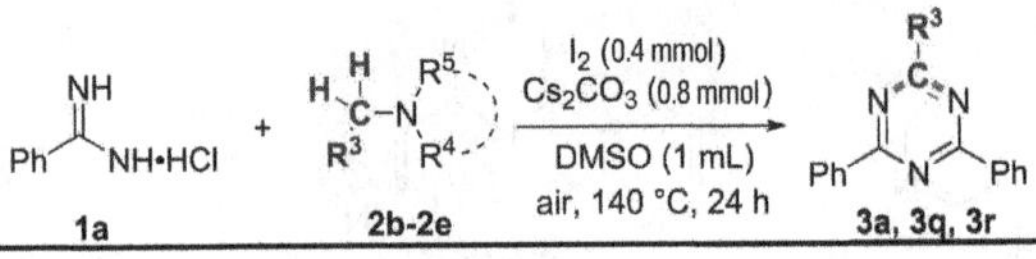

序号	胺	产物	产率(%)[b]
1	 —NH HN— 2b	3a	43
2	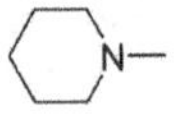 N— 2c	3a	40
3	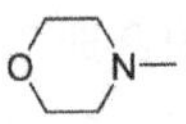 O N— 2d	3a	43
4	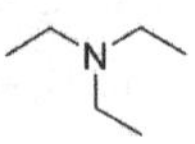 2e	R³=Me,3p	15
5	Ph N 2f	3a	28
		R³=Ph,3q	40

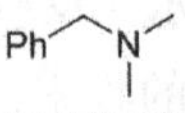

[a]反应条件:1a (0.4 mmol),2 (0.4 mmol),I₂(0.4 mmol),Cs₂CO₃(0.8 mmol),DMSO (1 mL),空气,140 ℃,24 h。[b]分离产率.

84

吗啉(2d)时,都以40%~43%的产率获得了相应的产物3a。尽管产率较低,但1a与三乙胺(2e)的反应也可以得到所需产物2-甲基-4,6-二苯基-1,3,5-三嗪。此外,N,N-二甲基苄胺(2f)因具有两种与氮原子相邻的C(sp³)—H键,分别以28%和40%的产率生成3a和2,4,6-三苯基-1,3,5-三嗪(3q)。结果表明,二级C—H键的反应产率高于一级C—H键,这可能是因为二级C—H键的键离解能(BDE)低于一级C—H键且形成的中间体更稳定。

2.5 反应机理

为了深入了解其机理,我们进行了几个控制实验(图3.6)。首先,在自由基抑制剂2,2,6,6-四甲基-1-哌啶氧基(TEMPO)存在下,3a产率仅18%,表明该反应可能经历一个自由基历程[图3.6(a)]。此外,通过LC-MS检测到了两种微量的自由基捕获产物N,N,N'-三甲基-N'-((2,2,6,6-四甲基哌啶-1-基)氧基)甲基)乙烷-1,2-二胺和2,2,6,6-四甲基哌啶-1-基次碘酸盐,表明反应中同时生成了碳自由基和碘自由基。此外,我们还研究了不同碘试剂如KI、NIS和PhI(OAc)₂的碘效应,NIS的收率最高为71%[图3.6(b)~(d)]。结果表明,I^+可能是一种活性催化剂,而I_2/I^+氧化还原过程在反应中起着重要作用。

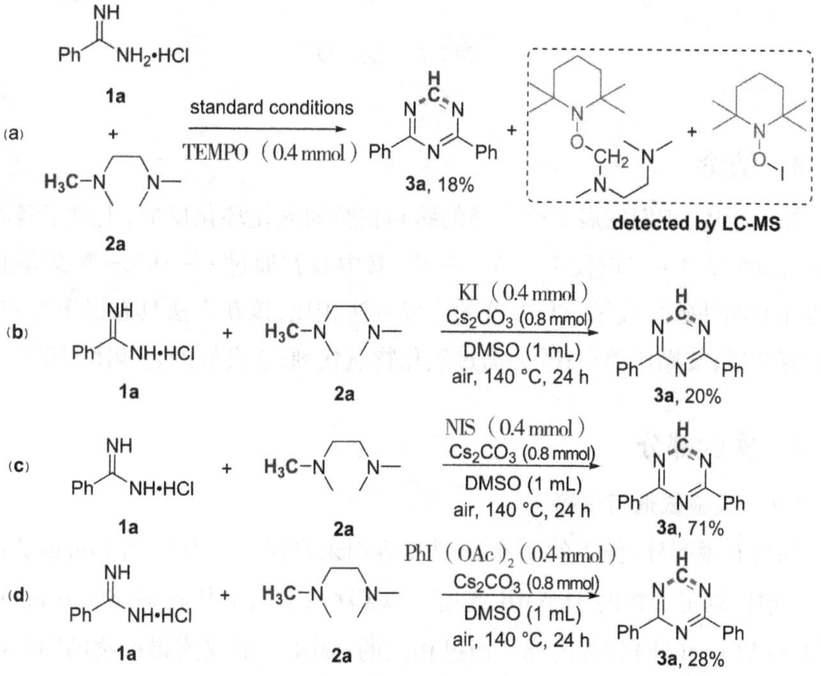

图3.6 控制实验

根据上述实验结果和以前的研究[12-16]，我们提出了一个合理的反应机理（图3.7）。最初，在空气中分子碘被原位氧化成 I⁺，TMEDA 通过 I⁺ 促进的氧化 C—H 裂解产生一个碳自由基 A。接着在 I⁺ 存在下，自由基 A 通过单电子转移（SET）过程进一步转变为亚胺阳离子 B。随后，1a 对 B 的亲核加成生成了中间体 C，C 的 C—N 裂解可生成亚胺 D，1a 对 D 的亲核加成生成了中间体 E。最后，E 通过消除一分子氨而转化为 F，F 进一步氧化芳构化最终产生 3a。

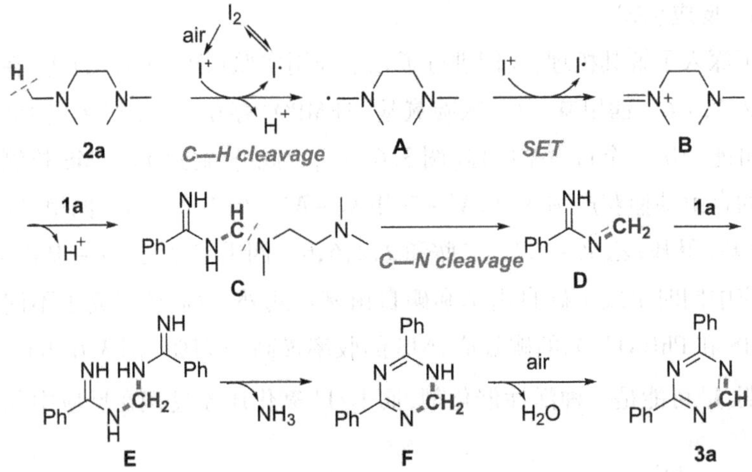

图 3.7　反应机理

3　结论

综上所述，我们发展了碘介导的脒和叔胺的氧化环化反应，生成了各种对称和非对称的 2,4 - 二取代 1,3,5 - 三嗪，其中叔胺通过 C—H/C—N 裂解提供了三嗪环的额外碳合成子。与以往的合成方法相比，该新方法具有以下特点：①无需过渡金属；②操作简单；③无需过氧化物氧化剂；④良好的官能团耐受性。

4　实验部分

4.1　实验试剂与仪器

除另有说明外，使用的所有试剂和溶剂未经额外纯化。用 Bruker Ascend™ 600 光谱仪测定产物的 ¹H NMR 光谱。以 CDCl₃ 中四甲基硅烷（$\delta = 0$ ppm）的化学位移（以 ppm 计）作为内标。通过相同的 NMR 光谱仪测得产物的 ¹³C NMR 光谱，并用 CDCl₃（$\delta = 77.00$ ppm）校准。使用 Water™ Q - TOF Premier 质谱仪上测得 HRMS(ESI)。通过 AB SCIEX QTRAP 5500 LC/MS/MS 测得产物得 MS(ESI)数据。使用 Hanon MP430 自动熔点系统测定熔点。

4.2　对称2,4-二取代-1,3,5-三嗪的合成步骤

将脒1(0.4 mmol),I_2(0.4 mmol)和 Cs_2CO_3(0.8 mmol)依次加入到 10 mL 反应管中,再加入 DMSO(1 mL)和胺2(0.4 mmol),混合物在 140 ℃下搅拌加热 24 小时。然后将溶液冷却至室温,用 $Na_2S_2O_3$ 饱和水溶液淬灭,并用 EtOAc(3×10 mL)萃取。将萃取所得的有机相用无水 Na_2SO_4 干燥,过滤,并在减压下浓缩。浓缩物通过硅胶柱色谱纯化(石油醚:乙酸乙酯 = 60:1)得到对称的2,4-二取代1,3,5-三嗪。

4.3　非对称2,4-二取代-1,3,5-三嗪的合成步骤

将脒1(0.2 mmol),脒1'(0.8 mmol),I_2(0.4 mmol)和 Cs_2CO_3(0.8 mmol)依次加入到 10 mL 反应管中,再加入 DMSO(1 mL)和 TMEDA(0.4 mmol),将混合物在 140 ℃下搅拌加热 24 h。然后将溶液冷却至室温,用 $Na_2S_2O_3$ 饱和水溶液淬灭,并用 EtOAc(3×10 mL)萃取。将萃取所得的有机相用无水 Na_2SO_4 干燥,过滤,并在减压下浓缩。浓缩物通过硅胶柱色谱纯化(石油醚:乙酸乙酯 = 20:1)得到非对称的2,4-二取代1,3,5-三嗪。

4.4　自由基捕获实验

将 1a(0.4 mmol),I_2(0.4 mmol),TEMPO(0.4 mmol)和 Cs_2CO_3(0.8 mmol)依次加入到 10 mL 反应管中,再加入 DMSO(1 mL)和2a(0.4 mmol),将混合物在 140 ℃下搅拌加热 24 h。然后将溶液冷却至室温,用 $Na_2S_2O_3$ 饱和水溶液淬灭,并用 EtOAc(3×10 mL)萃取。将收集的有机相用无水 Na_2SO_4 干燥,过滤,并使用旋转蒸发仪浓缩。浓缩物通过硅胶柱色谱纯化(石油醚:乙酸乙酯 = 60:1),以

18%的产率得到2,4－二苯基－1,3,5－三嗪(3a)。同时,取微量浓缩物溶解在CH₃OH／H₂O中通过LC－MS检测自由基加合物(图3.8)。

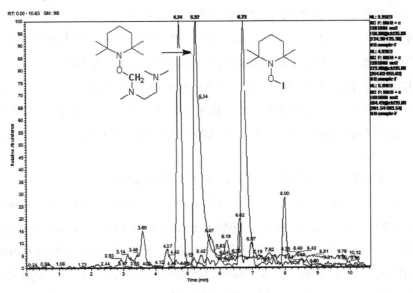

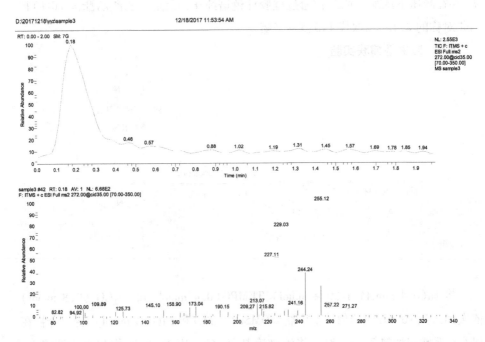

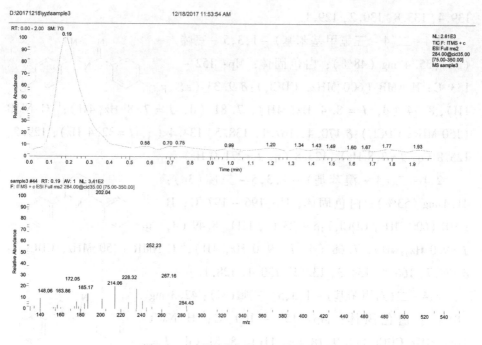

D:\20171218\yyz\sample3 12/18/2017 11:53:54 AM

RT: 0.00 - 2.00 SM: 7G

NL: 2.61E3
TIC F: ITMS + c
ESI Full ms2
284.00@cid35.00
[75.00-350.00]
MS sample3

sample3 #44 RT: 0.19 AV: 1 NL: 3.41E2
F: ITMS + c ESI Full ms2 284.00@cid35.00 [75.00-350.00]

图 3.8　自由基捕获实验 LC – MS 图谱(续)

4.5　产物表征数据

2,4 - 二苯基 - 1,3,5 - 三嗪(3a)：39.6 mg（85%）；白色固体；Mp：74 - 75 ℃；^{1}H NMR（600 MHz，CDCl$_3$）：δ 9.25(s, 1H), 8.65 - 8.63 (m, 4H), 7.62 - 7.58 (m, 2H), 7.56 - 7.53 (m, 4H)；^{13}C NMR (150 MHz, CDCl$_3$)：δ 171.3, 166.7, 135.5, 132.8, 128.9, 128.7.

2,4 - 二(4 - 氟苯基) - 1,3,5 - 三嗪(3b)：21.5 mg（40%）；白色固体；Mp：155 - 156 ℃；^{1}H NMR (600 MHz, CDCl$_3$)：δ 9.20 (s, 1H), 8.67 - 8.62 (m, 4H), 7.25 - 7.20 (m, 4H)；^{13}C NMR (150 MHz, CDCl$_3$)：δ 170.3, 166.6, 166.0 (d, J = 252.6 Hz), 131.6 (d, J = 3.0 Hz), 131.3 (d, J = 9.4 Hz), 115.9 (d, J = 21.6 Hz).

2,4 - 二(4 - 氯苯基) - 1,3,5 - 三嗪(3c)：46.5 mg（77%）；白色固体；Mp：191 - 192 ℃；^{1}H NMR (600 MHz, CDCl$_3$)：δ 9.23 (s, 1H), 8.58 - 8.55 (m, 4H), 7.53 - 7.50 (m, 4H)；^{13}C NMR (150 MHz, CDCl$_3$)：δ170.5, 166.7,

139.4, 133.8, 130.2, 129.1.

2,4 - 二(4 - 三氟甲基苯基) - 1,3,5 - 三嗪 (3d):35.4 mg (48%);白色固体;Mp: 152 - 153 ℃;¹H NMR (600 MHz, CDCl₃):δ 9.33 (s, 1H), 8.74 (d, *J* = 8.4 Hz, 4H), 7.81 (d, *J* = 7.8 Hz, 4H);¹³C NMR (150 MHz, CDCl₃):δ 170.4, 167.1, 138.5, 134.4 (q, *J* = 32.4 Hz), 129.2, 125.8 (q, *J* = 3.8 Hz), 123.8 (q, *J* = 271.0 Hz).

2,4 - 二(4 - 溴苯基) - 1,3,5 - 三嗪(3e): 41.4 mg (53%);白色固体;Mp: 196 - 197 ℃;¹H NMR (600 MHz, CDCl₃):δ 9.23 (s, 1H), 8.49 (d, *J* = 9.0 Hz, 4H), 7.68 (d, *J* = 9.0 Hz, 4H);¹³C NMR (150 MHz, CDCl₃): δ 170.7, 166.8, 134.3, 132.1, 130.4, 128.1.

2,4 - 二(对甲苯基) - 1,3,5 - 三嗪(3f): 42.3 mg (81%);白色固体;Mp: 159 - 160 ℃;¹H NMR (600 MHz, CDCl₃):δ 9.18 (s, 1H), 8.51 (d, *J* = 7.8 Hz, 4H), 7.33 (d, *J* = 8.4 Hz, 4H), 2.45 (s, 6H);¹³C NMR (150 MHz, CDCl₃):δ 171.1, 166.5, 143.4, 132.9, 129.5, 128.8, 21.7.

2,4 - 二(4 - 甲氧基苯基) - 1,3,5 - 三嗪 (3g):39.2 mg (67%);白色固体;Mp: 157 - 158 ℃;δ 9.11 (s, 1H), 8.60 - 8.56 (m, 4H), 7.05 - 7.01 (m, 4H), 3.91 (s, 6H);¹³C NMR (150 MHz, CDCl₃):δ 170.5, 166.2, 163.5, 130.8, 128.1, 114.0, 55.5.

2,4 - 二(3 - 溴苯基) - 1,3,5 - 三嗪(3h): 43.0 mg(55%);白色固体;Mp: 181 - 182 ℃;¹H NMR (600 MHz, CDCl₃):δ 9.27 (s,1H), 8.76 (t, *J* = 1.7 Hz,2H), 8.57 (dt, *J₁* = 7.8 Hz, *J₂* = 1.1 Hz, 2H), 1.41 (dq, *J₁* = 7.8 Hz,*J₂* = 1.0 Hz, 2H), 1.31 (t, *J* = 7.8 Hz, 2H);¹³C NMR (150 MHz, CDCl₃): δ 170.3,166.9, 137.3, 135.9, 131.9, 130.3, 127.5, 123.1.

2,4 - 二(间甲苯基) - 1,3,5 - 三嗪(3i):41.8 mg (80%);白色固体;Mp: 87 - 88 ℃;¹H NMR (600 MHz, CDCl₃)δ 9.24 (s,1H), 8.46 - 8.43 (m, 4H), 7.46 -

7.41（m, 4H）, 2.49（s, 6H）;^{13}C NMR（150 MHz, CDCl$_3$）:δ 171.4, 166.5, 138.5, 135.5, 133.7, 129.4, 128.7, 126.1, 21.5.

2,4 - 二（3 - 甲氧基苯基）- 1,3,5 - 三嗪（3j）:34.0 mg（58%）; 白色固体; Mp: 106 - 107 ℃;^{1}H NMR（600 MHz, CDCl$_3$）:δ 9.25（s, 1H）, 8.24（t, J =7.8 Hz, 2H）, 8.18 - 8.16（m, 2H）, 7.46（t, J =7.8 Hz, 2H）, 7.17 - 7.14（m, 2H）, 3.94（s, 6H）;^{13}C NMR（150 MHz, CDCl$_3$）: δ 171.1, 166.6, 160.0, 136.9, 129.8, 121.4, 119.2, 113.3, 55.4.

2,4 - 二（邻甲苯基）- 1,3,5 - 三嗪（3k）:27.1 mg（52%）; 淡黄色油状液体;^{1}H NMR（600 MHz, CDCl$_3$）: δ 9.32（s,1H）, 8.14（dd, J_1 =7.7 Hz, J_2 =1.1 Hz, 2H）, 7.44 - 7.41（m, 2H）, 7.37 - 7.32（m, 4H）, 2.72（s, 6H）;^{13}C NMR（150 MHz, CDCl$_3$）:δ 173.8, 165.7, 138.9, 135.5, 131.8, 131.2, 131.1, 126.1,22.0.

2,4 - 二（吡啶 - 4 - 基）- 1,3,5 - 三嗪（3m）: 14.6 mg（31%）; 白色固体; Mp: 181 - 182 ℃;^{1}H NMR （600 MHz, CDCl$_3$）:δ 9.45（s, 1H）, 8.91（d, J =5.5 Hz, 4H）, 8.47（dd, J_1 =4.6 Hz, J_2 =1.4 Hz, 4H）;^{13}C NMR（150 MHz, CDCl$_3$）: δ 170.5, 167.6, 150.8, 142.5, 122.2.

2,4 - 二（吡啶 - 3 - 基）- 1,3,5 - 三嗪（3n）: 21.2 mg（45%）; 白色固体;^{1}H NMR（600 MHz, CDCl$_3$）:δ 9.83（q, J =1.6 Hz, 2H）, 9.34（s, 1H）, 8.89 （dt, J_1 =7.9 Hz, J_2 =1.9 Hz, 2H）, 8.85（dd, J_1 =4.8 Hz, J_2 =1.6 Hz, 2H）, 7.54 - 7.51（m, 2H）;^{13}C NMR（150 MHz, CDCl$_3$）:δ 170.2, 167.0, 153.4, 150.4, 136.3, 130.9, 123.7.

2,4 - 二环丙基 - 1,3,5 - 三嗪（3o）: 6.4 mg（20%）; 无色油状液体;^{1}H NMR（600 MHz, CDCl$_3$）:δ 8.70（s, 1H）, 2.11 - 2.06（m, 2H）, 1.22 - 1.19（m, 4H）, 1.15 - 1.10（m, 4H）;^{13}C NMR（150 MHz, CDCl$_3$）:δ 179.6, 164.6, 17.8, 11.9.

2 - 甲基 - 4,6 - 二苯基 - 1,3,5 - 三嗪（3p）: 7.5 mg（15%）; 白色固体; Mp: 106 - 107 ℃;^{1}H NMR（600 MHz, CDCl$_3$）:δ 8.65 - 8.62（m, 4H）, 7.59 - 7.56（m 2H）,

7.55 – 7.51 （m, 4H）, 2.78 （s, 3H）; ^{13}C NMR （150 MHz, CDCl$_3$）: δ 177.0, 171.2, 135.9, 132.5, 128.9, 128.6, 26.0.

2,4,6 – 三苯基 – 1,3,5 – 三嗪(3q): 24.7 mg （40%）; 白色固体; Mp: 232 – 233 ℃; ^{1}H NMR （600 MHz, CDCl$_3$）: δ 8.80 – 8.77 （m, 6H）, 7.64 – 7.56 （m, 9H）; ^{13}C NMR （150 MHz, CDCl$_3$）: δ 171.6, 136.2, 132.5, 129.0, 128.6.

2 – 苯基 – 4 – （4 – 甲氧基苯基）– 1,3,5 – 三嗪 (3ga): 12.1 mg （23%）; 白色固体; Mp: 128 – 129 ℃; ^{1}H NMR（600 MHz, CDCl$_3$）: δ 9.18 （s, 1H）, 8.63 – 8.59 （m, 4H）, 7.61 – 7.58 （m, 1H）, 7.56 – 7.52 （m, 2H）, 7.05 – 7.03 （m, 2H）, 3.91 （s, 3H）; ^{13}C NMR （150 MHz, CDCl$_3$）: δ 171.0, 170.8, 166.5, 163.6, 135.7, 132.6, 130.9, 128.8, 128.7, 128.0, 114.1, 55.5.

2 – （4 – 甲氧基苯基）– 4 – （4 – 氯苯基）– 1, 3,5 – 三嗪(3gc): 9.5 mg （16%）; 白色固体; Mp: 168 – 169 ℃; ^{1}H NMR （600 MHz, CDCl$_3$）: δ 9.16 （s, 1H）, 8.59 – 8.54 （m, 4H）, 7.52 – 7.49 （m, 2H）, 7.05 – 7.02 （m, 2H）, 3.91 （s, 3H）; ^{13}C NMR （150 MHz, CDCl$_3$）: δ 170.9, 170.1, 166.5, 163.7, 139.0, 134.2, 130.9, 130.1, 129.0, 127.8, 114.1, 55.5.

2 – （对甲苯基）– 4 – （4 – 甲氧基苯基）– 1,3, 5 – 三嗪(3gf): 12.2 mg （22%）; 白色固体; Mp: 124 – 125 ℃; ^{1}H NMR （600 MHz, CDCl$_3$）: δ 9.16 （s, 1H）, 8.60 （dd, J_1 = 7.0 Hz, J_2 = 1.9 Hz, 2H）, 8.51 （d, J = 8.0 Hz, 2H）, 7.35 （d, J = 8.0 Hz, 2H）, 7.05 – 7.03 （m, 2H）, 3.91 （s, 3H）, 2.46 （s, 3H）; ^{13}C NMR （150 MHz, CDCl$_3$）: δ 170.9, 170.6, 166.1, 163.6, 143.5, 132.8, 130.9, 129.5, 128.9, 127.9, 114.1, 55.5, 21.7; HRMS （ESI）: calcd for C$_{17}$H$_{16}$N$_3$O[M + H]$^+$278.1288, found 278.1283.

2 – 苯基 – 4 – （3 – 甲氧基苯基）– 1,3,5 – 三嗪 (3ja): 8.4 mg （16%）; 白色固体; Mp: 82 – 83 ℃; ^{1}H NMR （600 MHz, CDCl$_3$）: δ 9.26 （s, 1H）, 8.65 – 8.63 （m, 2H）, 8.26 （d, J = 7.8 Hz, 1H）, 8.19 – 8.17 （m, 1H）, 7.63 – 7.58 （m, 1H）, 7.57 – 7.54 （m, 2H）, 7.47 （t, J = 7.8 Hz, 1H）, 7.17 – 7.14 （m, 1H）,

3.95（s，3H）；^{13}C NMR（150 MHz，CDCl$_3$）：δ 171.3，171.1，166.7，160.0，136.9，135.5，132.8，129.8，128.9，128.8，121.4，119.2，113.4，55.5。

2 - 苯基 - 4 - (4 - 硝基苯基) - 1,3,5 - 三嗪 (3pa)：15.0 mg（27%）；淡黄色固体；Mp：165 - 166 ℃；^{1}H NMR（600 MHz，CDCl$_3$）：δ 9.33（s，1H），8.84 - 8.81（m，2H），8.66 - 8.63（m，2H），8.41 - 8.38（m，2H），7.66 - 7.63（m，1H），7.60 - 7.56（m，2H）；^{13}C NMR（150 MHz，CDCl$_3$）：δ 171.8，169.5，167.0，150.5，141.3，134.9，133.3，129.8，129.0，128.9，123.8。

2 - 环丙基 - 4 - 苯基 - 1,3,5 - 三嗪(3oa)：5.5 mg（14%）；白色固体；Mp：55 - 56 ℃；^{1}H NMR（600 MHz，CDCl$_3$）：δ 8.98（s，1H），8.50 - 8.47（m，2H），7.58 - 7.55（m，1H），7.52 - 7.48（m，2H），2.27 - 2.22（m，1H），1.36 - 1.33（m，2H），1.23 - 1.19（m，2H）；^{13}C NMR（150 MHz，CDCl$_3$）：δ 180.7，170.4，165.6，135.4，132.6，128.7，128.6，18.2，12.2。

参考文献

[1] Li X, Gu X, Li, Y, et al. Aerobic Transition - Metal - Free Visible - Light Photoredox Indole C - 3 Formylation Reaction[J]. ACS Catalysis, 2014, 4(6)：1897 - 1900.

[2] Li H, He Z, Guo X, et al. Iron - catalyzed selective oxidation of N - methyl amines：highly efficient synthesis of methylene - bridged bis - 1,3 - dicarbonyl compounds[J]. Organic Letters, 2009, 11(18)：4176 - 4179.

[3] Zhang L, Peng C, Zhao D, et al. Cu(Ⅱ) - catalyzed C(sp^3)—H oxidation and C—N cleavage：base - switched methylenation and formylation using tetramethylethylenediamine as a carbon source[J]. Chemical Communications, 2012, 48(47)：5928 - 5930.

[4] Chen X, Chen T, Zhou Y, et al. Metal - free aerobic oxidative C—N bond cleavage of tertiary amines for the synthesis of N - heterocycles with high atom efficiency[J]. Organic & Biomolecular Chemistry, 2014, 12(23)：3802 - 3807.

[5] Yan Y, Xu Y, Niu B, et al. I$_2$ - Catalyzed Aerobic Oxidative C(sp^3)—H Amination/C—N Cleavage of Tertiary Amine：Synthesis of Quinazolines and

Quinazolinones [J]. Journal of Organic Chemistry, 2015, 80 (11): 5581 – 5587.

[6] Ramachandiran K, Muralidharan D, Perumal P T. Palladium catalyzed alkylation of indole via aliphatic C—H bond activation of tertiary amine [J]. Tetrahedron Letters, 2011, 52(28): 3579 – 3583.

[7] Liu Y, Yao B, Deng C, et al. Palladium – Catalyzed Oxidative Coupling of Trialkylamines with Aryl Iodides Leading to Alkyl Aryl Ketones[J]. Organic Letters, 2011, 13(9): 2184 – 2187.

[8] Chen J, Liu B, Liu D, et al. The Copper – Catalyzed C – 3 – Formylation of Indole C—H Bonds using Tertiary Amines and Molecular Oxygen[J]. Advanced Synthesis & Catalysis, 2012, 354(13): 2438 – 2442.

[9] Li L, Li H, Xing L, et al. Potassium iodide catalyzed simultaneous C3 – formylation and N – aminomethylation of indoles with 4 – substituted – N, N – dimethylanilines[J]. Organic & Biomolecular Chemistry, 2012, 10(48): 9519 – 9522.

[10] Dhineshkumar J, Lamani M, Alagiri K, et al. A Versatile C—H Functionalization of Tetrahydroisoquinolines Catalyzed by Iodine at Aerobic Conditions [J]. Organic Letters, 2013, 15(5): 1092 – 1095.

[11] Yan Y. Li Z. Cui C, et al. An I_2 – mediated aerobic oxidative annulation of amidines with tertiary amines via C—H amination/C—N cleavage for the synthesis of 2, 4 – disubstituted 1, 3, 5 – triazines[J]. Organic & Biomolecular Chemistry, 2018, 16(15): 2629 – 2633.

[12] Li C. Cross – Dehydrogenative Coupling (CDC): Exploring C—C Bond Formations beyond Functional Group Transformations [J]. Accounts of Chemical Research, 2009, 42(2): 335 – 344.

[13] Liu C, Zhang H, Shi W, et al. Bond Formations between Two Nucleophiles: Transition Metal Catalyzed Oxidative Cross – Coupling Reactions[J]. Chemical Reviews, 2011, 111(3): 1780 – 1824.

[14] Sun C, Li B, Shi Z. Direct C—H Transformation via Iron Catalysis[J]. Chemical Reviews, 2011, 111(3): 1293 – 1314.

[15] Zhang C, Tang C, Jiao N. Recent advances in copper – catalyzed dehydrogenative functionalization via a single electron transfer (SET) process[J]. Chemical Society Reviews, 2012, 41(9): 3464 – 3484.

［16］Girard S A, Knauber T, Li C. The Cross – Dehydrogenative Coupling of Csp³—H Bonds：A Versatile Strategy for C—C Bond Formations［J］. Angewandte Chemie International Edition, 2014, 53(1)：74 – 100.

第四章 二氯甲烷作碳合成子构建 2,4-二取代-1,3,5-三嗪

1 引言

二氯甲烷是有机合成中常用的极性溶剂。虽然二氯甲烷经由 C—Cl 裂解作为烷基化试剂是理论可行的,但成功的例子很少。最近,Uyeda 小组发展了一个(喹啉)镍催化的烯酮和三分子二氯甲烷的[2+1+1+1]环加成反应,生成了环戊烷[图4.1(a)][1]。其中二氯甲烷被锌还原得到卡宾等价体,首次用于合成五元环。几乎同时,Audebert 小组开发了一种简便、高效、无金属的多组分反应,合成了 3-单取代不对称 1,2,4,5-四嗪类化合物[图4.1(b)][2]。^{13}C 标记实验表明,二氯甲烷是四嗪环的碳合成子。因此,采用二氯甲烷作碳合成子为杂环化合物的合成提供了一种新的策略。

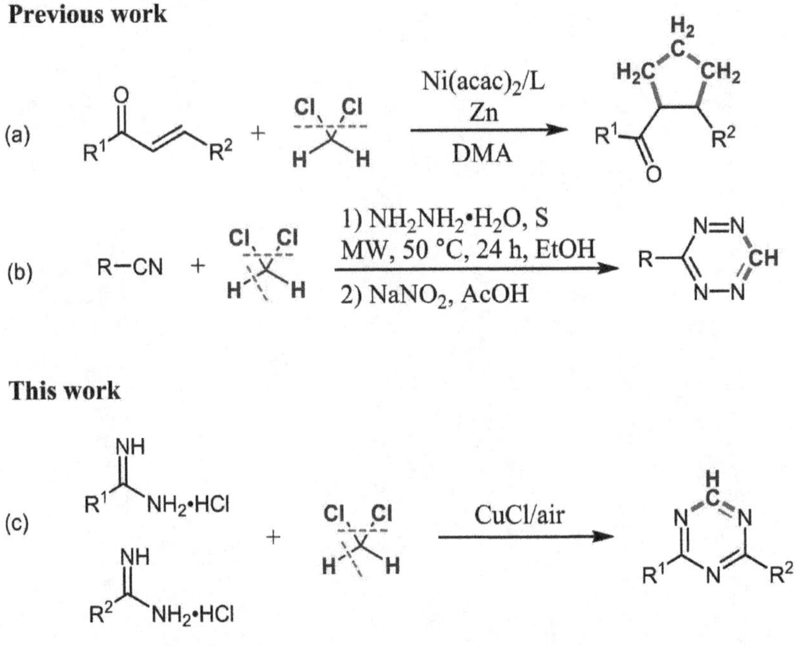

Previous work

This work

图4.1 二氯甲烷作碳合成子构建环状化合物

本章中,我们发展了一种铜催化的需氧氧化[3＋2＋1]环加成反应,以脒和二氯甲烷合成了对称和非对称2,4－二取代－1,3,5－三嗪,产率中等至较好[图4.1(c)][3]。反应经由两个 C—Cl 键和一个 C—H 键断裂,一步形成了两个C—N键。值得注意的是,二氯甲烷被用作碳合成子构建了1,3,5－三嗪化合物。

2　结果与讨论

2.1　反应条件优化

最初,我们以0.4 mmol 的苯甲脒盐酸盐(1a)为底物、20 mol% 的 CuI 为催化剂、0.8 mmol Cs_2CO_3 为碱进行研究。反应混合物在 1 mL CH_2Cl_2 中 120 ℃下加热24 h后,以46%的分离产率获得了2,4－二苯基－1,3,5－三嗪(2a)(表4.1,条件1)。在没有铜催化剂的存在下,2a 分离产率仅为15%(表4.1,条件2)。其他催化剂如碘、FeCl_3 和 Pd(OAc)_2,都无法提高 2a 的产率(表4.1,条件3~5)。通过优化铜催化剂发现,CuCl 产率最高为71%(表4.1,条件6~14)。当使用各种无机碱或有机碱如 K_2CO_3、tBuOK、K_2HPO_4、KOH、K_3PO_4、Na_2CO_3、tBuONa、NaOH、三乙胺、DBU 和哌啶时,产率均较低(表4.1,条件15~25)。出乎意料的是,当添加0.8 mmol 过氧化物如叔丁基过氧化氢(TBHP,70%水溶液)、过氧化二叔丁基(DTBP)、过氧化苯甲酸叔丁酯(TBPB)和过硫酸钾(K_2S_2O_8)均未能提高反应产率,这一结果表明该反应可能不涉及自由基中间体(表4.1,条件26~29)。此外我们还研究了氮配体对反应的影响,1,10－菲咯啉为配体可以以80%的产率获得2a(表4.1,条件30~32)。提高反应温度或增加 CH_2Cl_2 的量并没有明显提高反应产率(表4.1,条件33~34)。因此,最佳反应条件如表4.1中条件32所示。

表4.1　反应条件优化[a]

条件	催化剂	碱	氧化剂	产率(%)[b]
1	CuI	Cs_2CO_3	空气	46
2		Cs_2CO_3	空气	15
3	I_2	Cs_2CO_3	空气	32

续表

条件	催化剂	碱	氧化剂	产率(%)[b]
4	FeCl$_3$	Cs$_2$CO$_3$	空气	20
5	Pd(OAc)$_2$	Cs$_2$CO$_3$	空气	45
6	CuCl	Cs$_2$CO$_3$	空气	71
7	CuBr	Cs$_2$CO$_3$	空气	59
8	Cu$_2$O	Cs$_2$CO$_3$	空气	57
9	CuCl$_2$	Cs$_2$CO$_3$	空气	53
10	CuBr$_2$	Cs$_2$CO$_3$	空气	50
11	CuO	Cs$_2$CO$_3$	空气	54
12	Cu(OAc)$_2$	Cs$_2$CO$_3$	空气	63
13	Cu(OTf)$_2$	Cs$_2$CO$_3$	空气	67
14	Cu(TFA)$_2$	Cs$_2$CO$_3$	空气	55
15	CuCl	K$_2$CO$_3$	空气	42
16	CuCl	tBuOK	空气	26
17	CuCl	K$_2$HPO$_4$	空气	31
18	CuCl	KOH	空气	29
19	CuCl	K$_3$PO$_4$	空气	32
20	CuCl	tBuONa	空气	34
21	CuCl	Na$_2$CO$_3$	空气	25
22	CuCl	NaOH	空气	34
23	CuCl	NEt$_3$	空气	30
24	CuCl	DBU	空气	微量
25	CuCl	piperidine	空气	10
26	CuCl	Cs$_2$CO$_3$	TBHP	63
27	CuCl	Cs$_2$CO$_3$	DTBP	微量
28	CuCl	Cs$_2$CO$_3$	TBPB	微量
29	CuCl	Cs$_2$CO$_3$	K$_2$S$_2$O$_8$	12
30[c]	CuCl	Cs$_2$CO$_3$	空气	54
31[d]	CuCl	Cs$_2$CO$_3$	空气	53
32[e]	CuCl	Cs$_2$CO$_3$	空气	80
33	CuCl	Cs$_2$CO$_3$	空气	68[f], 57[g]
34	CuCl	Cs$_2$CO$_3$	空气	75[h], 54[i]

[a] 反应条件:1a (0.4 mmol), 催化剂 (20 mol%), 氧化剂 (0.8 mmol), 碱 (0.8 mmol), CH$_2$Cl$_2$ (1 mL), 空气, 120 ℃, 24 h. [b] 分离产率. [c] TMEDA (40 mol%). [d] DMEDA (40 mol%). [e] 1,10 - 菲啰啉 (40 mol%). [f] 130 ℃. [g] 140 ℃. [h] CH$_2$Cl$_2$ (1.5 mL). [i] CH$_2$Cl$_2$ (2 mL).

2.2　对称 2,4 – 二取代 – 1,3,5 – 三嗪的合成

在最佳反应条件下,我们研究了脒 1 的底物范围(图 4.2)。一系列给电子或吸电子基团取代的芳基甲脒(1a – 1m)都能以 20% ~ 82% 的产率得到所需的对称 2,4 – 二芳基 – 1,3,5 – 三嗪(2a – 2m)。其中,在苯环上带有给电子基团的芳基甲脒(1b 和 1c)产率高于吸电子基团的芳基甲脒(2d – 2h)。由于空间位阻效应,邻位取代芳基甲脒(1l 和 1m)与对位取代芳基甲脒(1d)和间取代芳基酰胺(1b 和 1i)相比产率较低。值得注意的是,当 CuCl 作为催化剂时,由于苯环上 Br 原子容易发生氯化,4 – 溴苯甲脒(1g)生成 2e 和 2g 的混合物。令人高兴的是,用 Cu(OTf)$_2$ 代替 CuCl 可以得到单一产物 2g。3 – 溴苯甲脒(1k)的反应也有类似的结果。此外,吡啶甲脒(1n 和 1o)也分别以 40% 和 36% 的产率生成了所需产物(2n 和 2o)。不幸的是,在标准条件下,环丙烷甲脒(1p)与 CH$_2$Cl$_2$ 的反应是不成功的。以 1,1 – 二氯乙烷或三氯甲烷为底物,可得到微量的目标产物。值得注意的是,反应中 F、Cl、Br 和 NO$_2$ 基团都能一直存在,这为进一步衍生化提供了可能。

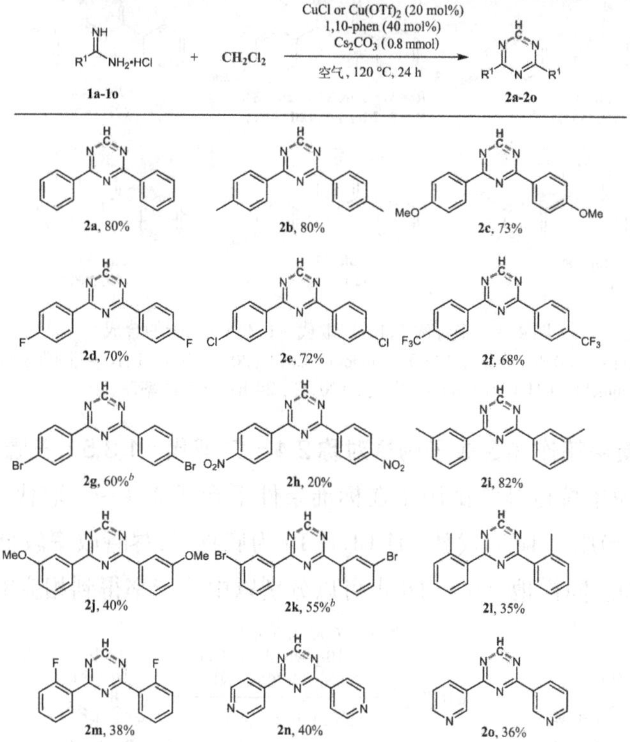

图 4.2　对称 2,4 – 二取代 – 1,3,5 – 三嗪的合成[a]

[a] 反应条件:1(0.4 mmol),CuCl(20 mol%),1,10 – 菲啰啉(40 mol%),Cs$_2$CO$_3$(0.8 mmol),CH$_2$Cl$_2$(1 mL),空气,120 ℃,24 h;分离产率. [b] Cu(OTf)$_2$(20 mol%).

2.3 非对称2,4-二取代-1,3,5-三嗪的合成

然后,我们研究了由两种不同脒合成非对称2,4-二取代-1,3,5-三嗪的反应(图4.3)。首先,0.2 mmol苯甲脒(1a)与0.2 mmol 4-甲氧基苯甲脒(1c)反应生成2种对称产物(2a和2c)和1种非对称产物2ac。为了提高了2ac的收率,我们优化2种脒的用量,0.8 mmol苯甲脒(1a)和0.2 mmol 4-甲氧基苯甲脒(1c)能够以35%产率生成2ac,同时以32%产率生成一个对称产物2a。当1b、1d或1i代替1a时,非对称产物2bc、2dc或2ic的产率分别为33%、40%和34%。同时,获得了对称的2b、2d或2i,产率为34%～38%。此外,1a可与1h、1j或1p反应得到非对称产物2ah、2aj或2ap,产率为23%～31%,非对称产物2a的产率为28%～37%。

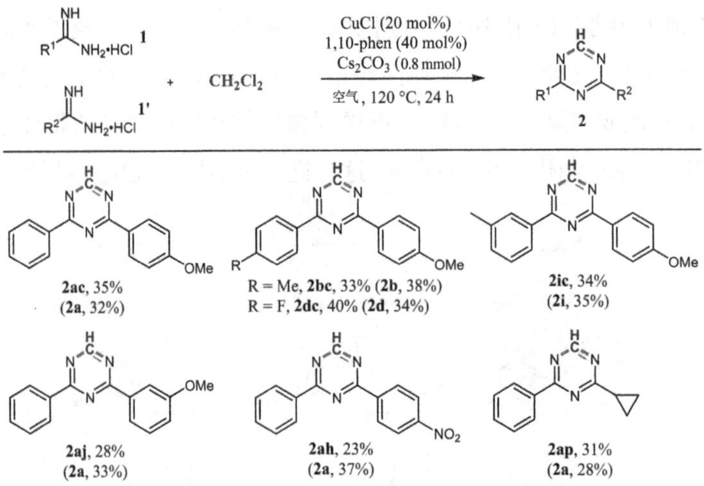

图4.3 非对称2,4-二取代-1,3,5-三嗪的合成[a]

[a]反应条件: 1 (0.8 mmol), 1'(0.2 mmol), CuCl (20 mol%), 1,10-菲啰啉 (40 mol%), Cs₂CO₃(0.8 mmol), CH₂Cl₂(1 mL), 空气, 120 ℃, 24 h; 分离产率.

2.4 二溴甲烷作碳合成子构建对称2,4-二取代-1,3,5-三嗪

此外,二溴甲烷也被尝试用于在标准条件下合成2,4-二取代-1,3,5-三嗪(图4.4)。当用CH_2Br_2代替CH_2Cl_2且1a为底物时,尽管收率较低但仍能得到所需的产物2a。同样地,1b或1d也可以分别以中等产率得到相应的2b或2d。

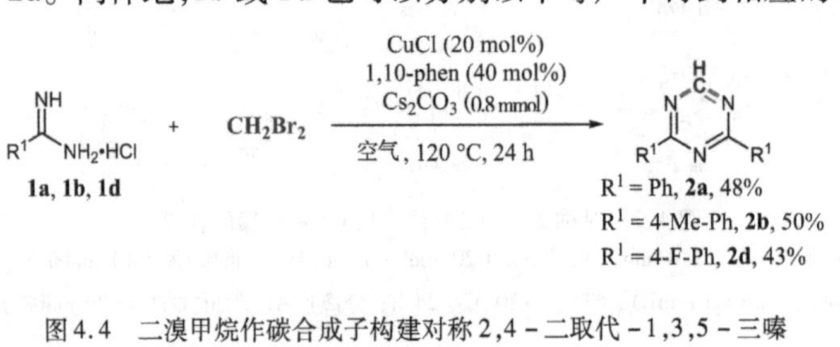

图4.4 二溴甲烷作碳合成子构建对称2,4-二取代-1,3,5-三嗪

2.5 反应机理

为了深入了解反应机理,我们进行了几个控制实验(图 4.5)。首先,在 2,2,6,6 - 四甲基 - 1 - 哌啶氧基(TEMPO)作为自由基抑制剂的存在下,反应有轻微的促进而不是抑制作用,表明该反应可能不经历自由基途径,TEMPO 可能作为加速反应的氧化剂[图 4.5(a)]。当用 CD_2Cl_2 代替 CH_2Cl_2 时,在标准条件下以 42% 的产率获得了 2a - d,这表明 1,3,5 - 三嗪的额外碳原子来源于 CH_2Cl_2[图 4.5(b)]。此外,无论分子间竞争实验(KIE = 2.1)还是平行实验(KIE = 2)中都观察到了明显了一级动力学同位素效应,表明 CH_2Cl_2 的 C—H 键裂解可能是决速步骤[图 4.5(c)、(d)]。在没有铜催化剂的情况下,反应生成了 B 和 2a,其产率分别为 24% 和 15%。在标准条件下,B 可以转化为 2a,产率为 86%,表明 B 是该反应的中间产物,铜催化剂可能促进了 B 的氧化芳构化[图 4.5(e)]。

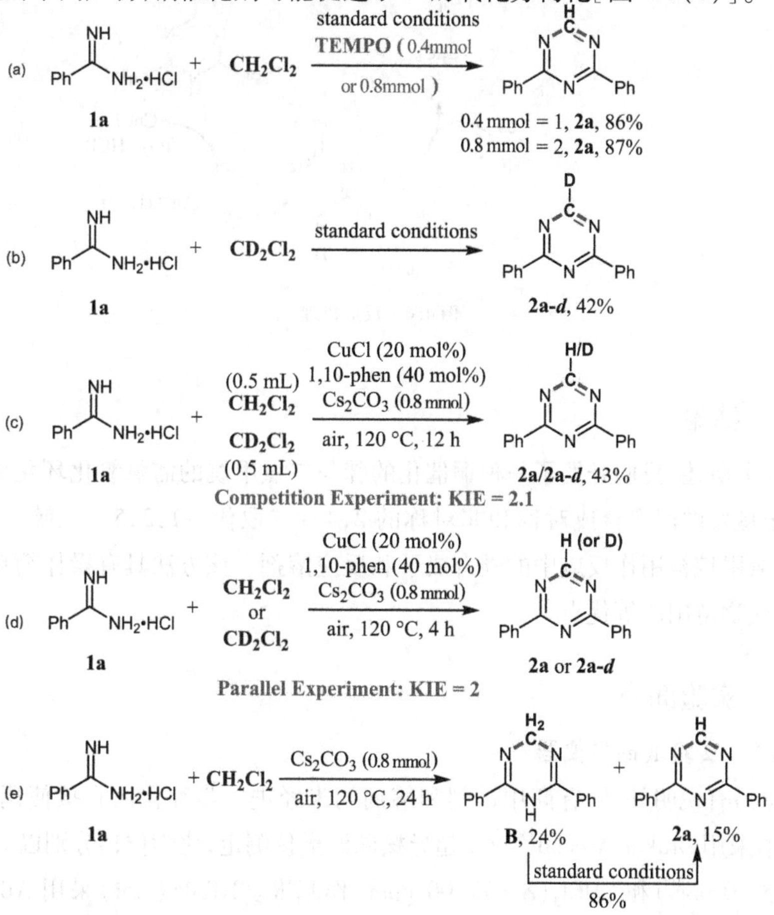

图 4.5 控制实验

在上述实验结果和以往文献基础上[4-7],我们提出了一个合理的反应机理(图4.6)。最初,两分子1a与CH_2Cl_2的亲核取代反应生成一个中间体A,该中间体可通过分子内脱氨缩合进一步转化为中间体B。然后,原位氧化生成的$CuCl_2$活化B中$C(sp^3)$—H键形成Cu^{II}络合物C。随后,$CuCl_2$(或O_2)能够氧化C得到Cu^{II}络合物D,同时生成一分子CuCl(或水)。最后,通过β-H消除和还原消除,D可以转化为产物2a,同时重新生成CuCl从而实现铜的催化循环。

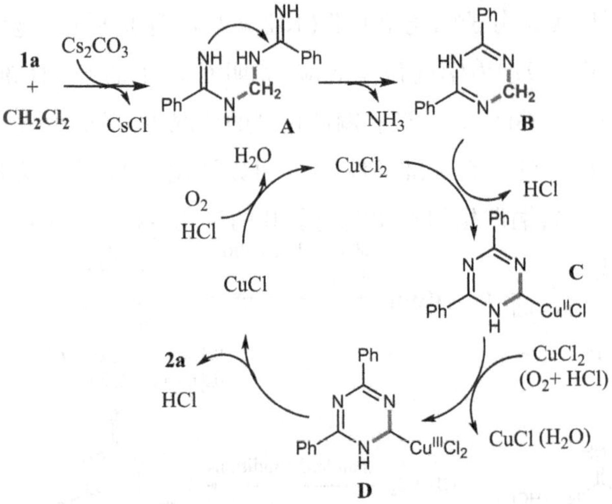

图4.6 反应机理

3 结论

综上所述,我们开发了一种铜催化的脒与二氯甲烷的需氧氧化环化反应,以中等至良好的产率合成对称和非对称的2,4-二取代-1,3,5-三嗪。重要的是,二氯甲烷被用作反应中的碳合成子和反应溶剂。该方法具有操作简单、环境友好、底物范围广等优点。

4 实验部分

4.1 实验试剂与仪器

除另有说明外,所有商用试剂和溶剂均未经进一步纯化而直接使用。H谱和C谱采用Bruker Ascend™ 600超导核磁波谱仪测定,化学位移分别以$CDCl_3$中TMS($\delta=0$ ppm)和$CDCl_3$($\delta=77.00$ ppm)作基准。HRMS(ESI)采用AB SCIEX Triple TOF 6600液相色谱-高分辨质谱联用仪测定。熔点则是通过Hanon

MP430 自动熔点仪测量。

4.2 对称 2,4 - 二取代 - 1,3,5 - 三嗪的合成步骤

在 10 mL 反应管中依次加入脒 1(0.4 mmol)、CuCl 或 Cu(OTf)$_2$(20 mol%)、1,10 - 菲啰啉(40 mol%)和 Cs$_2$CO$_3$(0.8 mmol),再加入溶剂 CH$_2$Cl$_2$ 或 CH$_2$Br$_2$(1 mL),反应混合物在 120 ℃下加热搅拌 24 h。然后将溶液冷却至室温,用硫代硫酸钠溶液淬灭,再用乙酸乙酯萃取(3 × 10 mL)。合并的有机相用无水硫酸钠干燥,过滤,减压浓缩,残留物用硅胶柱层析法纯化得到所需的对称 2,4 - 二取代 - 1,3,5 - 三嗪。

4.3 非对称 2,4 - 二取代 - 1,3,5 - 三嗪的合成步骤

在 10 mL 反应管中依次加入脒 1(0.2 mmol)、脒 1'(0.8 mmol)、CuCl(20 mol%,0.08 mmol)、1,10 - 菲啰啉(40 mol%)和 Cs$_2$CO$_3$(0.8 mmol),再加入溶剂 CH$_2$Cl$_2$(1 mL),反应混合物在 120 ℃下加热搅拌 24 h。然后将溶液冷却至室温,用硫代硫酸钠溶液淬灭,再用乙酸乙酯萃取(3 × 10 mL)。合并的有机相用无水硫酸钠干燥,过滤,减压浓缩,残留物用硅胶柱层析法纯化得到所需的非对称 2,4 - 二取代 - 1,3,5 - 三嗪。

4.4 氘标记实验

1a + CD$_2$Cl$_2$ → standard conditions → **2a-d**, 42% yield

在 10 mL 反应管中依次加入苯脒盐酸盐 1a(0.4 mmol)、CuCl(20 mol%)、1,10 - 菲啰啉(40 mol%)和 Cs$_2$CO$_3$(0.8 mmol),再加入 CD$_2$Cl$_2$(1 mL),反应混合物在 120 ℃下加热搅拌 24 h。然后将溶液冷却至室温,用硫代硫酸钠溶液淬灭,再用乙酸乙酯萃取(3 × 10 mL)。合并的有机相用无水硫酸钠干燥,过滤,减压浓缩,残留物用硅胶柱层析法纯化得到 2a - d。

2a - d: 19.6 mg (42%); 淡黄色固体; Mp: 71 - 73 ℃; ^{1}H NMR (600 MHz, CDCl$_3$): δ 8.65 - 8.64 (m, 4H), 7.62 - 7.59 (m, 2H), 7.57 - 7.53 (m, 4H); ^{13}C NMR (150 MHz, CDCl$_3$): δ 171.3, 166.3 (t, J = 30.9 Hz), 135.5, 132.8, 128.9, 128.7; HRMS (ESI): calcd for C$_{15}$H$_{11}$DN$_3$ [M + H]$^+$ 235.1089, found 235.1094.

4.5 动力学同位素实验

4.5.1 竞争同位素实验

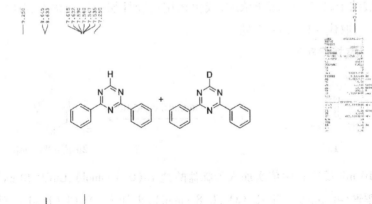

在 10 mL 反应管中依次加入苄脒盐酸盐 1a(0.4 mmol)、CuCl(20 mol%)、1,10 - 菲啰啉(40 mol%)和 Cs_2CO_3(0.8 mmol),再加入 CH_2Cl_2(0.5 mL)和 CD_2Cl_2(0.5 mL),反应混合物在 120 ℃下加热搅拌 12 h。然后将溶液冷却至室温,用硫代硫酸钠溶液淬灭,再用乙酸乙酯萃取(3 × 10 mL)。合并的有机相用无水硫酸钠干燥,过滤,减压浓缩,残留物用硅胶柱层析法纯化得到 2a 和 2a - d 的混合物,产率为 43%。从图 4.7 可以看出,2a 和 2a - d 的比例为 0.67:0.33 = 2:1。

图 4.7 竞争 KIE 实验产物[1]HNMR

4.5.2 平行同位素实验

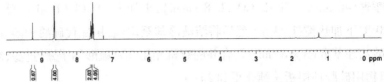

在 10 mL 反应管中依次加入苄胺盐酸盐 1a(0.4 mmol)、CuCl(20 mol%)、1,10 - 菲啰啉(40 mol%)和 Cs₂CO₃(0.8 mmol),再加入 CH₂Cl₂(1 mL),反应混合物在120 ℃下加热搅拌 4 h。然后将溶液冷却至室温,用硫代硫酸钠溶液淬灭,再用乙酸乙酯萃取(3 × 10 mL)。合并的有机相用无水硫酸钠干燥,过滤,减压浓缩,残留物用硅胶柱层析法纯化得到2a,产率为48%。当 CD₂Cl₂ 代替 CH₂Cl₂ 并按上述操作进行反应时,可得到2a - d,产率为24%。两者产率之比为2,因此 KIE = 2。

4.6　产物表征数据

2,4 - 二苯基 - 1,3,5 - 三嗪(2a):37.2 mg(80%);淡黄色固体;Mp:73 - 74 ℃;¹H NMR(600 MHz, CDCl₃):δ 9.26(s, 1H), 8.66 - 8.63(m, 4H), 7.63 - 7.59(m, 2H), 7.57 - 7.54(m, 4H);¹³C NMR(150 MHz, CDCl₃):δ 171.3, 166.6, 135.5, 132.9, 128.9, 128.8.

2,4 - 二(对甲苯基) - 1,3,5 - 三嗪(2b):41.7 mg(80%);白色固体;Mp:159 - 160 ℃;¹H NMR(600 MHz, CDCl₃):δ 9.19(s, 1H), 8.52(d, J = 8.2 Hz, 4H), 7.34(d, J = 8.0 Hz, 4H), 2.45(s, 6H);¹³C NMR(150 MHz, CDCl₃):δ 171.1, 166.4, 143.5, 132.9, 129.5, 128.9, 21.7.

2,4 - 二(4 - 甲氧基苯基) - 1,3,5 - 三嗪(2c):42.7 mg(73%);淡黄色固体;Mp:158 - 160 ℃;δ 9.11(s, 1H), 8.59 - 8.57(m, 4H), 7.04 - 7.02(m, 4H), 3.91(s, 6H);¹³C NMR(150 MHz, CDCl₃):δ 170.5, 166.1, 163.5, 130.8, 128.1, 114.1, 55.5.

2,4 - 二(4 - 氟苯基) - 1,3,5 - 三嗪(2d):37.6 mg(70%);白色固体;Mp:154 - 156 ℃;¹H NMR(600 MHz, CDCl₃):δ 9.20(s, 1H), 8.66 - 8.63(m, 4H), 7.24 - 7.20(m, 4H);¹³C NMR(150 MHz, CDCl₃):δ 170.3, 166.6, 166.0(d, J = 252.6 Hz), 131.5(d, J = 2.7 Hz), 131.3(d, J = 9.0 Hz), 115.9(d, J = 21.8 Hz).

2,4 - 二(4 - 氯苯基) - 1,3,5 - 三嗪(2e):435 mg(72%);白色固体;Mp:188 - 189 ℃;¹H NMR(600 MHz, CDCl₃):δ 9.22(s, 1H), 8.56(d,

$J = 8.6$ Hz, 4H), 7.51 (d, $J = 8.6$ Hz, 4H); ^{13}C NMR (150 MHz, CDCl$_3$):
δ 170.5, 166.8, 139.3, 133.8, 130.2, 129.1.

2,4 - 二(4 - 三氟甲基苯基) - 1,3,5 - 三嗪
(2f): 50.2 mg（68%）；白色固体；Mp: 150 -
152 ℃;^{1}H NMR (600 MHz, CDCl$_3$): δ 9.35 (s,
1H), 8.76 (d, $J = 8.2$ Hz, 4H), 7.82 (d, $J = 8.2$ Hz, 4H); ^{13}C NMR
(150 MHz,CDCl$_3$): δ 170.5, 167.1, 138.5, 134.4 (q, $J = 32.4$ Hz), 129.3,
125.8 (q, $J = 3.6$ Hz), 123.8 (q, $J = 270.9$ Hz).

2,4 - 二(4 - 溴苯基) - 1,3,5 - 三嗪(2 g):
46.9 mg(60%)；白色固体；Mp: 193 - 194 ℃; ^{1}H
NMR (600 MHz, CDCl$_3$): δ 9.23 (s, 1H), 8.49 -
8.47 (m, 4H), 7.69 - 7.66 (m, 4H); ^{13}C NMR (150 MHz, CDCl$_3$): δ 170.6,
166.8,134.2, 132.1, 130.4, 128.0.

2,4 - 二(4 - 硝基苯基) - 1,3,5 - 三嗪
(2h): 12.9 mg（20%）；淡黄色固体；Mp: 238 -
240 ℃; ^{1}H NMR (600 MHz, CDCl$_3$): δ 9.43 (s,
1H), 8.84 (d, $J = 8.7$ Hz, 4H), 8.42 (d, $J = 8.7$ Hz, 4H); ^{13}C NMR
(150 MHz,CDCl$_3$): δ 170.0, 167.4, 150.8, 140.6, 130.0, 124.0; HRMS
(ESI): calcd for C$_{15}$H$_{10}$N$_5$O$_4$[M + H]$^+$324.0727, found 324.0738.

2,4 - 二(间甲苯基) - 1,3,5 - 三嗪(2i): 42.8 mg
（82%）；白色固体；Mp: 86 - 87 ℃; ^{1}H NMR
(600 MHz,CDCl$_3$): δ 9.23 (s, 1H), 8.45 - 8.43 (m,
4H), 7.46 - 7.40 (m, 4H), 2.49 (s, 6H); ^{13}C NMR (150 MHz, CDCl$_3$):
δ 171.4, 166.5, 138.5, 135.4, 133.6, 129.3, 128.7, 126.1, 21.5.

2,4 - 二(3 - 甲氧基苯基) - 1,3,5 - 三嗪
(2j): 23.4 mg（40%）；淡黄色固体；Mp: 109 -
110 ℃; ^{1}H NMR (600 MHz, CDCl$_3$): δ 9.25 (s,
1H), 8.24 (d, $J = 7.8$ Hz, 2H), 8.17 - 8.16 (m, 2H), 7.46 (t, $J = 7.8$ Hz,
2H), 7.15 (dd, $J_1 = 8.0$ Hz, $J_2 = 2.0$ Hz, 2H), 3.94 (s, 6H); ^{13}C NMR
(150 MHz, CDCl$_3$): δ 171.1, 166.6, 159.9, 136.9, 129.8, 121.4, 119.2,
113.3, 55.4.

2,4 - 二(3 - 溴苯基) - 1,3,5 - 三嗪(2k): 43.0 mg（55%）；白色固体；

Mp：181 – 183 ℃；^{1}H NMR（600 MHz，CDCl$_3$）：
δ 9.26（s，1H），8.75（t，J = 1.7 Hz，2H），8.56
（dt，J_1 = 7.9 Hz，J_2 = 1.2 Hz，2H），7.73（dq，J_1 =
7.9 Hz，J_2 = 1.0 Hz，2H），7.43（t，J = 7.9 Hz，2H）；^{13}C NMR（150 MHz，
CDCl$_3$）：δ 170.3，166.9，137.3，135.8，131.8，130.3，127.5，123.1。

2,4 - 二（邻甲苯基）- 1,3,5 - 三嗪（2l）：18.3 mg
（35%）；淡黄色固体；Mp：49 – 50 ℃；^{1}H NMR（600 MHz，
CDCl$_3$）：δ 9.33（s，1H），8.14（dd，J_1 = 7.7 Hz，J_2 =
1.2 Hz，2H），7.43（td，J_1 = 7.4 Hz，J_2 = 1.3 Hz，2H），7.38 – 7.32（m，4H），
2.73（s，6H）；^{13}C NMR（150 MHz，CDCl$_3$）：δ 173.8，165.7，139.0，135.4，
131.9，131.19，131.15，126.1，22.0。

2,4 - 二（2 - 氟苯基）- 1,3,5 - 三嗪（2m）：20.4 mg
（38%），白色固体；Mp：63 – 65 ℃；^{1}H NMR（600 MHz，
CDCl$_3$）：δ 9.39（s，1H），8.36（td，J_1 = 7.7 Hz，J_2 =
1.8 Hz，2H），7.59 – 7.54（m，2H），7.34 – 7.31（m，2H），7.27 – 7.23（m，
2H）；^{13}C NMR（150 MHz，CDCl$_3$）：δ 170.4（d，J = 5.1 Hz），166.5，162.2（d，
J = 258.3 Hz），134.0（d，J = 9.3 Hz），132.2，124.4（d，J = 3.8 Hz），124.0
（d，J = 7.8 Hz），117.3（d，J = 22.4 Hz）。

2,4 - 二（吡啶 - 4 - 基）- 1,3,5 - 三嗪（2n）：18.8 mg
（40%）；白色固体；Mp：180 – 182 ℃；^{1}H NMR
（600 MHz，CDCl$_3$）：δ 9.44（s，1H），8.90（dd，J_1 =
4.6 Hz，J_2 = 1.4 Hz，4H），8.46（dd，J_1 = 4.5 Hz，J_2 = 1.5 Hz，4H）；^{13}C NMR
（150 MHz，CDCl$_3$）：δ 170.5，167.5，150.9，142.3，122.1。

2,4 - 二（吡啶 - 3 - 基）- 1,3,5 - 三嗪（2o）：16.9 mg
（36%）；淡黄色固体；Mp：198 – 200 ℃；^{1}H NMR
（600 MHz，CDCl$_3$）：δ 9.82（d，J = 1.6 Hz，2H），9.33（s，
1H），8.88（dt，J_1 = 7.9 Hz，J_2 = 1.9 Hz，2H），8.85（dd，J_1 = 4.8 Hz，J_2 =
1.6 Hz，2H），7.54 – 7.51（m，2H）；^{13}C NMR（150 MHz，CDCl$_3$）：δ 170.2，
167.0，153.4，150.5，136.2，130.8，123.6。

2 - 苯基 - 4 - （4 - 甲氧基苯基）- 1,3,5 - 三嗪
（2ac）：18.4 mg（35%）；白色固体；Mp：105 – 107 ℃；

^{1}H NMR (600 MHz, CDCl$_3$): δ 9.19 (s, 1H), 8.63 – 8.59 (m, 4H), 7.61 – 7.58(m, 1H), 7.56 – 7.53 (m, 2H), 7.05 – 7.03 (m, 2H), 3.91 (s, 3H); ^{13}C NMR (150 MHz, CDCl$_3$): δ 171.0, 170.8, 166.4, 163.6, 135.6, 132.7, 130.9, 128.8, 128.7, 127.9, 114.1, 55.5.

2 – (对甲苯基) – 4 – (4 – 甲氧基苯基) – 1,3,5 – 三嗪(2bc): 18.3 mg (33%); 白色固体; Mp: 121 – 123 ℃; ^{1}H NMR (600 MHz, CDCl$_3$): δ 9.15 (s, 1H), 8.59 (dd, J_1 = 7.0 Hz, J_2 = 1.9 Hz, 2H), 8.50 (d, J = 8.2 Hz, 2H), 7.34 (d, J = 8.0 Hz, 2H), 7.05 – 7.02 (m, 2H), 3.91 (s, 3H), 2.46 (s, 3H); ^{13}C NMR (150 MHz, CDCl$_3$): δ 171.0, 170.7, 166.3, 163.5, 143.4, 132.9, 130.8, 129.5, 128.8, 128.0, 114.0, 55.4, 21.7.

2 – (4 – 甲氧基苯基) – 4 – (4 – 氟苯基) – 1,3,5 – 三嗪(2dc): 22.4 mg (40%); 白色固体; Mp: 152 – 154 ℃; ^{1}H NMR (600 MHz, CDCl$_3$): δ 9.15 (s, 1H), 8.65 – 8.61 (m, 2H), 8.59 – 8.57 (m, 2H), 7.23 – 7.19 (m, 2H), 7.05 – 7.02 (m, 2H), 3.91 (s, 3H); ^{13}C NMR (150 MHz, CDCl$_3$): δ 170.8, 170.0, 166.4, 165.8 (d, J = 252.3 Hz), 163.6, 131.8 (d, J = 2.9 Hz), 131.2 (d, J = 9.2 Hz), 130.8, 127.8, 115.8 (d, J = 21.7 Hz), 114.1, 55.5; HRMS (ESI): calcd for C$_{16}$H$_{13}$FN$_3$O [M + H]$^+$ 282.1037, found 282.1046.

2 – (间甲苯基) – 4 – (4 – 甲氧基苯基) – 1,3,5 – 三嗪(2ic): 18.7 mg (34%); 黄色固体; Mp: 110 – 112 ℃; ^{1}H NMR (600 MHz, CDCl$_3$): δ 9.17 (s, 1H), 8.62 – 8.58 (m, 2H), 8.43 – 8.41 (m, 2H), 7.45 – 7.39 (m, 2H), 7.06 – 7.02 (m, 2H), 3.91 (s, 3H), 2.48 (s, 3H); ^{13}C NMR (150 MHz, CDCl$_3$): δ 171.1, 170.8, 166.4, 163.5, 138.4, 135.6, 133.5, 130.8, 129.3, 128.6, 128.0, 126.0, 114.0, 55.4, 21.5; HRMS (ESI): calcd for C$_{17}$H$_{16}$N$_3$O [M + H]$^+$ 278.1288, found 278.1286.

2 – 苯基 – 4 – (3 – 甲氧基苯基) – 1,3,5 – 三嗪(2aj): 14.7 mg (28%); 黄色固体; Mp: 83 – 85 ℃; ^{1}H NMR (600 MHz, CDCl$_3$): δ 9.26 (s, 1H), 8.65 – 8.62 (m, 2H), 8.27 – 8.24 (m,

1H），8.19-8.17（m，1H），7.63-7.59（m，1H），7.57-7.54（m，2H），7.47（t，J = 7.8 Hz，1H），7.17-7.14（m，1H），3.95（s，3H）；^{13}C NMR（150 MHz，CDCl$_3$）：δ 171.3，171.1，166.7，160.0，136.9，135.5，132.8，129.8，128.9，128.8，121.4，119.2，113.3，55.5。

2-苯基-4-（4-硝基苯基）-1,3,5-三嗪（2ah）：12.8 mg（23%）；白色固体；Mp：169-171 ℃；^{1}H NMR（600 MHz，CDCl$_3$）：δ 9.33（s，1H），8.83-8.80（m，2H），8.66-8.63（m，2H），8.40-8.37（m，2H），7.66-7.63（m，1H），7.60-7.56（m，2H）；^{13}C NMR（150 MHz，CDCl$_3$）：δ 171.8，169.4，167.0，150.4，141.2，134.9，133.3，129.8，129.0，128.9，123.8。

2-环丙基-4-苯基-1,3,5-三嗪（2ap）：12.3 mg（31%）；黄色油状液体；Mp：55-56 ℃；^{1}H NMR（600 MHz，CDCl$_3$）：δ 8.98（s，1H），8.50-8.47（m，2H），7.59-7.55（m，1H），7.52-7.48（m，2H），2.27-2.22（m，1H），1.36-1.33（m，2H），1.23-1.19（m，2H）；^{13}C NMR（150 MHz，CDCl$_3$）：δ 180.7，170.4，165.6，135.4，132.6，128.7，128.6，18.2，12.2。

参考文献

［1］Farley C M, Zhou Y, Banka N, et al. Catalytic Cyclooligomerization of Enones with Three Methylene Equivalents［J］. Journal of the American Chemical Society, 2018, 140(40)：12710-12714.

［2］Qu Y, Sauvage F, Clavier G, et al. Metal-Free Synthetic Approach to 3-Monosubstituted Unsymmetrical 1,2,4,5-Tetrazines Useful for Bioorthogonal Reactions［J］. Angewandte Chemie International Edition, 2018, 57（37）：12057-12061.

［3］Yan Y, Cui C, Wang J, et al. Dichloromethane as C1 Building Block：Synthesis of 2,4-Disubstitued 1,3,5-Triazines via Copper-Catalyzed Aerobic C—H/C—Cl Cleavage［J］. Advanced Synthesis & Catalysis. 2019, 361（5）：1166-1170.

［4］Yan Y, Li Z, Li H, et al. Alkyl Ether as a One-Carbon Synthon：Route to 2,4-Disubstituted 1,3,5-Triazines via C—H Amination/C—O Cleavage under

Transition – Metal – Free Conditions[J]. Organic Letters, 2017, 19(22): 6228 –6231.

[5] Yan Y, Li Z, Cui C, et al. An I$_2$ – mediated aerobic oxidative annulation of amidines with tertiary amines via C—H amination/C—N cleavage for the synthesis of 2,4 – disubstituted 1,3,5 – triazines[J]. Organic & Biomolecular Chemistry, 2018, 16(15): 2629 –2633.

[6] Liu L, Yan Y, Bao Y, et al. Efficient Synthesis of 2 – Arylquinazolines via Copper – Catalyzed Dual Oxidative Benzylic C—H Aminations of Methylarenes[J]. Chinese Chemical Letters, 2015, 26(10): 1216 – 1220.

[7] Casitas A, Ribas X. The role of organometallic copper(Ⅲ) complexes in homogeneous catalysis[J]. Chemical Science, 2013, 4(6): 2301 –2318.

第五章 芳基乙酸作碳合成子构建2－取代喹唑啉

1 引言

近年来,由于原子经济性和步骤经济性,芳基乙酸的氧化脱羧反应已经被用于构建C—N键的常用手段(图5.1)[1-5]。因此,芳基乙酸有望作为新型碳合成子用于含氮杂环合成中。本章中,我们发展了利用铜催化芳基乙酸的需氧氧化脱羧氨基化反应构建2－取代喹唑啉的新方法[6]。喹唑啉的额外碳原子来自芳基乙酸中的亚甲基。反应采用绿色的氧气作氧化剂,通过一锅反应可以形成两个C—N键。

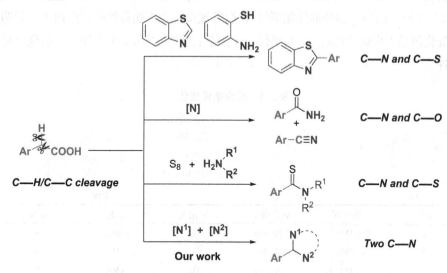

图5.1 芳基乙酸通过氧化脱羧构建C—N键

2 结果与讨论

2.1 反应条件优化

首先,我们选择2－氨基二苯甲酮(1a)和4－氯苯乙酸(2a)作为模型底物,进行反应条件的优化。如表5.1所示,催化剂、氧化剂、氮合成子和溶剂对该反应产率都具有较为明显的影响。首先,在乙酸铜(20 mol%)作为催化剂、氧气作为氧化剂条件下将1a(0.2 mmol),2a(0.4 mmol)和乙酸铵(0.4 mmol)在DMSO(1 mL)中120 ℃的反应20 h,得到的2-(4-氯苯基)-4-苯基喹唑啉(3aa)的分离产率为78%(表5.1,条件1)。其次,我们对反应溶剂也进行了优化,发现当溶剂选用NMP时分离产率最高为97%(表5.1,条件2~4)。接下来使用其他氮合成子如氨(25%水溶液)和氯化铵来代替乙酸铵时,产率都有所降低(表5.1,条件5~6)。和预想一样,当没有氮源存在时并不能生成产物3aa,表明氮源是必不可少的(表5.1,条件7)。随后,我们对氧化剂进行了优化,当使用不同的氧化剂如叔丁基过氧化氢(TBHP,70%水溶液),二叔丁基过氧化物(DTBP)和空气时,产率均低于氧气作氧化剂时(表5.1,条件8~10)。当反应在氮气中进行时,并没有检测到产物3aa的产生,这说明了分子氧对于此反应是不可缺少的(表5.1,条件11)。最后,我们对铜催化剂如Cu(OAc)$_2$,Cu(OTf)$_2$,CuBr$_2$,CuI和CuBr进行了优化。CuBr$_2$得到的分离产率和Cu(OAc)$_2$相同都为97%,但是由于实用性和经济性,我们还是决定选用Cu(OAc)$_2$作为最优的铜催化剂(表5.1,条件12~15)。而当不添加铜催化剂时,我们发现反应并不能得到所需产物3aa,说明铜催化剂是不可缺少的(表5.1,条件16)。综上所述,表5.1中条件3是最优反应条件。

表5.1 反应条件优化[a]

条件	催化剂	氮合成子	氧化剂	溶剂	产率(%)[b]
1	Cu(OAc)$_2$	NH$_4$OAc	O$_2$	DMSO	78
2	Cu(OAc)$_2$	NH$_4$OAc	O$_2$	DMF	85
3	Cu(OAc)$_2$	NH$_4$OAc	O$_2$	NMP	97
4	Cu(OAc)$_2$	NH$_4$OAc	O$_2$	CH$_3$CN	27
5	Cu(OAc)$_2$	NH$_3$(aq)	O$_2$	NMP	85
6	Cu(OAc)$_2$	NH$_4$Cl	O$_2$	NMP	35
7	Cu(OAc)$_2$	—	O$_2$	NMP	0
8	Cu(OAc)$_2$	NH$_4$OAc	TBHP[c]	NMP	40
9	Cu(OAc)$_2$	NH$_4$OAc	DTBP[c]	NMP	41
10	Cu(OAc)$_2$	NH$_4$OAc	Air	NMP	78

续表

条件	催化剂	氮合成子	氧化剂	溶剂	产率(%)[b]
11	Cu(OAc)$_2$	NH$_4$OAc	N$_2$	NMP	微量
12	Cu(OTf)$_2$	NH$_4$OAc	O$_2$	NMP	96
13	CuBr$_2$	NH$_4$OAc	O$_2$	NMP	97
14	CuI	NH$_4$OAc	O$_2$	NMP	77
15	CuBr	NH$_4$OAc	O$_2$	NMP	78
16	—	NH$_4$OAc	O$_2$	NMP	0

[a]反应条件:1a(0.2 mmol),2a(0.4 mmol),氮合成子(0.4 mmol),催化剂(0.04 mmol),溶剂(1 mL),120 ℃,20 h.[b]分离产率.[c]使用0.8 mmol过氧化试剂且在氮气中.

2.2　芳基乙酸底物范围

在最优的反应条件下,我们开始研究各种芳基乙酸对反应的适用性(表5.2)。首先,当在该反应中使用不同取代基苯乙酸 2a－2m 作底物时,可以以 17% ~99% 的产率获得相应的反应产物 3aa－3am。值得我们注意的是,苯环上具有吸电子基团(4－CF$_3$,4－F 或 4－Cl)苯乙酸所得产物的产率高于苯环上具有给电子基团的苯乙酸(4－Me 或 4－OMe)。此外我们还发现,苯环上取代基位置对于产物的产率具有一定的影响。与间位和对位取代苯乙酸相比,邻位取代苯乙酸通常具有较低的产率,这可能是由于空间位阻的原因。此外,当使用1－萘基乙酸(2n)和 2－噻吩基乙酸(2o)作为底物时,分别以 65% 和 80% 的分离产率得到了产物 3an 和 3ao。

表5.2　芳基乙酸底物范围[a]

底物	Ar		产物	产率(%)[b]
1	4－Cl—Ph	2a	3aa	97
2	Ph	2b	3ab	88
3	4－F—Ph	2c	3ac	95
4	4－Br—Ph	2d	3ad	82
5	3－Cl—Ph	2e	3ae	97
6	2－Cl—Ph	2f	3af	93

续表

底物	Ar		产物	产率(%)[b]
7	4 – CF$_3$—Ph	2g	3ag	99
8	4 – CN—Ph	2h	3ah	75
9	4 – NO$_2$—Ph	2i	3ai	17
10	4 – Me—Ph	2j	3aj	89
11	3 – Me—Ph	2k	3ak	85
12	2 – Me—Ph	2l	3al	74
13	4 – OMe—Ph	2m	3am	52
14	1 – Naphthyl	2n	3an	65
15	2 – Thienyl	2o	3ao	80

[a]反应条件:1a(0.2 mmol),2(0.4 mmol),NH$_4$OAc(0.4 mmol),Cu(OAc)$_2$(0.04 mmol),NMP(1 mL),O$_2$(101 kPa),120 ℃,20 h. [b]分离产率.

2.3 邻羰基苯胺底物范围

随后,我们在最优反应条件下研究了邻羰基苯胺的底物范围(表5.3)。首先,当邻羰基苯胺的 R^1 取代基为芳基(1b – 1 g)时,其与苯乙酸(2b)反应能得到相应的产物 3bb – 3gb,产率为 92% ~ 97%(表5.3,条件1~6)。当邻羰基苯胺的 R^1 取代基为烃基(1h – 1n)时,能以 10 – 90% 的产率得到相应产物 3hb – 3nb。值得注意的是,由于反应中铜导致羰基 C—C 键可能发生裂解,底物 1i 和 1j 在生成相应产物的同事还生成了 2 – 苯基喹唑啉(3ib′ 或 3jb′)。最后,当使用 2 – 氨基 – 5 – 氯二苯甲酮(1o)和 2 – 氨基 – 5 – 硝基二苯甲酮(1p)作为底物时,都能得到想要的产物 3ob 和 3pb,它们的产率分别为 80% 和 33%。值得注意的是,在所有反应中底物中 F、Cl、Br、CN 和 NO$_2$ 基团都能完整地保持,这也为进一步衍生化提供了可能。

表5.3 邻羰基苯胺底物范围[a]

底物	R^1		R^2	产物	产率(%)[b]
1	4 – F—Ph	H	1b	3bb	96
2	4 – Cl—Ph	H	1c	3cb	93
3	4 – Br—Ph	H	1d	3db	94

续表

底物	R¹		R²	产物	产率(%)ᵇ
4	3,5 - Di - F—Ph	H	1e	3eb	97
5	4 - Me—Ph	H	1f	3fb	92
6	2 - Naphthyl	H	1g	3gb	93
7	Me	H	1h	3hb	30
8	*n* - Bu	H	1i	3ib(3ib˝)	15(30ᶜ)
9	Hexadecyl	H	1j	3jb(3jb˙)	10(35ᶜ)
10	i - Pr	H	1k	3kb	85
11	*t* - Bu	H	1l	3lb	80
12	Cyclopropyl	H	1m	3mb	90
13	Cyclopropyl	H	1n	3nb	85
14	Ph	5 - Cl	1o	3ob	80
15	Ph	5 - NO₂	1p	3pb	33

ᵃ反应条件:1(0.2 mmol),2b(0.4 mmol),NH₄OAc(0.4 mmol),Cu(OAc)₂(0.04 mmol),NMP(1 mL),O₂(101 kPa),120 ℃,20 h. ᵇ分离产率. ᶜ2 - 苯基喹唑啉分离产率.

2.4 反应机理

为了对反应机理有进一步的了解,我们进行了几个控制实验[图 5.2(a)]。首先,我们观察到当在自由基抑制剂 2,2,6,6 - 四甲基 - 1 - 哌啶基氧基(TEMPO)的存在下,反应完全被抑制,这表明反应经历了自由基历程[图 5.2(a)]。此外,在最优条件下,当仅有苯乙酸作为底物时,可以得到苯甲醛,产率为35%[图 5.2(b)]。然后当 1a 和苯甲醛在最优条件下进行反应时,以 95% 产率得到了产物 3ab。然而,当其他可能的反应中间体例如甲苯、苯甲酸、苄腈、2 - 氧代 - 2 - 苯基乙酸和苯甲酰胺和 1a 反应却并没有得到产物 3ab[图 5.2(c)]。这些实验结果表明,苯甲醛可能就是该反应的中间体。

根据上述实验结果以及以前的研究[1-5],我们提出了一个合理的反应机理(图 5.3)。2b 对 Cu(OAc)₂ 的配位和随后的配体交换产生了铜络合物 A。然后通过 A 的脱羧形成了 B。随后,氧气插入 B 中产生铜物种 C,而铜物种 C 通过 β - H 消除转化为铜物种 D 和中间体苯甲醛。而 D 由于 HOAc 的存在,反应再生成了 Cu(OAc)₂。通过 1a 和铵盐的缩合反应产生中间体 4,能与苯甲醛进行反应生成中间体 5。最后,在 Cu(Ⅱ)/O₂ 存在下,5 经由串联的分子内亲核加成和缩合氧化芳构化得到了最终产物 3ab。

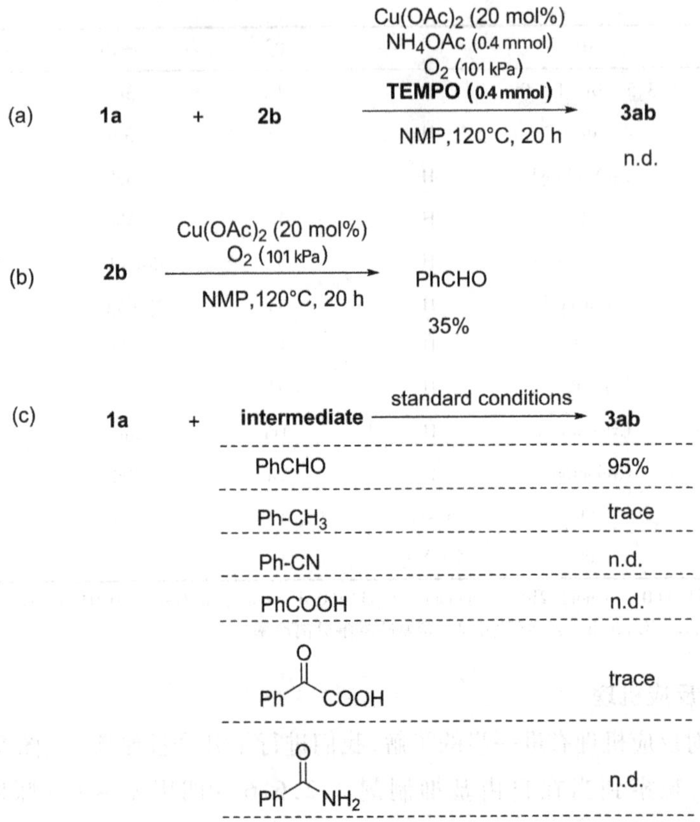

图5.2　控制实验

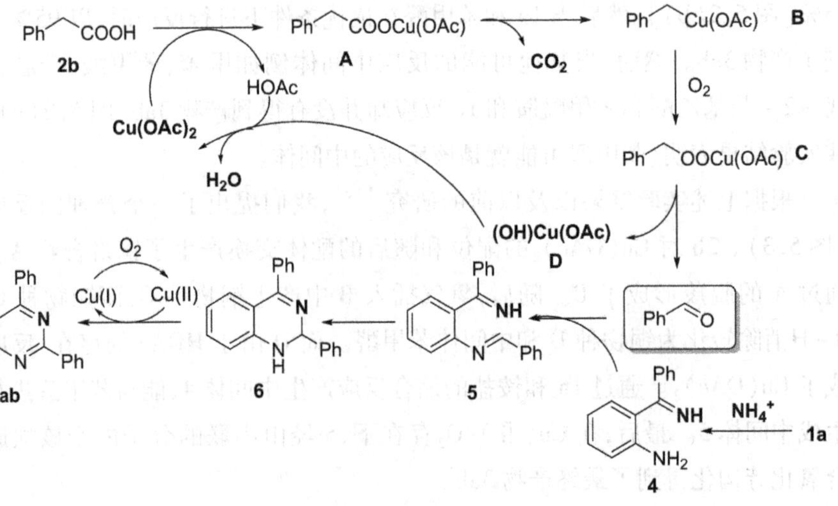

图5.3　反应机理

3　结论

总之,我们已经发展了利用铜催化芳基乙酸的需氧氧化脱羧反应构建 2 – 取代喹唑啉的新方法。与以往合成方法相比,这种方法有以下优点:①使用廉价的铜催化剂进行催化;②操作简便;③氧气作为唯一的氧化剂;④H_2O 和 CO_2 作为化学废弃物;⑤具有较为广泛的底物范围。

4　实验部分

4.1　实验试剂与仪器

除非特别说明,本实验中所有涉及的试剂和溶剂都是从化学试剂公司直接购买使用,且没有经过进一步纯化。核磁共振波谱数据主要由 Bruker AVIII – 400 核磁共振波谱仪进行测定,测定都以氘代氯仿(CDCl$_3$)为溶剂,^{1}H NMR 谱图以四甲基硅(TMS, $\delta = 0$ ppm)作为基准,^{13}C NMR 以 CDCl$_3$($\delta = 77.00$ ppm)作为基准。高分辨质谱数据(HRMS)由 Agilent 7890A GC/7200 Q – TOF 测定,色谱纯甲醇为溶剂。

4.2　2 – 取代喹唑啉的合成步骤

将底物 1(0.2 mmol),2(0.4 mmol),NH$_4$OAc(30.8 mg,0.4 mmol),Cu(OAc)$_2$(8 mg,0.04 mmol)和 NMP(1 mL)按顺序依次加入到 10 mL 具有三通阀的厚壁耐压反应管中。使用氧气球对其置换三次后,在 120 ℃下加热搅拌,并通过薄层色谱(TLC)进行监测。反应完成后,将溶液冷却至室温,并用饱和 NaHCO$_3$ 溶液猝灭。接下来用乙酸乙酯(3 × 10 mL)来萃取水层,用 Na$_2$SO$_4$ 溶液对合并的有机层进行干燥,过滤,真空浓缩。残留物通过硅胶柱层析纯化(洗脱剂:石油醚/乙酸乙酯 = 3:1)得到产物 2 – 取代喹唑啉 3。

4.3　产物表征数据

2 – (4 – 氯苯基) – 4 – 苯基喹唑啉(3aa). 产率:97%（61.4 mg）;白色固体;Mp:190 – 192 ℃;^{1}H NMR(400 MHz, CDCl$_3$):δ 8.65 (d, $J = 8.4$ Hz, 2H), 8.18 – 8.12 (m, 2H), 7.92 – 7.85 (m, 3H), 7.64 – 7.54 (m, 4H), 7.48 (d, $J = 8.4$ Hz, 2H);^{13}C NMR (100 MHz, CDCl$_3$):δ 168.7, 159.3, 151.9, 137.6, 136.9, 136.7, 133.9, 130.3, 130.21, 130.18, 129.2, 128.9, 128.7, 127.4, 127.2, 121.8.

2,4 - 二苯基喹唑啉(3ab). 产率：88% (49.6 mg)；淡黄色固体；Mp：117 - 119 ℃；^{1}H NMR (400 MHz, CDCl$_3$)：δ 8.72 - 8.68 (m, 2H), 8.18 - 8.10 (m, 2H), 7.90 - 7.85 (m, 3H), 7.62 - 7.56 (m, 3H), 7.55 - 7.47 (m, 4H)；^{13}C NMR (100 MHz, CDCl$_3$)：δ 168.5, 160.3, 152.0, 138.2, 137.8, 133.7, 130.7, 130.3, 130.1, 129.2, 128.8, 128.7, 127.15, 127.14, 121.8.

2 - (4 - 氟苯基) - 4 - 苯基喹唑啉(3ac). 产率：95% (57 mg)；白色固体；Mp：153 - 155 ℃；^{1}H NMR (400 MHz, CDCl$_3$)：δ 8.73 - 8.67 (m, 2H), 8.15 - 8.10 (m, 2H), 7.91 - 7.85 (m, 3H), 7.62 - 7.58 (m, 3H), 7.57 - 7.52 (m, 1H), 7.23 - 7.16 (m, 2H)；^{13}C NMR (100 MHz, CDCl$_3$)：δ 168.6, 164.8 (d, J_{C-F} = 248.6 Hz), 159.4, 152.0, 137.7, 134.5 (d, J_{C-F} = 2.8 Hz), 133.8, 130.9 (d, J_{C-F} = 8.6 Hz), 130.3, 130.1, 129.2, 128.7, 127.2, 126.8, 121.7, 115.6 (d, J_{C-F} = 21.3 Hz).

2 - (4 - 溴苯基) - 4 - 苯基喹唑啉(3ad). 产率：82% (59.2 mg)；白色固体；Mp：192 - 194 ℃；^{1}H NMR (400 MHz, CDCl$_3$)：δ 8.60 - 8.56 (m, 2H), 8.16 - 8.11 (m, 2H), 7.92 - 7.86 (m, 3H), 7.67 - 7.50 (m, 6H)；^{13}C NMR (100 MHz, CDCl$_3$)：δ 168.6, 159.4, 152.0, 137.6, 137.2, 133.9, 131.8, 130.4, 130.3, 130.2, 129.2, 128.7, 127.4, 127.2, 125.5, 121.9.

2 - (3 - 氯苯基) - 4 - 苯基喹唑啉(3ae). 产率：97% (61.4 mg)；白色固体；Mp：116 - 118 ℃；^{1}H NMR (400 MHz, CDCl$_3$)：δ 8.70 (s, 1H), 8.61 - 8.58 (m, 1H), 8.19 - 8.12 (m, 2H), 7.93 - 7.86 (m, 3H), 7.64 - 7.55 (m, 4H), 7.49 - 7.43 (m, 2H)；^{13}C NMR (100 MHz, CDCl$_3$)：δ 168.7, 159.0, 151.9, 137.6, 134.8, 133.9, 130.6, 130.3, 130.2, 129.9, 129.3, 128.8, 128.7, 127.6, 127.2, 126.9, 122.0.

2 - (2 - 氯苯基) - 4 - 苯基喹唑啉(3af). 产率：93% (58.8 mg)；白色固体；Mp：93 - 95 ℃；^{1}H NMR (400 MHz, CDCl$_3$)：δ 8.27 - 8.19 (m, 2H), 7.98 - 7.86 (m, 4H), 7.67 - 7.62 (m, 1H), 7.60 - 7.52 (m, 4H), 7.44 - 7.37 (m, 2H)；

^{13}C NMR（100 MHz, CDCl$_3$）：δ 168.7, 161.2, 151.2, 138.2, 137.2, 134.2, 133.2, 132.0, 130.7, 130.5, 130.4, 130.3, 128.9, 128.8, 128.1, 127.2, 127.0, 121.5.

2 - (4 - 三氟甲基苯基) - 4 - 苯基喹唑啉(3ag). 产率：99%（69.3 mg）；白色固体；mp：124 - 126 ℃；^{1}H NMR（400 MHz, CDCl$_3$）：δ 8.82（d, J = 8.0 Hz, 2H）, 8.21(d, J = 8.4 Hz, 1H), 8.15（dd, J_1 = 8.4 Hz, J_2 = 0.8 Hz, 1H）, 7.95 - 7.87（m, 3H）, 7.77（d, J = 8.4 Hz, 2H）, 7.55 - 7.47（m, 4H）；^{13}C NMR（100 MHz, CDCl$_3$）：δ 168.9, 158.8, 151.7, 141.4, 137.5, 134.1, 132.2（q, J_{C-F} = 32 Hz）, 130.3, 129.2, 129.1, 128.8, 127.8, 127.3, 125.7, 125.6（q, J_{C-F} = 3.6Hz）, 124.4（q, J_{C-F} = 270.6 Hz）, 122.0.

2 - (4 - 氰基苯基) - 4 - 苯基喹唑啉(3ah). 产率：75%（46.0 mg）；白色固体；Mp：197 - 199 ℃；^{1}H NMR（400 MHz, CDCl$_3$）：δ 8.81（dd, J_1 = 6.8 Hz, J_2 = 2.0 Hz, 2H）, 8.19 - 8.15（m, 2H）, 7.96 - 7.91（m, 1H）, 7.89 - 7.86（m, 2H）, 7.82 - 7.78（m, 2H）, 7.64 - 7.59（m, 4H）；^{13}C NMR（100 MHz, CDCl$_3$）：δ 168.8, 158.4, 151.9, 142.5, 137.4, 134.1, 132.4, 130.34, 130.29, 129.5, 129.2, 128.8, 128.1, 127.3, 122.1, 119.1, 113.9.

2 - (4 - 硝基苯基) - 4 - 苯基喹唑啉(3ai). 白色固体；产率：17%（11.0 mg）；Mp：195 - 197 ℃；^{1}H NMR（400 MHz, CDCl$_3$）：δ 8.90（d, J = 8.8 Hz, 2H）, 8.37（d, J = 9.2 Hz, 2H）, 8.23 - 8.17（m, 2H）, 7.99 - 7.93（m, 1H）, 7.91 - 7.88（m, 2H）, 7.67 - 7.61（m, 4H）；^{13}C NMR（100 MHz, CDCl$_3$）：δ 169.0, 158.1, 151.9, 149.4, 144.2, 137.4, 134.2, 130.4, 130.3, 129.7, 129.5, 128.8, 128.2, 127.3, 123.8, 122.2.

2 - (对甲苯基) - 4 - 苯基喹唑啉(3aj). 产率：89%（52.7 mg）；白色固体；Mp：166 - 168 ℃；^{1}H NMR（400 MHz, CDCl$_3$）：δ 8.59（d, J = 8.0 Hz, 2H）, 8.21（d, J = 8.4 Hz, 1H）, 8.15（d, J = 8.4 Hz, 1H）, 7.95 - 7.85（m, 3H）, 7.62 - 7.58（m, 3H）,

7.55 – 7.50（m, 1H）,7.33（d, J = 8.0 Hz, 2H）, 2.44（s, 3H）; ^{13}C NMR（100 MHz, CDCl$_3$）: δ 168.5, 160.4, 152.0, 141.0, 137.9, 135.5, 133.7, 130.3, 130.1, 129.5, 129.1, 128.8, 128.7, 127.2, 127.0, 121.7, 21.7.

2 –（间甲苯基）– 4 – 苯基喹唑啉（3ak）. 产率：85% （50.3 mg）; 白色固体; Mp: 115 – 117 ℃; ^{1}H NMR （400 MHz, CDCl$_3$）: δ 8.21 – 8.15（m, 2H）, 8.00 – 7.97 （m, 1H）, 7.94 – 7.89（m, 1H）, 7.88 – 7.84（m, 2H）, 7.62 – 7.56（m, 4H）, 7.37 – 7.32（m, 3H）, 2.67（s, 3H）; ^{13}C NMR（100 MHz, CDCl$_3$）: δ 168.3, 163.4, 151.6, 138.8, 137.57, 137.55, 133.8, 131.4, 130.9, 130.3, 130.1, 129.4, 129.1, 128.7, 127.5, 127.1, 126.1, 121.1, 21.4.

2 –（邻甲苯基）– 4 – 苯基喹唑啉（3al）. 产率：74% （43.8 mg）; 白色固体; Mp: 72 – 74 ℃; ^{1}H NMR（400 MHz, CDCl$_3$）: δ 8.22 – 8.15（m, 2H）, 7.99 – 7.97（m, 1H）, 7.94 – 7.89（m, 1H）, 7.88 – 7.84（m, 2H）, 7.62 – 7.56 （m, 4H）, 7.37 – 7.33（m, 3H）, 2.67（s, 3H）; ^{13}C NMR （100 MHz, CDCl$_3$）: δ 168.3, 163.4, 151.5, 138.7, 137.54, 137.52, 133.9, 131.4, 130.9, 130.3, 130.1, 129.5, 129.0, 128.7, 127.5, 127.1, 126.1, 121.1, 21.4.

2 –（4 – 甲氧基苯基）– 4 – 苯基喹唑啉（3am）. 产率：52%（32.4 mg）; 白色固体; Mp: 158 – 160 ℃; ^{1}H NMR （400 MHz, CDCl$_3$）: δ 8.68 – 8.65（m, 2H）, 8.14（d, J = 8.4 Hz,1H）, 8.09（dd, J_1 = 8.4 Hz, J_2 = 0.8 Hz, 1H）, 7.90 – 7.84（m, 3H）, 7.62 – 7.58（m, 3H）, 7.53 – 7.50（m, 1H）, 3.89（s, 3H）; ^{13}C NMR（100 MHz, CDCl$_3$）: δ 168.5, 162.0, 160.1, 151.8, 137.8, 133.7, 130.7, 130.6, 130.3, 130.1, 128.8, 128.7, 127.2, 126.8, 121.1, 114.0, 55.5.

2 –（萘 – 1 – 基）– 4 – 苯基喹唑啉（3an）. 产率：65% （43.2 mg）; 淡黄色固体; Mp: 171 – 173 ℃; ^{1}H NMR （400 MHz, CDCl$_3$）: δ 8.76（d, J = 8.0 Hz, 1H）, 8.35（d, J = 8.4 Hz,1H）, 8.27（dd, J_1 = 7.6 Hz, J_2 = 0.8 Hz, 1H）,

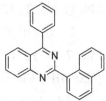

8.23（d，$J=8.0$ Hz，1H），8.01 – 7.88（m，5H），7.68 – 7.50（m，7H）；^{13}C NMR（100 MHz，CDCl$_3$）：δ 169.1，162.6，151.1，137.4，134.33，134.30，131.4，130.8，130.4，130.3，130.2，128.8，128.7，128.6，127.9，127.3，127.0，126.1，126.0，125.5，125.0，121.4。

2 –（噻吩 – 2 – 基）– 4 – 苯基喹唑啉（3ao）. 产率：80%（46.0 mg）；淡黄色固体；Mp：151 – 153 ℃；^{1}H NMR（400 MHz，CDCl$_3$）：δ 8.25 – 8.23（m，1H），8.12 – 8.06（m，2H），7.88 – 7.83（m，3H），7.61 – 7.57（m，3H），7.53 – 7.48（m，2H），7.20 – 7.17（m，1H）；^{13}C NMR（100 MHz，CDCl$_3$）：δ 168.7，157.2，151.7，144.1，137.3，134.0，130.3，130.22，130.15，129.7，128.7，128.4，127.3，126.9，121.6；HRMS（EI）：calcd for C$_{18}$H$_{12}$N$_2$S［M］$^+$ 288.0721，found 288.0710.

2 – 苯基 – 4 –（4 – 氟苯基）喹唑啉（3bb）. 产率：96%（57.6 mg）；白色固体；Mp：144 – 146 ℃；^{1}H NMR（400 MHz，CDCl$_3$）：δ 8.70 – 8.66（m，2H），8.18（d，$J=8.4$ Hz，1H），8.11 – 8.08（m，1H），7.93 – 7.87（m，3H），7.59 – 7.50（m，4H），7.32 – 7.27（m，2H）；^{13}C NMR（100 MHz，CDCl$_3$）：δ 167.4，164.1（d，$J=248.8$ Hz），160.3，152.1，138.1，133.9（d，$J=3.5$ Hz），133.8，132.4（d，$J=8.3$ Hz），130.8，129.4，128.8，128.7，127.3，126.9，121.7，115.8（d，$J=21.7$ Hz）。

2 – 苯基 – 4 –（4 – 氯苯基）喹唑啉（3cb）. 产率：93%（58.8 mg）；白色固体；Mp：151 – 153 ℃；^{1}H NMR（400 MHz，CDCl$_3$）：δ 8.69 – 8.66（m，2H），8.16（d，$J=8.4$ Hz，1H），8.16（d，$J_1=8.4$ Hz，$J_2=0.8$ Hz，1H），7.91 – 7.81（m，3H），7.59 – 7.49（m，6H）；^{13}C NMR（100 MHz，CDCl$_3$）：δ 167.2，160.3，152.1，138.1，136.4，136.2，133.9，131.7，130.8，129.4，129.0，128.8，128.7，127.4，126.7，121.6；HRMS（EI）：calcd for C$_{20}$H$_{13}$ClN$_2$［M］$^+$ 316.0767，found 316.0742.

2 – 苯基 – 4 –（4 – 溴苯基）喹唑啉（3db）. 产率：94%（67.8 mg）；白色固体；Mp：154 – 156 ℃；^{1}H NMR（400 MHz，CDCl$_3$）：δ 8.69 – 8.66（m，2H），8.16（d，$J=8.4$ Hz，1H），8.16（d，$J=8.4$ Hz，1H），7.92 – 7.87（m，1H），7.79 – 7.72

(m, 4H)，7.58－7.50（m, 4H）；^{13}C NMR（100 MHz, CDCl$_3$）：δ 167.3, 160.3, 152.1, 138.0, 136.6, 133.9, 131.94, 131.88, 130.8, 129.4, 128.8, 128.7, 127.4, 126.7, 124.8, 121.5.

2－苯基－4－(3,5－二氟苯基)喹唑啉(3eb). 产率：97% (61.7 mg)；白色固体；Mp：161－163 ℃；^{1}H NMR（400 MHz, CDCl$_3$）：δ 8.69－8.65（m, 2H），8.19（d, J = 8.4 Hz, 1H），8.08(dd, J_1 = 8.4 Hz, J_2 = 0.8 Hz, 1H)，7.95－7.90（m, 1H），7.62－7.51（m, 4H），7.44－7.41（m, 2H），7.08－7.02（m, 1H）；^{13}C NMR（100 MHz, CDCl$_3$）：δ 165.9, 163.2（dd, J_{C-F1} = 248.2 Hz, J_{C-F2} = 12.4 Hz），160.3, 152.2, 140.8（t, J_{C-F} = 9.2 Hz），137.8, 134.2, 131.0, 129.5, 128.8, 127.7, 126.3, 121.3, 113.4（dd, J_{C-F1} = 18.9 Hz, J_{C-F2} = 7.4 Hz），105.5（d, J = 25.0 Hz）；HRMS（EI）：calcd for C$_{20}$H$_{12}$F$_2$N$_2$［M］$^+$ 318.0969, found 318.0949.

2－苯基－4－(对甲苯基)喹唑啉(3fb). 产率：92% (54.5 mg)；白色固体；Mp：128－130 ℃；^{1}H NMR（400 MHz, CDCl$_3$）：δ 8.71－8.68（m, 2H），8.16－8.11（m, 2H），7.89－7.81（m, 1H），7.78（d, J = 8.0 Hz, 2H），7.55－7.48（m, 4H），7.38（d, J = 8.0 Hz, 2H），2.47（s, 3H）；^{13}C NMR（100 MHz, CDCl$_3$）：δ 168.4, 160.3, 152.0, 140.3, 138.3, 135.0, 133.6, 130.6, 130.3, 129.4, 129.1, 128.7, 128.6, 127.2, 127.0, 121.8, 21.6.

2－苯基－4－(萘－2－基)喹唑啉(3gb). 产率：93% (61.7 mg)；白色固体；Mp：164－166 ℃；^{1}H NMR（400 MHz, CDCl$_3$）：δ 8.75－8.71（m, 2H），8.34（s, 1H），8.22－8.16（m, 2H），8.07－7.94（m, 4H），7.92－7.86（m, 4H），7.62－7.50（m, 6H）；^{13}C NMR（100 MHz, CDCl$_3$）：δ 168.5, 160.3, 152.0, 138.2, 135.1, 134.1, 133.8, 133.0, 130.8, 130.5, 129.2, 128.88, 128.86, 128.7, 128.5, 128.0, 127.43, 127.36, 127.3, 127.2, 126.8, 122.0；HRMS（EI）：calcd for C$_{24}$H$_{16}$N$_2$［M］$^+$ 332.1313, found 332.1299.

2－苯基－4－甲基喹唑啉(3hb). 产率：30% (13.2 mg)；淡黄色固体；Mp：88－90 ℃；^{1}H NMR（400 MHz, CDCl$_3$）：δ 8.64－8.61（m, 2H），8.12－8.06（m, 2H），7.88－7.85（m,

1H），7.59－7.48（m，4H），3.01（s，3H）；^{13}C NMR（100 MHz，CDCl$_3$）：δ 168.6，160.2，152.2，138.2，133.8，130.6，129.2，128.8，128.7，127.1，125.1，123.1，22.2。

2－苯基－4－丁基喹唑啉(3ib). 产率：15%（7.8 mg）；淡黄色固体；Mp：45－47 ℃；^{1}H NMR（400 MHz，CDCl$_3$）：δ 8.66－8.61（m，2H），8.12－8.06（m，2H），7.85－7.81（m，1H），7.57－7.48（m，4H），3.32（t，J = 7.6 Hz，2H），2.01－1.92（m，2H），1.54（sext，J = 7.6 Hz，2H），1.02（t，J = 7.6 Hz，3H）；^{13}C NMR（100 MHz，CDCl$_3$）：δ 171.7，160.2，150.8，138.6，133.4，130.5，129.5，128.7，128.6，126.8，124.7，122.7，34.4，30.8，22.9，14.1。

2－苯基喹唑啉(3ib'). 产率：30%（12.3 mg）；淡黄色固体；Mp：97－99 ℃；^{1}H NMR（400 MHz，CDCl$_3$）：δ 9.47（s，1H），8.64－8.61（m，2H），8.10（dd，J_1 = 8.4 Hz，J_2 = 0.4 Hz,1H），7.94－7.88（m，2H），7.64－7.59（m，1H），7.56－7.50（m，3H）；^{13}C NMR（100 MHz，CDCl$_3$）：δ 161.2，160.6，150.9，138.2，134.3，130.8，128.80，128.79，128.7，127.4，127.3，123.8。

2－苯基－4－十六烷基喹唑啉（3jb). 产率：10%（8.6 mg）；淡黄色固体；Mp：66－68 ℃；^{1}H NMR（400 MHz，CDCl$_3$）：δ 8.66－8.61（m，2H），8.13－8.08（m，2H），7.87－7.82（m，1H），7.59－7.48（m，4H），3.33（t，J = 7.6 Hz,2H），1.97（quint，J = 7.6 Hz，2H），1.54－1.47（m，2H），1.44－1.36（m，2H），1.27－1.20（m，22H），0.88（t，J = 7.2 Hz，3H）；^{13}C NMR（100 MHz,CDCl$_3$）：δ 171.8，160.2，150.8，138.5，133.5，130.5，129.5，128.8，128.7，126.9，124.8，122.7，34.8，32.1，29.85，29.83，29.75，29.68,29.5，28.8，22.8，14.3。

2－苯基喹唑啉(3jb'). 产率：35%（14.4 mg）；淡黄色固体；Mp：97－99 ℃；^{1}H NMR（400 MHz，CDCl$_3$）：δ 9.47（s，1H），8.64－8.61（m，2H），8.10（dd，J_1 = 8.4 Hz，J_2 = 0.4 Hz,1H），7.94－7.88（m，2H），7.64－7.59（m，1H），7.56－7.50（m，3H）；^{13}C NMR（100 MHz，CDCl$_3$）：δ 161.2，160.6，150.9，138.2，134.3，130.8，128.80，128.79，128.7，127.4，127.3，123.8。

2－苯基－4－异丙基喹唑啉(3kb). 产率：85%（42.1 mg）；淡黄色固体；Mp：

64－66 ℃；^{1}H NMR (400 MHz, CDCl$_3$)：δ 8.71－8.68 (m, 2H)，8.14－8.09 (m, 2H)，7.84－7.79 (m, 1H)，7.56－7.48 (m, 4H)，3.93 (heptet, J = 7.2 Hz, 1H)，1.50 (d, J = 7.2 Hz, 6H)；^{13}C NMR (100 MHz, CDCl$_3$)：δ 175.8, 160.0, 150.8, 138.5, 133.3, 130.6, 129.5, 128.6, 128.6, 126.8, 124.2, 121.8, 31.4, 21.9.

2－苯基－4－叔丁基喹唑啉(3lb). 产率：80% (41.9 mg)；淡黄色固体；Mp：70－72 ℃；^{1}H NMR (400 MHz, CDCl$_3$)：δ 8.70－8.67 (m, 2H)，8.46－8.43 (m, 1H)，8.13 (d, J = 8.4 Hz, 1H)，7.83－7.78 (m, 1H)，7.56－7.48 (m, 4H)，1.72(s, 9H)；^{13}C NMR (100 MHz, CDCl$_3$)：δ 176.6, 159.0, 152.1, 138.6, 132.5, 130.5, 130.4, 128.7, 128.6, 126.7, 125.8, 121.7, 40.7, 30.8.

2－苯基－4－环丙基喹唑啉(3mb). 产率：90% (44.3 mg)；淡黄色固体；Mp：103－105 ℃；^{1}H NMR (400 MHz, CDCl$_3$)：δ 8.61－8.58 (m, 2H)，8.30－8.27 (m, 1H)，8.08 (d, J = 8.4 Hz, 1H)，7.87－7.82 (m, 1H)，7.60－7.55 (m, 1H)，7.53－7.46 (m, 3H)，2.84－2.77 (m, 1H)，1.58－1.53 (m, 2H)，1.28－1.23 (m, 2H)；^{13}C NMR (100 MHz, CDCl$_3$)：δ 172.8, 159.9, 150.2, 138.4, 133.5, 130.6, 129.2, 128.7, 128.6, 126.8, 124.5, 123.1, 29.8, 13.2, 12.4.

2－苯基－4－环戊基喹唑啉(3nb). 产率：85% (46.6 mg)；淡黄色固体；Mp：79－81 ℃；^{1}H NMR (400 MHz, CDCl$_3$)：δ 8.68－8.65 (m, 2H)，8.18－8.15 (m, 1H)，8.07 (d, J = 8.0 Hz, 1H)，7.85－7.80 (m, 1H)，7.58－7.47 (m, 4H)，4.09－4.04 (m, 1H)，2.25－2.14 (m, 2H)，2.00－1.95 (m, 2H)，1.85－1.80(m, 2H)；^{13}C NMR (100 MHz, CDCl$_3$)：δ 174.5, 160.0, 151.0, 138.8, 133.1, 130.4, 129.5, 128.7, 128.6, 126.6, 124.7, 122.6, 42.7, 32.7, 26.4.

2,4－二苯基－6－氯喹唑啉 (3ob). 产率：80% (50.6 mg)；淡黄色固体；Mp：190－192 ℃；^{1}H NMR (400 MHz, CDCl$_3$)：δ 8.69－8.66 (m, 2H)，8.12－8.08 (m, 2H)，7.88－7.84 (m, 2H)，7.82－7.79 (m, 1H)，7.63－7.59 (m, 3H)，7.56－7.49 (m, 3H)，2.25－2.14 (m, 2H)，2.00－1.95 (m, 2H)，1.85－1.80 (m, 2H)；^{13}C NMR (100 MHz, CDCl$_3$)：δ 167.7, 160.5, 150.5, 137.8, 137.2, 134.7, 132.8, 130.96, 130.93, 130.4, 130.2, 128.9, 128.8,

128.7, 125.9, 122.3.

2,4 - 二苯基 - 6 - 硝基喹唑啉（3pb）. 产率：33%
(21.6 mg)；淡黄色固体；Mp：248 - 250 ℃；^{1}H NMR（400
MHz, CDCl$_3$）：δ 9.07（d, J = 2.5 Hz, 1H），8.76 - 8.73
（m, 2H），8.68 - 8.63（m, 1H），8.29（d, J = 9.2 Hz,
1H），7.94 - 7.90（m, 2H），7.69 - 7.67（m, 3H），7.58 - 7.55（m, 3H）；
^{13}C NMR（100 MHz, CDCl$_3$）：δ 170.7, 163.0, 154.5, 145.6, 137.1, 136.5,
132.0, 131.2, 131.1, 130.4, 129.4, 129.2, 128.9, 127.2, 124.4, 120.6.

参考文献

[1] Song Q, Feng Q, Zhou M, et al. Copper - catalyzed oxidative decarboxylative arylation of benzothiazoles withphenylacetic acids and α - hydroxyphenylacetic acids with O$_2$ as the sole oxidant[J]. Organic Letters, 2013, 15 (23)：5990 - 5993.

[2] Song Q, Feng Q, Yang K, et al. Synthesis of primary amides via copper - catalyzed aerobic decarboxylative ammoxidation of phenylacetic acids and α - hydroxyphenylacetic acids with ammonia in water[J]. Organic Letters, 2014, 16 (2)：624 - 627.

[3] Feng Q, Song Q. Copper - Catalyzed Decarboxylative CN Triple Bond Formation：Direct Synthesis of Benzonitriles from Phenylacetic Acids Under O$_2$ Atmosphere[J]. Advanced Synthesis & Catalysis, 2014, 356(8)：1697 - 1702.

[4] Guntreddi T, Vanjari R, Singh K N. Decarboxylative Thioamidation of Arylacetic and Cinnamic Acids：A New Approach to Thioamides[J]. Organic Letters, 2014, 16(14)：3624 - 3627.

[5] Chen X, Chen T, Ji F, et al. Iron - catalyzed aerobic oxidative functionalization of sp^3 C—H bonds：a versatile strategy for the construction of N - heterocycles[J]. Catalysis Science & Technology, 2015, 5(4)：2197 - 2202.

[6] Yan Y, Shi M, Niu B, et al. Copper - catalyzed aerobic oxidative decarboxylative amination of arylacetic acids：a facile access to 2 - arylquinazolines[J]. RSC Advances, 2016, 6(42)：36192 - 36197.

第六章 氯二氟乙酸钠作碳合成子构建含氮杂环

1 引言

在有机合成中,氯二氟乙酸钠(ClCF$_2$COONa)通过 C—Cl 和 C—C 键断裂,被广泛用作二氟卡宾的等价物。尽管 ClCF$_2$COONa 在二氟甲基化反应方面取得了很大进展[图 6.1(a)][1-5],但其通过 C—F/C—Cl/C—C 裂解作为碳合成子的研究极少。最近,宋秋玲课题组发展了一种以 ClCF$_2$COONa 为甲酰化试剂,经四个化学键裂解的伯胺 N – 甲酰化反应[图 6.1(b)][6]。反应一步构建了一个 C—N 键和一个 C—O 键,在无过渡金属的条件下合成了一系列甲酰胺。因此,用 ClCF$_2$COONa 作为新型碳合成子构建含氮杂环化合物是一种可行的策略。

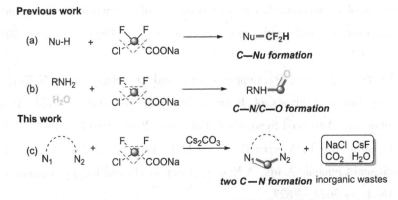

图 6.1 ClCF$_2$COONa 作碳合成子构建高价值化合物

本章中,我们发展了在无过渡金属和无外加氧化剂的条件下含有两个氮亲核位点的底物与 ClCF$_2$COONa 的新型绿色环化反应[图 6.1(c)],以中等至良好的产率合成了一系列含氮杂环化合物如 1,3,5 – 三嗪类化合物和喹唑啉酮[7]。通过两个 C—F 键、一个 C—Cl 键和一个 C—C 键的断裂,反应一步构建了两个 C—N 键。该方法避免了过渡金属和氧化剂的使用,仅产生了低毒的无机废弃物。

2 结果与讨论

2.1 反应条件优化

最初,我们以 0.8 mmol Na$_2$CO$_3$ 为碱,0.4 mmol 苯甲脒盐酸盐(1a)和 0.4 mmol氯二氟乙酸钠(2a)的模型反应开始研究,当反应混合物在 120 ℃ 下在 1 mLCH$_3$CN 中加热 24 h 后,以83%的分离产率获得 2,4 - 二苯基 - 1,3,5 - 三嗪(3a)(表6.1,条件1)。当以不同的碳酸盐如 K$_2$CO$_3$ 和 Cs$_2$CO$_3$ 为碱时,Cs$_2$CO$_3$ 的产率最高为96%(表6.1,条件2~3)。此外我们还研究了溶剂效应,结果发现在该反应中 CH$_3$CN 是最佳溶剂(表6.1,条件4~8)。降低反应浓度导致产率显著降低(表6.1,条件9)。此外,当反应温度从 120 ℃ 降至 100 ℃ 或 80 ℃ 时,反应产率略有下降(表6.1,条件10~11)。因此,最佳反应条件如表6.1中条件3所示。

表 6.1　反应条件优化[a]

条件	碱	溶剂	温度(℃)	产率(%)[b]
1	Na$_2$CO$_3$	CH$_3$CN	120	83
2	K$_2$CO$_3$	CH$_3$CN	120	78
3	Cs$_2$CO$_3$	CH$_3$CN	120	96
4	Cs$_2$CO$_3$	EtOH	120	20
5	Cs$_2$CO$_3$	H$_2$O	120	n.d.
6	Cs$_2$CO$_3$	DMSO	120	68
7	Cs$_2$CO$_3$	DMF	120	72
8	Cs$_2$CO$_3$	CH$_3$CN/H$_2$O[c]	120	44
9	Cs$_2$CO$_3$	CH$_3$CN[d]	120	55
10	Cs$_2$CO$_3$	CH$_3$CN	100	93
11	Cs$_2$CO$_3$	CH$_3$CN	80	92

[a]反应条件:1a (0.4 mmol), 2a (0.4 mmol), 碱 (0.8 mmol), 溶剂 (1 mL), 24 h. [b]分离产率. [c]0.5 mL CH$_3$CN 和 0.5 mL H$_2$O. [d]2 mL CH$_3$CN.

2.2　对称 2,4 - 二取代 - 1,3,5 - 三嗪的合成

在最佳反应条件下,我们采用不同的脒 1 合成了对称的 2,4 - 二取代 - 1,3, 5 - 三嗪(图 6.2)。首先,各种芳基甲脒 1a - 1m 能以 50% ~ 96% 的产率生成所需的对称 2,4 - 二芳基 - 1,3,5 - 三嗪 3a - 3m。苯环上含有吸电子基团(CF₃、F 或 Cl)的芳基甲脒比含给电子基团(OMe)的芳基甲脒产率更高。此外,反应没有观察到明显的空间位阻效应。3 - 吡啶甲脒(1n)和环丙烷甲脒(1o)也分别以 21% 和 52% 的产率得到了所需的产物 3n 和 3o。值得注意的是,F、Cl 和 Br 在这些反应中都一直存在,这为进一步的衍生化提供了可能。与以往的方法相比,该方法的产物产率更高,尤其对于缺电子的芳基甲脒底物 3d - 3f。

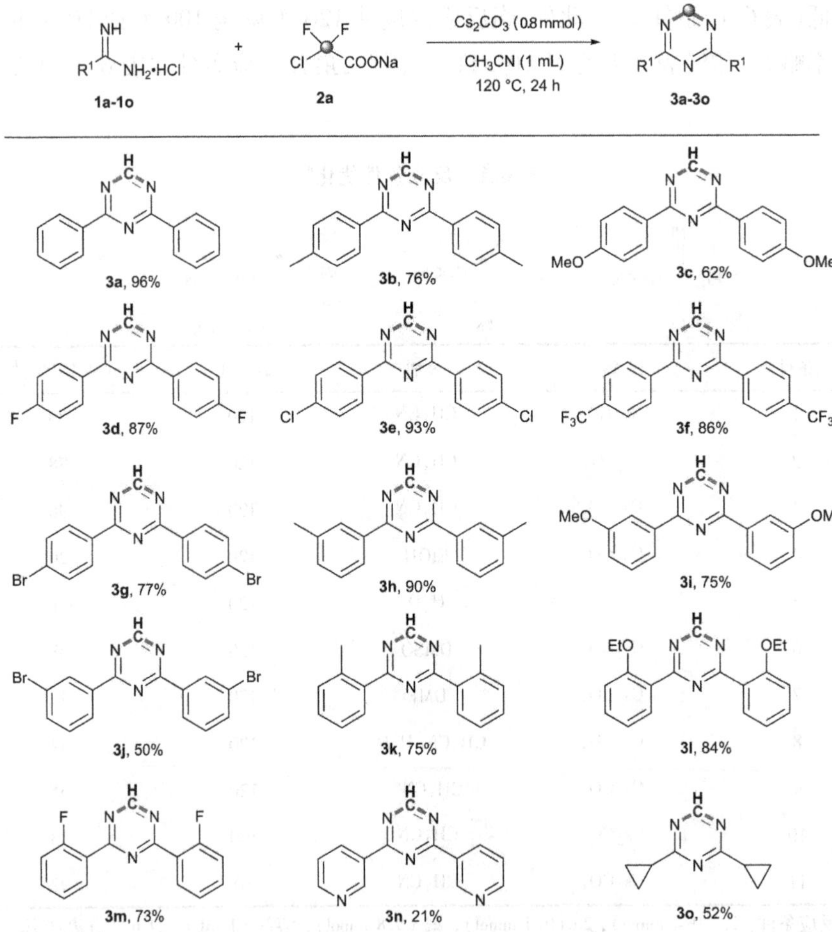

图 6.2　对称 2,4 - 二取代 1,3,5 - 三嗪的合成[a]

[a] 反应条件:1 (0.4 mmol), 2a (0.4 mmol), Cs₂CO₃ (0.8 mmol), CH₃CN (1 mL), 120 ℃,24 h; 分离产率.

2.3　非对称2,4-二取代-1,3,5-三嗪的合成

随后,我们以两种不同的脒为原料合成了非对称的2,4-二取代1,3,5-三嗪(图6.3)。为了提高非对称2,4-二取代1,3,5-三嗪的收率,我们对两种脒的摩尔比进行了优化。令我们高兴的是,0.8 mmol 的苯甲脒(1a)和 0.2 mmol 的4-甲氧基苯甲脒(1c)反应以60%产率得到了非对称产物3p,同时以54%产率得到了对称产物3a。当1h、1d、1e 或 1g 分别代替 1a 作底物时,所得非对称产物3q、3r、3s 或 3t 的产率分别为58%、61%、74%和45%。同时,以40%~56%的产率均得到了对称产物。同样,当用1i、1p 或 1o 代替 1c 作底物时,非对称产物3u、3v 或 3w 的产率分别为47%、33%和40%。

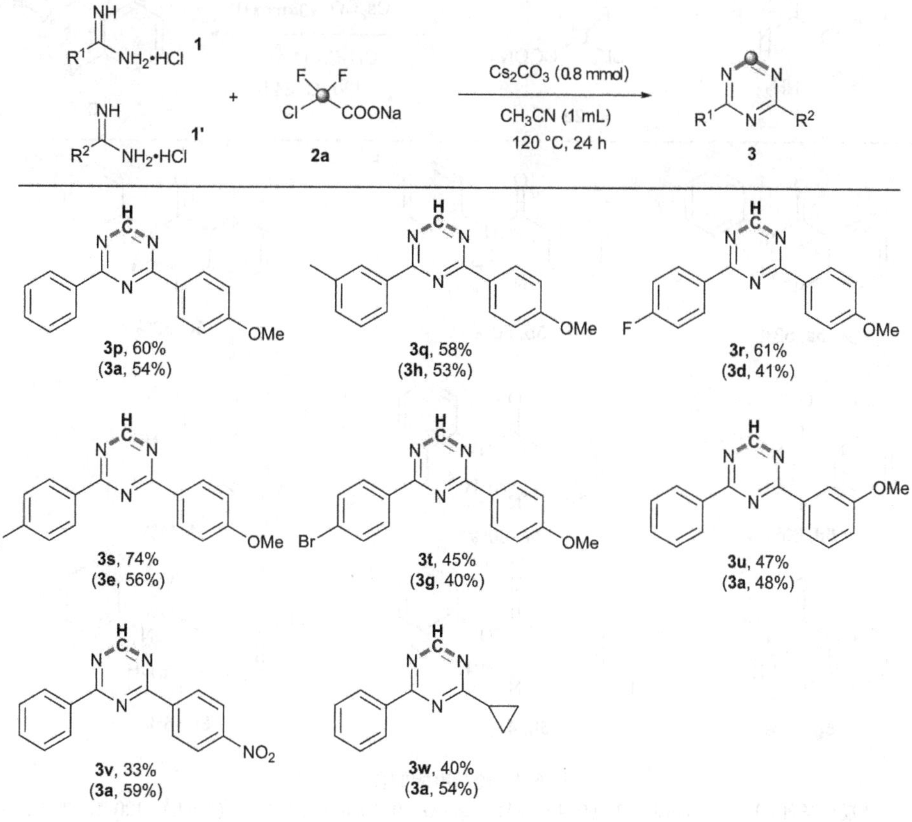

图6.3　非对称2,4-二取代1,3,5-三嗪的合成[a]

[a]反应条件:1 (0.2 mmol),1' (0.8 mmol),2a (0.4 mmol),Cs₂CO₃(0.8 mmol),CH₃CN (1 mL),120 ℃,24 h;分离产率.

2.4　喹唑啉酮的合成

喹唑啉酮也是一类有重要价值的含氮杂环化合物,广泛存在于许多天然产

物和药物中[8-10]。近年来,有机化学家对喹唑啉酮的合成及生物活性进行了大量的研究[11-17]。因此,我们期望利用氯二氟乙酸钠这种新型碳合成子来实现喹唑啉酮的合成(图 6.4)。令我们高兴的是,在标准条件下,2 - 氨基 - N - 苯基苯甲酰胺(4a)与氯二氟乙酸钠的反应得到了期望的 3 - 苯基喹唑啉 - 4(3H) - 酮(5a),分离产率为 58%。类似地,各种 N - 芳基或烷基取代的 2 - 氨基苯甲酰胺也能以中等产率合成相应的产物 5b - 5g。另外,2 - 氨基 - 4 - 氯 - N - 苯基苯甲酰胺(4h)和 2 - 氨基 - 5 - 氯 - N - 苯基苯甲酰胺(4i)也适用于这个反应,产率分别为 43% 和 45%。

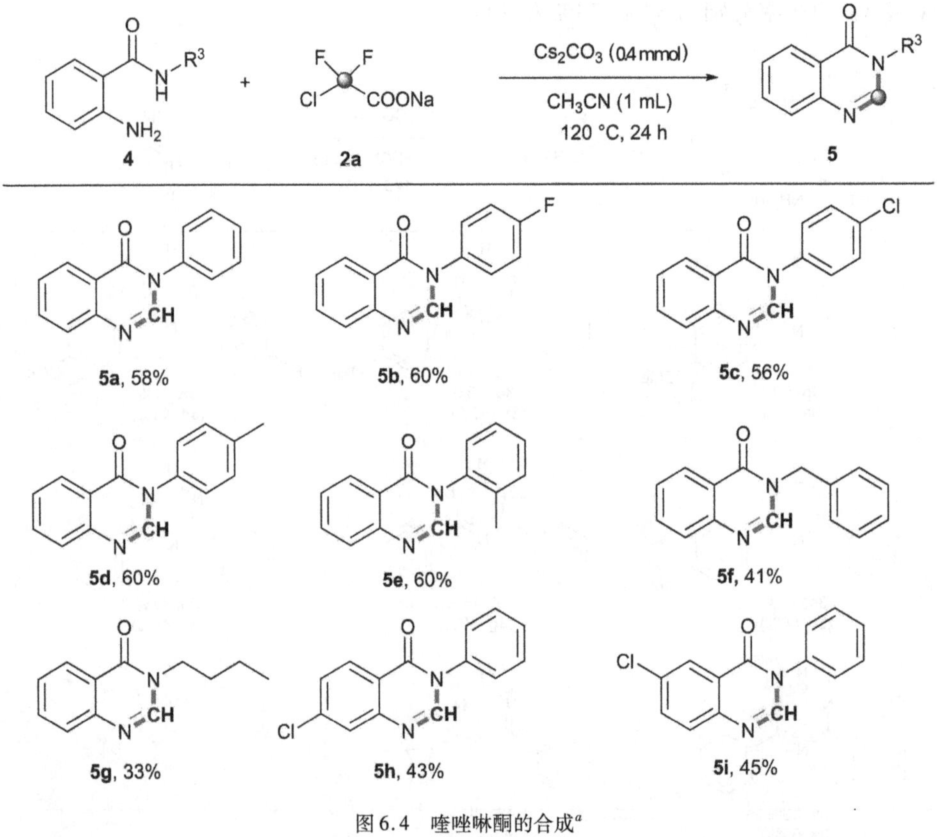

图 6.4　喹唑啉酮的合成[a]

[a] 反应条件:1 (0.2 mmol),2a (0.4 mmol),Cs₂CO₃(0.4 mmol),CH₃CN (1 mL),120 ℃,24 h;分离产率.

2.5　反应机理

为了深入了解反应机理,我们进行了几个控制实验(图 6.5)。首先,在自由基抑制剂 2,2,6,6 - 四甲基 - 1 - 哌啶氧基(TEMPO)的存在下,反应仍能以 45% 的产率获得 3a,并且 LC - MS 未检测到任何 TEMPO 的自由基捕获产物

[图6.5(a)],这表明该反应可能不经历自由基途径。当在模型反应中加入0.8 mmol的2-甲基-1H-苯并[d]咪唑时,我们用气相色谱-质谱联用(GC-MS)检测到了其与二氟卡宾的加合物,证明了反应中生成了二氟卡宾[图6.5(b)]。当使用另一种二氟卡宾等价物 BrCF$_2$COOEt 代替 ClCF$_2$COONa 时,反应也能以80%的产率得到所需产物,这证明杂环的额外碳原子可能来自 CF$_2$基团[图6.5(c)]。当模型反应中加入0.8 mmol 重水时,产物中的 H 与 D 之比为57:43[图6.5(d)]。这一结果表明,与 C6 相连的氢原子可能来源于底物1(或4)和体系残留的微量水,它们两者的氢交换可导致不同来源氢原子的引入。最后,为了验证该方法的实用性,我们进行了放大量实验。在80 ℃下,当1a 使用量从0.4 mmol 增加到10 mmol 时,3a 的分离产率为88%[图6.5(e)]。

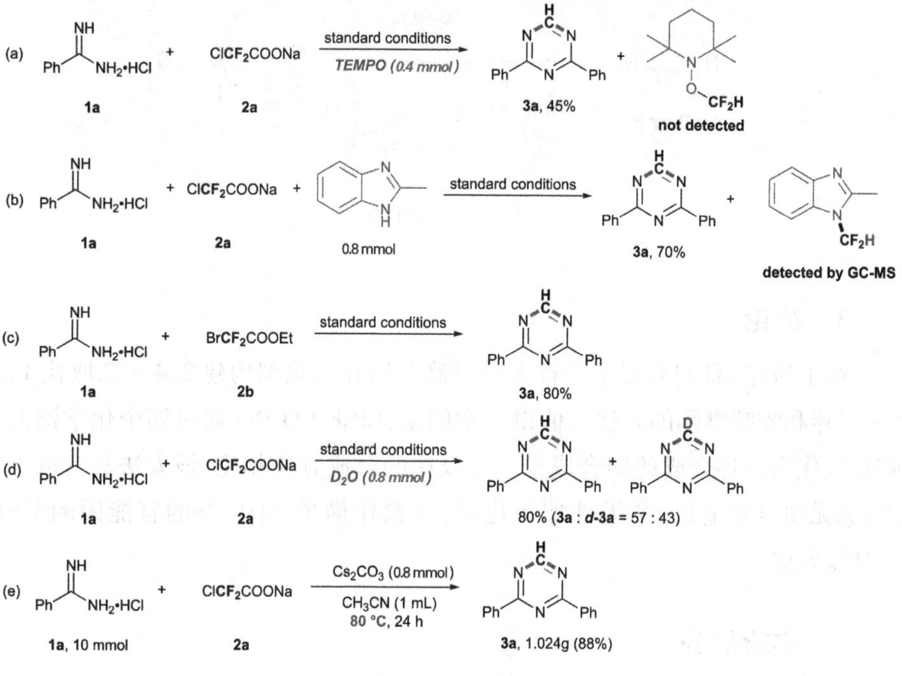

图6.5 控制实验

根据上述实验结果和之前的研究,我们提出了一个合理的反应机理(图6.6)[1-6,18,19]。首先,ClCF$_2$COONa 通过碱促进的 C—Cl/C—C 解离生成二氟卡宾 A,然后二氟卡宾插入底物1或4的 N—H 键生成一个中间体 B,在碱性条件下继续脱氟生成一个活性中间体 C。最后,通过分子内亲核芳香取代(S$_N$Ar)形成相应的产物3或5。总之,在这个反应中,碱对 ClCF$_2$COONa 的 C—

F/C—Cl/C—C 裂解起着重要作用。

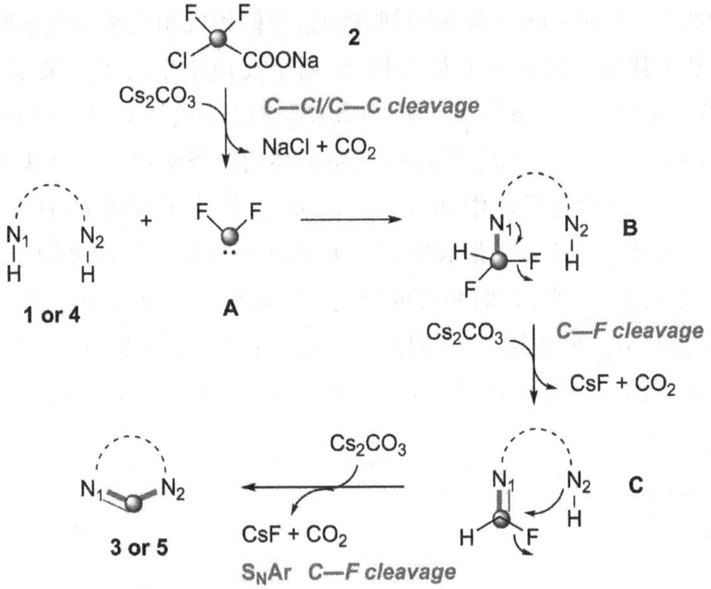

图6.6 反应机理

3 结论

综上所述,我们发展了一种无需过渡金属和氧化剂构建 2,4 - 二取代 1,3,5 - 三嗪和喹唑啉酮的方法。值得注意的是,$ClCF_2COONa$ 通过四个化学键的裂解首次作为杂环合成的碳合成子。与以往的合成方法相比,该方法具有以下特点:①无须过渡金属;②无外加氧化剂;③操作简单;④良好的官能团耐受性;⑤环境友好。

4 实验部分

4.1 实验试剂与仪器

除另有说明外,所有商用试剂和溶剂均未经进一步纯化而直接使用。H 谱和 C 谱采用 Bruker Ascend™ 600 超导核磁波谱仪测定,化学位移分别以 $CDCl_3$ 或 DMSO $- d^6$ 中 TMS($\delta = 0$ ppm)和 $CDCl_3$($\delta = 77.00$ ppm)或 DMSO $- d^6$($\delta = 39.6$ ppm)作基准。MS 采用 AB SCIEX QTRAP 5500 LC - MS/MS 测定。熔点则是通过 Hanon MP430 自动熔点仪测量。

4.2 对称2,4-二取代-1,3,5-三嗪的合成步骤

在10 mL反应管中依次加入脒1(0.4 mmol)、$ClCF_2COONa$(0.4 mmol)和Cs_2CO_3(0.8 mmol),再加入溶剂CH_3CN(1 mL),反应混合物在120 ℃下加热搅拌24 h。随后将溶液冷却至室温,用水淬灭,再用乙酸乙酯萃取(3×10 mL)。合并的有机相用无水硫酸钠干燥,过滤,减压浓缩,残留物用硅胶柱层析法纯化得到对称2,4-二取代-1,3,5-三嗪。

4.3 非对称2,4-二取代-1,3,5-三嗪的合成步骤

在10 mL反应管中依次加入脒1(0.2 mmol)、脒1'(0.8 mmol)、$ClCF_2COONa$(0.4 mmol)和Cs_2CO_3(0.8 mmol),再加入溶剂CH_3CN(1 mL),反应混合物在120 ℃下加热搅拌24 h。随后将溶液冷却至室温,用水淬灭,再用乙酸乙酯萃取(3×10 mL)。合并的有机相用无水硫酸钠干燥,过滤,减压浓缩,残留物用硅胶柱层析法纯化得到非对称2,4-二取代-1,3,5-三嗪。

4.4 喹唑啉酮的合成步骤

在10 mL反应管中依次加入邻氨基苯甲酰胺4(0.2 mmol)、$ClCF_2COONa$(0.4 mmol)和Cs_2CO_3(0.4 mmol),再加入溶剂CH_3CN(1 mL),反应混合物在120 ℃下加热搅拌24 h。随后将溶液冷却至室温,用水淬灭,再用乙酸乙酯萃取(3×10 mL)。合并的有机相用无水硫酸钠干燥,过滤,减压浓缩,残留物用硅胶柱层析法纯化得到喹唑啉酮。

4.5 2,4-二苯基-1,3,5-三嗪克级规模合成

在50 mL圆底烧瓶中依次加入苄脒盐酸盐(10 mmol)、$ClCF_2COONa$(10 mmol)和Cs_2CO_3(20 mmol),再加入溶剂CH_3CN(25 mL),反应混合物在80 ℃下加热搅拌24 h。随后将溶液冷却至室温,减压除去大量溶剂,然后用水淬灭,再用乙酸乙酯萃取(3×30 mL)。合并的有机相用无水硫酸钠干燥,过滤,减压浓缩,残留物用硅胶柱层析法纯化得到2,4-二苯基-1,3,5-三嗪(白色固体,1.024 g,产率88%)。

4.6 产物表征数据

2,4-二苯基-1,3,5-三嗪(3a):44.7 mg(96%);淡黄色固体;Mp:74-75 ℃;^1H NMR (600 MHz, $CDCl_3$):δ 9.26 (s, 1H), 8.66-8.63 (m, 4H), 7.63-7.59 (m, 2H), 7.57-7.54 (m, 4H);^{13}C NMR (150 MHz, $CDCl_3$):δ 171.3, 166.7, 135.5, 132.8, 128.9, 128.7。

2,4-二(对甲苯基)-1,3,5-三嗪(3b)：39.7 mg（76%）；白色固体；Mp：159-161 ℃；^{1}H NMR（600 MHz, CDCl$_3$）：δ 9.19（s, 1H）, 8.52（d, $J=8.2$ Hz, 4H）, 7.34（d, $J=8.0$ Hz, 4H）, 2.46（s, 6H）；^{13}C NMR（150 MHz, CDCl$_3$）：δ 171.1, 166.3, 143.5, 1328, 129.5, 128.9, 21.7.

2,4-二(4-甲氧基苯基)-1,3,5-三嗪（3c）：36.3 mg（62%）；白色固体；Mp：158-160 ℃；^{1}H NMR（600 MHz, CDCl$_3$）：δ 9.11（s, 1H）, 8.59-8.57（m, 4H）, 7.04-7.02（m, 4H）, 3.91（s, 6H）；^{13}C NMR（150 MHz, CDCl$_3$）：δ 170.5, 166.3, 163.4, 130.7, 128.1, 114.0, 55.4.

2,4-二(4-氟苯基)-1,3,5-三嗪（3d）：46.8 mg（87%）；白色固体；Mp：154-156 ℃；^{1}H NMR（600 MHz, CDCl$_3$）：δ 9.18（s, 1H）, 8.64-8.61（m, 4H）, 7.23-7.19（m, 4H）；^{13}C NMR（150 MHz, CDCl$_3$）：δ 170.3, 166.6, 165.9（d, $J=252.6$ Hz）, 131.5（d, $J=2.7$ Hz）, 131.2（d, $J=9.2$ Hz）, 115.9（d, $J=21.8$ Hz）.

2,4-二(4-氯苯基)-1,3,5-三嗪（3e）：56.2 mg（93%）；白色固体；Mp：189-191 ℃；^{1}H NMR（600 MHz, CDCl$_3$）：δ 9.23（s, 1H）, 8.56（d, $J=8.1$ Hz, 4H）, 7.51（d, $J=8.1$ Hz, 4H）；^{13}C NMR（150 MHz, CDCl$_3$）：δ 170.5, 166.8, 139.3, 133.8, 130.2, 129.1.

2,4-二(4-三氟甲基苯基)-1,3,5-三嗪（3f）：63.4 mg（86%）；白色固体；Mp：151-153 ℃；^{1}H NMR（600 MHz, CDCl$_3$）：δ 9.34（s, 1H）, 8.75（d, $J=8.2$ Hz, 4H）, 7.82（d, $J=8.2$ Hz, 4H）；^{13}C NMR（150 MHz, CDCl$_3$）：δ 170.4, 167.1, 138.4, 134.4（q, $J=32.6$ Hz）, 129.3, 125.8（q, $J=3.5$ Hz）, 123.8（q, $J=270.9$ Hz）.

2,4-二(4-溴苯基)-1,3,5-三嗪（3g）：60.2 mg（77%）；白色固体；Mp：195-197 ℃；^{1}H NMR（600 MHz, CDCl$_3$）：δ 9.23（s, 1H）, 8.48（d, $J=8.5$ Hz, 4H）, 7.68（d, $J=8.5$ Hz, 4H）；^{13}C NMR（150 MHz, CDCl$_3$）：δ 170.6, 166.8, 134.3, 132.1, 130.4, 128.1.

2,4 - 二(间甲苯基) - 1,3,5 - 三嗪(3h)：46.9 mg
（90%）；白色固体；Mp：87 - 89 ℃；^{1}H NMR
（600 MHz，CDCl$_3$）：δ 9.23（s，1H），8.45 - 8.43（m，
4H），7.46 - 7.40（m，4H），2.49（s，6H）；^{13}C NMR（150 MHz，CDCl$_3$）：
δ 171.4，166.5，138.5，135.4，133.6，129.3，128.7，126.1，21.5。

2,4 - 二(3 - 甲氧基苯基) - 1,3,5 - 三嗪
(3i)：43.9 mg（75%）；白色固体；Mp：109 -
110 ℃；^{1}H NMR（600 MHz，CDCl$_3$）：δ 9.25（s，
1H），8.24（d，$J = 7.8$ Hz，2H），8.16（s，2H），7.46（t，$J = 7.8$ Hz，2H），
7.15（dd，$J_1 = 8.0$ Hz，$J_2 = 1.9$ Hz，2H），3.94（s，6H）；^{13}C NMR（150 MHz，
CDCl$_3$）：δ 171.1，166.6，159.9，136.9，129.8，121.4，119.2，113.3，55.4。

2,4 - 二(3 - 溴苯基) - 1,3,5 - 三嗪(3j)：
39.1 mg（50%）；白色固体；Mp：182 - 183 ℃；^{1}H
NMR（600 MHz，CDCl$_3$）：δ 9.27（s，1H），8.76（t，
$J = 1.5$ Hz，2H），8.56（d，$J = 7.8$ Hz，2H），7.74（dd，$J_1 = 7.9$ Hz，$J_2 = 1.0$
Hz，2H），7.44（t，$J = 7.9$ Hz，2H）；^{13}C NMR（150 MHz，CDCl$_3$）：δ 170.3，
166.9，137.3，135.9，131.8，130.3，127.5，123.1。

2,4 - 二(邻甲苯基) - 1,3,5 - 三嗪(3k)：39.2 mg
（75%）；淡黄色油状液体；^{1}H NMR（600 MHz，CDCl$_3$）：
δ 9.32（s，1H），8.15（dd，$J_1 = 7.7$ Hz，$J_2 = 0.7$ Hz，2H），
7.43（td，$J_1 = 7.4$ Hz，$J_2 = 1.1$ Hz，2H），7.36 - 7.31（m，4H），2.72（s，6H）；
^{13}C NMR（150 MHz，CDCl$_3$）：δ 173.8，165.6，138.9，135.4，131.8，131.2，
131.1，126.1，22.0。

2,4 - 二(2 - 乙氧基苯基) - 1,3,5 - 三嗪(3l)：
54.0 mg（84%）；无色油状液体；^{1}H NMR（600 MHz，
CDCl$_3$）：δ 9.32（s，1H），7.99（dd，$J_1 = 7.7$ Hz，$J_2 = $
1.8 Hz，2H），7.48 - 7.44（m，2H），7.07（td，$J_1 = 7.5$ Hz，$J_2 = 0.8$ Hz，2H），
7.04（d，$J = 8.4$ Hz，2H），4.16（q，$J = 7.0$ Hz，4H），1.44（t，$J = 7.0$ Hz，
6H）；^{13}C NMR（150 MHz，CDCl$_3$）：δ 172.6，165.4，158.0，132.5，132.2，
126.2，120.5，113.4，64.5，14.7。

2,4 - 二(2 - 氟苯基) - 1,3,5 - 三嗪(3m)：39.2 mg（73%）；白色固体；
Mp：63 - 65 ℃；^{1}H NMR（600 MHz，CDCl$_3$）：δ 9.39（s，1H），8.36（td，$J_1 = $

7.7 Hz, $J_2 = 1.7$ Hz, 2H), 7.58 – 7.54 (m, 2H), 7.34 –
7.30 (m, 2H), 7.27 – 7.23 (m, 2H); ^{13}C NMR (150 MHz,
CDCl$_3$): δ 170.4 (d, $J = 5.1$ Hz), 166.5, 162.2 (d, $J =$
258.3 Hz), 134.0 (d, $J = 9.3$ Hz), 132.2, 124.4 (d, $J = 3.8$ Hz), 124.0 (d,
$J = 7.8$ Hz), 117.3 (d, $J = 22.4$ Hz).

2,4 – 二(吡啶 – 3 – 基) – 1,3,5 – 三嗪(3n): 9.9 mg
(21%); 淡黄色固体; Mp: 181 – 183 ℃; ^{1}H NMR
(600 MHz, CDCl$_3$): δ 9.83 (s, 2H), 9.34 (s, 1H), 8.89
(d, $J = 7.8$ Hz, 2H), 8.87 (d, $J = 3.3$ Hz, 2H), 7.54 – 7.51 (dd, $J_1 = 7.4$ Hz,
$J_2 = 4.9$ Hz, 2H); ^{13}C NMR (150 MHz, CDCl$_3$): δ 170.0, 167.0, 153.1, 150.1,
136.5, 131.0, 123.8.

2,4 – 二环丙基 – 1,3,5 – 三嗪(3o): 16.9 mg (52%);淡
黄色油状液体; ^{1}H NMR (600 MHz, CDCl$_3$): δ 8.71 (s, 1H),
2.12 – 2.07 (m, 2H), 1.23 – 1.19 (m, 4H), 1.15 – 1.11 (m,
4H); ^{13}C NMR (150 MHz, CDCl$_3$): δ 179.6, 164.6, 17.7, 12.0.

2 – 苯基 – 4 – (4 – 甲氧基苯基) – 1,3,5 – 三嗪
(3p): 31.5 mg (60%); 白色固体; Mp: 107 – 109 ℃;
^{1}H NMR (600 MHz, CDCl$_3$): δ 9.18 (s, 1H), 8.63 –
8.59 (m, 4H), 7.61 – 7.58 (m, 1H), 7.56 – 7.53 (m, 2H), 7.05 – 7.02 (m,
2H), 3.91 (s, 3H); ^{13}C NMR (150 MHz, CDCl$_3$): δ 171.0, 170.8, 166.5,
163.6, 135.7, 132.7, 130.8, 128.8, 128.7, 127.9, 114.1, 55.5.

2 – (间甲苯基) – 4 – (4 – 甲氧基苯基) – 1,3,
5 – 三嗪(3q): 32.2 mg (58%); 白色固体; Mp:
111 – 113 ℃; ^{1}H NMR (600 MHz, CDCl$_3$): δ 9.17
(s, 1H), 8.62 – 8.58 (m, 2H), 8.43 – 8.41 (m, 2H), 7.45 – 7.39 (m, 2H),
7.06 – 7.02 (m, 2H), 3.91 (s, 3H), 2.48 (s, 3H); ^{13}C NMR (150 MHz,
CDCl$_3$): δ 171.1, 170.7, 166.3, 163.5, 138.4, 135.5, 133.5, 130.9, 129.3,
128.6, 127.9, 126.0, 114.1, 55.4, 21.5.

2 – (4 – 甲氧基苯基) – 4 – (4 – 氟苯基) – 1,
3,5 – 三嗪(3r): 34.4 mg (61%); 白色固体; Mp:
152 – 154 ℃; ^{1}H NMR (600 MHz, CDCl$_3$): δ 9.15

(s, 1H), 8.65 – 8.62 (m, 2H), 8.59 – 8.57 (m, 2H), 7.23 – 7.19 (m, 2H), 7.05 – 7.02 (m, 2H), 3.91 (s, 3H); ^{13}C NMR (150 MHz, CDCl$_3$): δ 170.8, 170.0, 166.4, 165.8 (d, $J=252.3$ Hz), 163.6, 131.9 (d, $J=2.9$ Hz), 131.2 (d, $J=9.2$ Hz), 130.8, 127.8, 115.8 (d, $J=21.7$ Hz), 114.1, 55.5.

2 – (4 – 甲氧基苯基) – 4 – (4 – 氯苯基) – 1, 3,5 – 三嗪(3s): 44 mg (74%); 黄色固体; Mp: 128 – 130 ℃; ^{1}H NMR (600 MHz, CDCl$_3$): δ 9.16 (s, 1H), 8.59 – 8.54 (m, 4H), 7.52 – 7.49 (m, 2H), 7.05 – 7.02 (m, 2H), 3.91 (s, 3H); ^{13}C NMR (150 MHz, CDCl$_3$): δ 170.9, 170.1, 166.5, 163.7, 139.0, 134.2, 130.9, 130.1, 129.0, 127.8, 114.1, 55.5.

2 – (4 – 甲氧基苯基) – 4 – (4 – 溴苯基) – 1, 3,5 – 三嗪(3t): 30.8 mg (45%); 白色固体; Mp: 170 – 172 ℃; ^{1}H NMR (600 MHz, CDCl$_3$): δ 9.17 (s, 1H), 8.60 – 8.55 (m, 4H), 7.52 – 7.49 (m, 2H), 7.05 – 7.02 (m, 2H), 3.92 (s, 3H); ^{13}C NMR (150 MHz, CDCl$_3$): δ 170.9, 170.1, 166.5, 163.7, 139.0, 134.2, 130.9, 130.1, 129.0, 127.7, 114.1, 55.5.

2 – 苯基 – 4 – (3 – 甲氧基苯基) – 1,3,5 – 三嗪 (3u): 24.7 mg (47%); 白色固体; Mp: 85 – 87 ℃; ^{1}H NMR (600 MHz, CDCl$_3$): δ 9.24 (s, 1H), 8.65 – 8.61 (m, 2H), 8.24 (d, $J=7.7$ Hz, 1H), 8.17 – 8.16 (m, 1H), 7.60 (t, $J=7.3$ Hz, 1H), 7.54 (t, $J=7.5$ Hz, 2H), 7.45 (t, $J=7.9$ Hz, 1H), 7.16 – 7.13(m, 1H), 3.93 (s, 3H); ^{13}C NMR (150 MHz, CDCl$_3$): δ 171.2, 171.1, 166.6, 159.9, 136.9, 135.4, 132.8, 129.7, 128.9, 128.7, 121.4, 119.1, 113.3, 55.4.

2 – 苯基 – 4 – (4 – 硝基苯基) – 1,3,5 – 三嗪 (3v): 18.4 mg (33%); 白色固体; Mp: 171 – 173 ℃;^{1}H NMR (600 MHz, CDCl$_3$): δ 9.31 (s, 1H), 8.81 – 8.78 (m, 2H), 8.64 – 8.62 (m, 2H), 8.39 – 8.36 (m, 2H), 7.66 – 7.62 (m, 1H), 7.59 – 7.55 (m, 2H); ^{13}C NMR (150 MHz, CDCl$_3$): δ 171.8, 169.4, 167.0, 150.4, 141.2, 134.9, 133.3, 129.8, 129.0, 128.9, 123.8.

2-环丙基-4-苯基-1,3,5-三嗪(3w)：15.8 mg (40%)；白色固体；Mp：53-55 ℃；^{1}H NMR (600 MHz, CDCl$_3$)：δ 8.99 (s, 1H), 8.49 (d, J=7.7 Hz, 2H), 7.57 (t, J=7.2 Hz, 1H), 7.50 (t, J=7.6 Hz, 2H), 2.29-2.24 (m, 1H), 1.37-1.33 (m, 2H), 1.24-1.20 (m, 2H)；^{13}C NMR (150 MHz, CDCl$_3$)：δ 180.6, 170.4, 165.4, 135.3, 132.7, 128.8, 128.6, 18.1, 12.4.

3-苯基-4(3H)-喹唑啉酮(5a)：25.8 mg (58%)；白色固体；Mp：133-135 ℃；^{1}H NMR (600 MHz, CDCl$_3$)：δ 8.38-8.35 (m, 1H), 8.13 (s, 1H), 7.82-7.75 (m, 2H), 7.57-7.53 (m, 3H), 7.51-7.47 (m, 1H), 7.44-7.41 (m, 2H)；^{13}C NMR (150 MHz, CDCl$_3$)：δ 160.7, 147.8, 146.0, 137.4, 134.5, 129.6, 129.1, 127.6, 127.5, 127.1, 126.9, 122.3.

3-(4-氟苯基)-4(3H)-喹唑啉酮(5b)：28.9 mg (60%)；白色固体；Mp：180-182 ℃；^{1}H NMR (600 MHz, CDCl$_3$)：δ 8.36 (dd, J_1=8.0 Hz, J_2=1.0 Hz, 1H), 8.11 (s, 1H), 7.84-7.77 (m, 2H), 7.56-7.54 (m, 1H), 7.44-7.40 (m, 2H), 7.26-7.22 (m, 2H)；^{13}C NMR (150 MHz, CDCl$_3$)：δ 162.6 (d, J=248.0 Hz), 160.7, 147.7, 145.8, 134.7, 133.3 (d, J=3.1 Hz), 128.9 (d, J=8.8 Hz), 127.8, 127.6, 127.2, 122.2, 116.7 (d, J=22.9 Hz).

3-(4-氯苯基)-4(3H)-喹唑啉酮(5c)：28.8 mg (56%)；白色固体；Mp：200-202 ℃；^{1}H NMR (600 MHz, DMSO-d^6)：δ 8.37 (s, 1H), 8.21 (dd, J_1=7.9 Hz, J_2=1.2 Hz, 1H), 7.92-7.88 (m, 1H), 7.76 (d, J=7.8 Hz, 1H), 7.67-7.63 (m, 2H), 7.63-7.59 (m, 3H)；^{13}C NMR (150 MHz, DMSO-d^6)：δ 160.0, 147.7, 147.1, 136.5, 134.9, 133.5, 129.6, 129.3, 127.6, 127.3, 126.6, 121.9.

3-(对苯甲基)-4(3H)-喹唑啉酮(5d)：28.4 mg (60%)；白色固体；Mp：143-144 ℃；^{1}H NMR (600 MHz, CDCl$_3$)：δ 8.37 (dd, J_1=8.0 Hz, J_2=0.9 Hz, 1H), 8.14 (s, 1H), 7.81-7.76 (m, 2H), 7.57-7.53 (m, 1H), 7.35 (d, J=8.1 Hz, 2H), 7.32-7.29 (m, 2H), 2.44 (s, 3H)；^{13}C NMR (150 MHz, CDCl$_3$)：δ 160.7, 147.5, 146.3, 139.3, 134.8, 134.5, 130.2, 127.6, 127.3, 127.2,

126.7，122.3，21.2.

3-（邻甲苯基）-4(3H)-喹唑啉酮(5e)：28.3 mg
（60%）；无色油状液体；¹H NMR （600 MHz，CDCl₃）：
δ 8.39-8.37 （m，1H），8.02 （s，1H），7.83-7.79 （m，
2H），7.58-7.54 （m，1H），7.43-7.35 （m，3H），7.27-7.25 （m，1H），2.21
（s，3H）；¹³C NMR (150 MHz, CDCl₃)：δ 160.3，147.8，146.3，136.5，135.8，
134.6，131.3，129.7，127.8，127.6，127.4，127.3，127.2，122.3，17.7.

3-苄基-4(3H)-喹唑啉酮(5f)：19.4 mg （41%）；
白色固体；Mp：115-117 ℃；¹H NMR （600 MHz，CDCl₃）：
δ 8.33 （dd，$J_1=8.0$ Hz，$J_2=1.0$ Hz，1H），8.15 （s，1H），
7.78-7.71 （m，2H），7.53-7.49 （m，1H），7.37-7.30 （m，5H），5.21 （s，
2H）；¹³C NMR （150 MHz，CDCl₃）：δ 161.0，147.7，146.4，135.6，134.3，
129.0，128.3，128.0，127.4，127.3，126.9，122.1，49.6.

3-丁基-4(3H)-喹唑啉酮(5g)：13.4 mg （33%）；
白色固体；Mp：69-70 ℃；¹H NMR （600 MHz，CDCl₃）：
δ 8.32（dd，$J_1=8.0$ Hz，$J_2=0.8$ Hz，1H），8.11 （s，1H），
7.78-7.72 （m，2H），7.53-7.50 （m，1H），4.03 （t，$J=7.4$ Hz，2H），1.79
（quintet，$J=7.5$ Hz，2H），1.42 （sextet，$J=7.5$ Hz，2H），0.98 （t，$J=7.4$ Hz，
3H）；¹³C NMR （150 MHz，CDCl₃）：δ 160.9，147.6，146.7，134.2，127.3，
127.1，126.7，122.0，46.9，31.4，19.8，13.6.

3-苯基-7-氯-4(3H)-喹唑啉酮(5h)：22.2 mg
（43%）；白色固体；Mp：145-146 ℃；¹H NMR
（600 MHz，CDCl₃）：δ 8.29 （d，$J=0.8$ Hz，1H），8.15
（s，1H），7.77 （d，$J=2.0$ Hz，1H），7.58-7.54 （m，2H），7.52-7.49 （m，
2H），7.43-7.41 （m，2H）；¹³C NMR （150 MHz，CDCl₃）：δ 160.1，148.7，
147.3，140.9，137.1，129.7，129.3，128.6，128.3，127.1，126.9，120.8.

3-苯基-6-氯-4(3H)-喹唑啉酮(5i)：23.1 mg
（45%）；白色固体；Mp：178-179 ℃；¹H NMR
（600 MHz，CDCl₃）：δ 8.32 （d，$J=2.2$ Hz，1H），8.12
（s，1H），7.75-7.70 （m，2H），7.58-7.51 （m，2H），7.51-7.49 （m，1H），
7.43-7.41 （m，2H）；¹³C NMR （150 MHz，CDCl₃）：δ 159.7，146.2，137.1，
135.0，133.5，129.7，129.3，129.2，126.9，126.5，123.4.

参考文献

[1] Ando M, Wada A T, Sato N. Facile One – Pot Synthesis of N – Difluoromethyl – 2 – pyridone Derivatives[J]. Organic Letters, 2006, 8(17):3805 – 3808.

[2] Sperry J B, Sutherland K. A Safe and Practical Procedure for the Difluoromethylation of Methyl 4 – Hydroxy – 3 – iodobenzoate[J]. Organic Process Research & Development, 2011, 15(3): 721 – 725.

[3] Mehta V P, Greaney M F. S – , N – , and Se – Difluoromethylation Using Sodium Chlorodifluoroacetate[J]. Organic Letters, 2013, 15(19): 5036 – 5039.

[4] Thomoson C S, Wang L, Dolbier W R. Use of fluoroform as a source of difluorocarbene in the synthesis of N—CF$_2$H heterocycles and difluoromethoxypyridines[J]. Journal of Fluorine Chemistry, 2014: 168, 34 – 39.

[5] Li Z, Dong J, Yuan Z, et al. One – Pot Synthesis of 3 – Difluoromethyl Benzoxazole – 2 – thiones[J]. Organic Letters, 2018, 20(20): 640 7 – 6410.

[6] Ma X, Deng S, Song Q. Halodifluoroacetates as formylation reagents for various amines via unprecedented quadruple cleavage [J]. Organic Chemistry Frontiers, 2018, 5(24): 3505 – 3509.

[7] Yan Y, Cui C, Wang J, et al. Transition metal – free C—F/C—Cl/C—C cleavage of ClCF$_2$COONa for the synthesis of heterocycles[J]. Organic & Biomolecular Chemistry, 2019, 17(35): 8071 – 8074.

[8] Chen K, Aowad A F, Adelstein S J, et al. Molecular – docking – guided design, synthesis, and biologic evaluation of radioiodinated quinazolinone prodrugs [J]. Journal of Medicinal Chemistry, 2007, 50(4): 663 – 673.

[9] Parmar S, Kumar R. Substituted quinazolone hydrazides as possible antituberculous agents [J]. Journal of Medicinal Chemistry, 1968, 11 (3): 635 – 636.

[10] Rorsch F, La Buscato E, Deckmann K, et al. Structure – Activity Relationship of Nonacidic Quinazolinone Inhibitors of Human Microsomal Prostaglandin Synthase 1 (mPGES1)[J]. Journal of Medicinal Chemistry, 2012, 55(8): 3792 – 3803.

[11] Xu L, Jiang Y, Ma D. Synthesis of 3 – Substituted and 2,3 – Disubstituted Quinazolinones via Cu – Catalyzed Aryl Amidation[J]. Organic Letters,

2012, 14(4): 1150–1153.

[12] Zhao D, Wang T, Li J. Metal–free oxidative synthesis of quinazolinones via dual amination of sp^3 C—H bonds[J]. Chemical Communications, 2014, 50 (49): 6471–6474.

[13] Bao Y, Yan Y, Xu K, et al. Copper–Catalyzed Radical Methylation/C—H Amination/Oxidation Cascade for the Synthesis of Quinazolinones[J]. Journal of Organic Chemistry, 2015, 80(9): 473 6–4742.

[14] Li F, Lu L, Liu P. Acceptorless Dehydrogenative Coupling of o–Aminobenzamides with the Activation of Methanol as a C1 Source for the Construction of Quinazolinones[J]. Organic Letters, 2016, 18(11): 2580–2583.

[15] Yu W, Zhang X, Qin B, et al. Furan–2–carbaldehydes as C1 building blocks for the synthesis of quinazolin–4(3H)–ones via ligand–free photocatalytic C–C bond cleavage[J]. Green Chemistry, 2018, 20(11): 2449–2454.

[16] Xie F, Chen Q, Xie R, et al. MOF–Derived Nanocobalt for Oxidative Functionalization of Cyclic Amines to Quinazolinones with 2–Aminoarylmethanols [J]. ACS Catalysis, 2018, 8(7): 5869–5874.

[17] Dubey A V, Kumar A V. Cu(Ⅱ)–Glucose: Sustainable Catalyst for the Synthesis of Quinazolinones in a Biomass–Derived Solvent 2–MethylTHF and Application for the Synthesis of Diproqualone[J]. ACS Sustainable Chemistry & Engineering, 2018, 6(11): 14283–14291.

[18] Ma X, Mai S, Zhou Y, et al. Dual role of ethyl bromodifluoroacetate in the formation of fluorine–containing heteroaromatic compounds[J]. Chemical Communications, 2018, 54(65): 8960–8963.

[19] Ma X, Zhou Y, Song Q. Synthesis of β–Aminoenones via Cross–Coupling of In–Situ–Generated Isocyanides with 1,3–Dicarbonyl Compounds[J]. Organic Letters, 2018, 20(16): 4777–4781.

第七章　乙醛酸作碳合成子构建含氮杂环

1　引言

在过去的几十年中,羧酸与各种偶联剂的催化脱羧偶联反应因其成本低、结构多样性大、步骤经济性等优点成为直接构建 C—X 键的重要策略。近年来,乙醛酸或乙醛酸缩醛通过脱羧交叉偶联作用可作为新型甲酰化试剂。2017 年,Wang[1]和 Xu[2]课题组成功发展了烯烃与乙醛酸缩醛的化学选择性和区域选择性氢甲酰化反应[图 7.1(a)]。之后,Wang 和 Fu 还发展了芳基硼酸[3]或芳基卤化物[4,5]与乙醛酸(乙醛酸缩醛)直接脱羧甲酰化生成芳醛的反应[图 7.1(b)]。2018 年,Tao 发展了钯催化的末端芳基炔烃与乙醛酸的氢甲酰化反应,得到了不

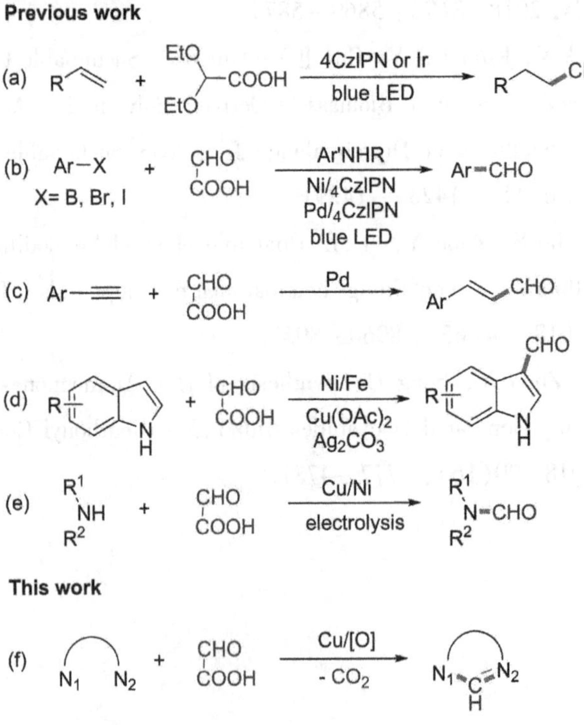

Previous work

(a) R₂C=CH₂ + (EtO)₂CH—COOH →(4CzIPN or Ir / blue LED)→ R—CH₂CH₂—CHO

(b) Ar—X (X= B, Br, I) + OHC—COOH →(Ar'NHR / Ni/₄CzIPN / Pd/₄CzIPN / blue LED)→ Ar—CHO

(c) Ar—C≡CH + OHC—COOH →(Pd)→ Ar—CH=CH—CHO

(d) R—[indole] + OHC—COOH →(Ni/Fe / Cu(OAc)₂ / Ag₂CO₃)→ R—[indole-3-CHO]

(e) R¹R²N—NH + OHC—COOH →(Cu/Ni / electrolysis)→ R¹R²N—N=CHO

This work

(f) N₁⌢N₂ + OHC—COOH →(Cu/[O] / - CO₂)→ N₁—CH=N₂ (ring)

图 7.1　乙醛酸作碳合成子新策略

同的 α,β-不饱和醛[图7.1(c)][6]。最近,Wu 发展了镍和铁催化的吲哚与乙醛酸的脱氢-脱羧3-甲酰化反应[图7.1(d)][7]。尽管如此,所有这些方法都只能用来构建 C—CHO 结构。最近,Huang 发展了胺与乙醛酸的电化学脱羧甲酰化反应,形成了一个 N—CHO 结构[图7.1(e)][8]。基于我们对利用新型碳合成子构建杂环的一系列研究,乙醛酸有望作为一种新型的碳合成子,通过氧化脱羧偶联构建杂环化合物。

本章中,我们发展了一种铜催化的乙醛酸氧化脱羧胺化反应,以中等至良好的产率获得了 1,3,5-三嗪、喹唑啉酮和喹唑啉等一系列含氮杂环化合物[图7.1(f)][9]。值得注意的是,乙醛酸通过氧化脱羧一步形成了一个 C—N 键和一个 C=N 键,这是其首次作碳合成子构建含氮杂环化合物,该方法为合成高值含氮杂环化合物提供了新的思路。

2 结果与讨论

2.1 反应条件优化

最初,我们选择苯甲脒盐酸盐(1a)和乙醛酸(2a)作为模型底物开始我们的研究。在 20 mol% 的 Cu(OTf)$_2$ 作催化剂、0.8 mmol 的叔丁基过氧化氢(TBHP,70% 水溶液)作氧化剂和 0.4 mmol Cs$_2$CO$_3$ 作碱条件下,1a 和 2a 的反应能够产生微量的 2,4-二苯基-1,3,5-三嗪(3a)(表7.1,条件1)。当其他氧化剂如过氧化二叔丁基(DTBP)或 K$_2$S$_2$O$_8$ 代替 TBHP 时,只有 DTBP 给出了 60% 的产率(表7.1,条件2~3)。当不使用乙醛酸时反应无法进行,这证明 1,3,5-三嗪环上的额外碳原子来自乙醛酸(表7.1,条件4)。遗憾的是,筛选不同的铜催化剂并没有获得更高的产率(表7.1,条件5~12)。当反应在其他溶剂如 CH$_3$CN 或二氧六环中进行时,均以较低的产率得到 3a(表7.1,条件13~14)。筛选不同的有机碱同样没有得到更好的结果(表7.1,条件15)。当 20 mol% 的 1,10-菲啰啉或 N,N,N',N'-四甲基乙二胺(TMEDA)作配体时,TMEDA 的产率最高,达到 93%(表7.1,条件16~17)。因此,最佳反应条件如表 7.1 中条件 17 所示。

表7.1 反应条件优化[a]

续表

条件	铜催化剂	氧化剂	溶剂	产率(%)[b]
1	Cu(OTf)$_2$	TBHP	DCE	微量
2	Cu(OTf)$_2$	DTBP	DCE	60
3	Cu(OTf)$_2$	K$_2$S$_2$O$_8$	DCE	微量
4[c]	Cu(OTf)$_2$	DTBP	DCE	微量
5	CuCl$_2$	DTBP	DCE	50
6	CuBr$_2$	DTBP	DCE	50
7	Cu(OAc)$_2$	DTBP	DCE	微量
8	Cu(TFA)$_2$	DTBP	DCE	53
9	CuCl	DTBP	DCE	52
10	CuBr	DTBP	DCE	50
11	CuI	DTBP	DCE	52
12	Cu$_2$O	DTBP	DCE	微量
13	Cu(OTf)$_2$	DTBP	CH$_3$CN	55
14	Cu(OTf)$_2$	DTBP	dioxane	55
15	Cu(OTf)$_2$	DTBP	DCE	49[d], 微量[e]
16[f]	Cu(OTf)$_2$	DTBP	DCE	72
17[g]	Cu(OTf)$_2$	DTBP	DCE	93

[a]反应条件: 1a (0.4 mmol), 2a (0.4 mmol), 铜催化剂 (0.08 mmol), 配体 (0.08 mmol), 氧化剂 (0.8 mmol), 碱 (0.4 mmol), 溶剂 (1 mL), 120 ℃, 24 h. [b]分离产率. [c]不使用乙醛酸. [d]DBU. [e]NEt$_3$. [f]1,10 - 菲啰啉. [g]TMEDA.

2.2　对称1,3,5 - 三嗪的合成

在最佳反应条件下,我们考察了脒 1 的底物范围(图 7.2)。首先,无论缺电子或富电子芳基甲脒(1a - 1k)均能以 45% ~ 93% 的产率得到相应的对称2,4 - 二芳基 - 1,3,5 - 三嗪(3a - 3k)。由于空间位阻的存在,邻位取代的芳基甲脒(1j 或 1k)的产率相比对位取代的芳基甲脒(1b 或 1f)较低。此外,环丙基甲脒(1l)也可以得到相应的产物3l,产率为 25%。此外,当用丙酮酸(2b)或苯甲酰甲酸(2c)代替 2a 时,分别以 28% 或 40% 产率得到相应的 2 - 甲基 - 4,6 - 二苯基 - 1,3,5 - 三嗪(3m)或2,4,6 - 三苯基 - 1,3,5 - 三嗪(3n),这表明 1,3,5 - 三嗪的额外碳原子可能来自乙醛酸中甲酰基的碳原子,而不是羧基的碳原子。

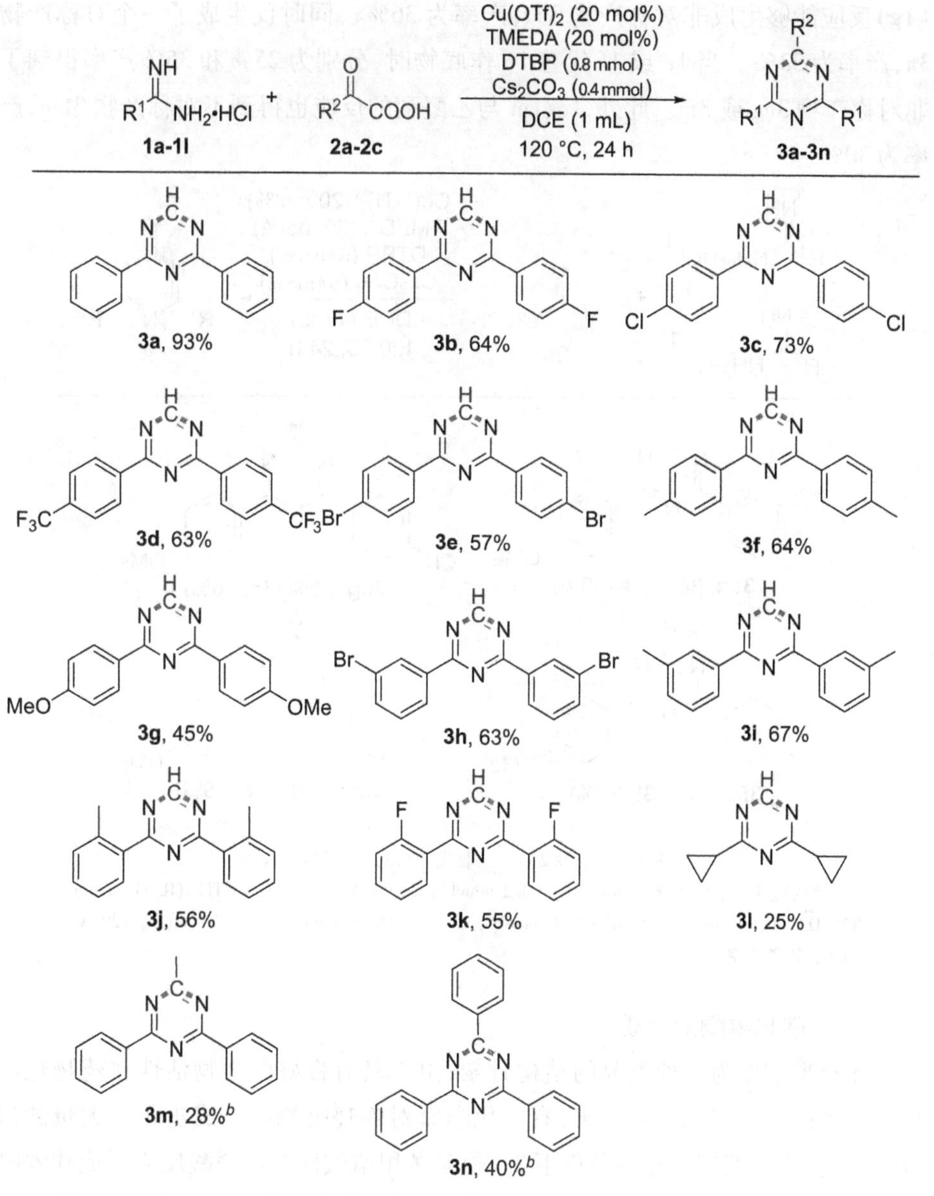

图7.2　对称1,3,5-三嗪的合成[a]

[a]反应条件: 1 (0.4 mmol), 2 (0.4 mmol), Cu(OTf)$_2$(0.08 mmol), TMEDA (0.08 mmol), DTBP (0.8 mmol), Cs$_2$CO$_3$(0.4 mmol), DCE (1 mL), 120 ℃, 24 h; 分离产率. [b] 1,10-菲啰啉.

2.3　非对称2,4-二取代-1,3,5-三嗪的合成

随后,我们还研究了非对称2,4-二取代-1,3,5-三嗪的合成(图7.3)。通过简单优化条件后,0.8 mmol 的苯甲脒(1a)与0.2 mmol 的4-甲氧基苯甲脒

(1g)反应能够生成非对称产物 3ag,产率为 36%。同时仅生成了一个对称产物 3a,产率为 33%。当 1c 或 1f 代替 1a 作底物时,分别为 25% 和 35% 产率得到了非对称产物 3cg 或 3fg。此外,1a、1m 与乙醛酸的反应也得到不对称产物 3am,产率为 30%。

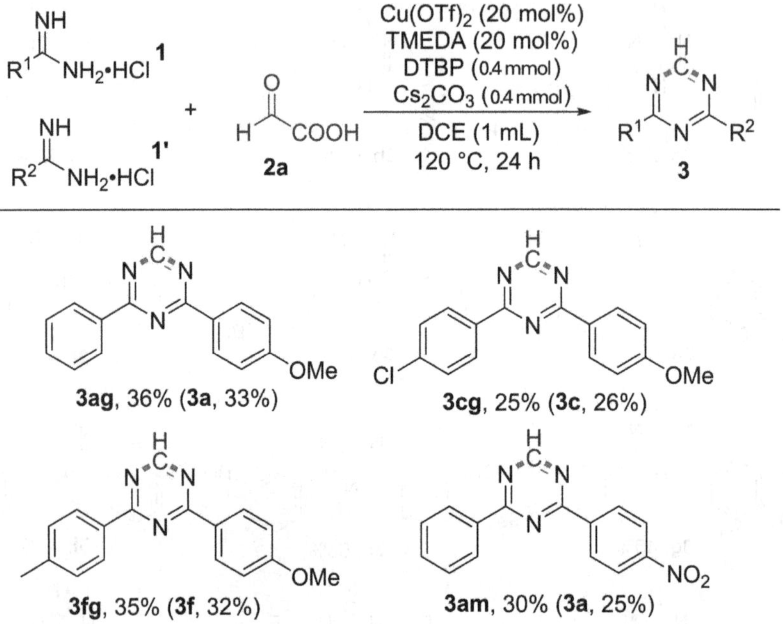

图 7.3　非对称 2,4 - 二取代 - 1,3,5 - 三嗪的合成^a

^{a}反应条件:1(0.8 mmol),1'(0.2 mmol),2a(0.4 mmol),Cu(OTf)$_2$(0.04 mmol),TMEDA(0.04 mmol),DTBP(0.4 mmol),Cs$_2$CO$_3$(0.4 mmol),DCE(1 mL),120 ℃,24 h;分离产率.

2.4　喹唑啉酮的合成

喹唑啉酮作为一种重要的结构骨架,由于具有良好的生物活性在药物化学中得到了广泛的应用。近年来,有机化学家对喹唑啉酮的合成进行了大量的研究。因此,我们期望在标准条件下 2 - 氨基苯甲酰胺能与乙醛酸反应生成喹唑啉酮(图 7.4)。N - 芳基(4a - 4e)和 N - 烷基 2 - 氨基苯甲酰胺(4f 和 4g)均以令人满意的产率转化为相应的产物 5a - 5g。另外,2 - 氨基 - 4 - 氯 - N - 苯基苯甲酰胺(4h)和 2 - 氨基 - 5 - 氯 - N - 苯基苯甲酰胺(4i)也能生成相应的产物 5h 和 5i,产率分别为 64% 和 65%。

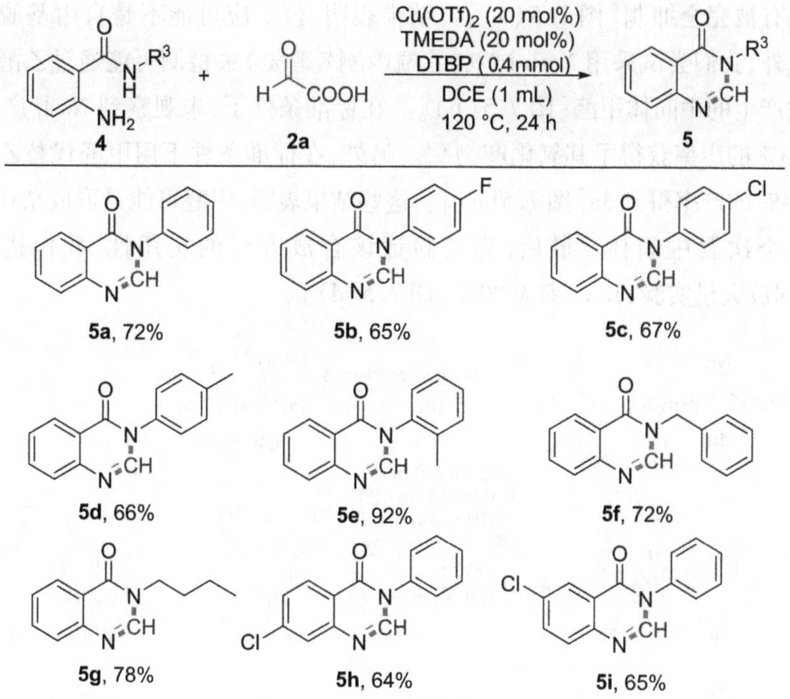

图 7.4　喹唑啉酮的合成[a]

[a]反应条件：4（0.2 mmol），2a（0.4 mmol），Cu（OTf）$_2$（0.04 mmol），TMEDA（0.04 mmol），DTBP（0.4 mmol），DCE（1 mL），120 ℃，24 h；分离产率.

2.5　4－苯基喹唑啉的合成

喹唑啉也是一类重要的具有良好生物活性的杂环化合物，目前已被用作许多商业药物的中间体如拉帕替尼、哌唑嗪、艾瑞萨、厄洛替尼和利格列汀等。我们以2－氨基二苯甲酮(6)、乙酸醛和 NH_4OAc 为底物，在最优反应条件下也可得到4－苯基喹唑啉(7)，产率为71%（反应方程式1）。

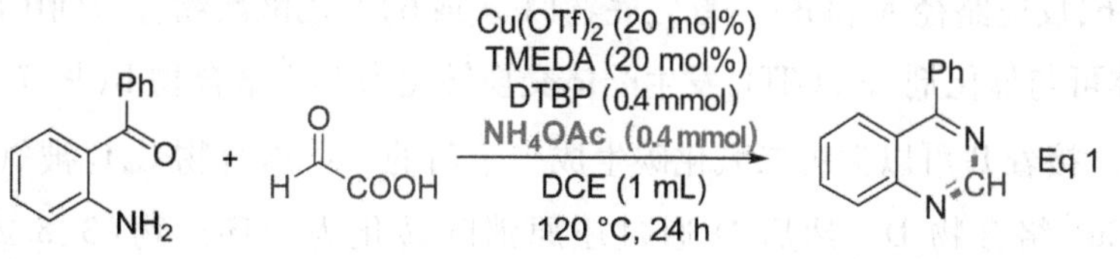

6　　2a　　7, 71% yield

2.6　反应机理

为了深入了解反应机理，我们进行了几个控制实验（图 7.5）。首先，在0.8 mmol的自由基抑制剂2,2,6,6－四甲基－1－哌啶氧基（TEMPO）的存在下，反应没有被完全抑制[图 7.5(a)]。结果表明,该反应可能不是自由基脱羧机理。此外,我们尝试采用 Nash 试剂(乙酰丙酮 8 和氨)去检测可能通过乙醛酸直接脱羧产生的中间体甲醛[图 7.5(b)]。在标准条件下,未观察到 Nash 产物 9,但以 16% 的产率获得了其氧化产物 9'。另外,在标准条件下用甲醛代替乙醛酸能以 54% 的产率得到 3a[图 7.5(c)]。这些结果表明,甲醛可能是形成杂环化合物的一个次要中间体。最后,为了验证该合成方法的实用性,我们进行了10 mmol 放大量实验,3a 产率为 80%[图 7.5(d)]。

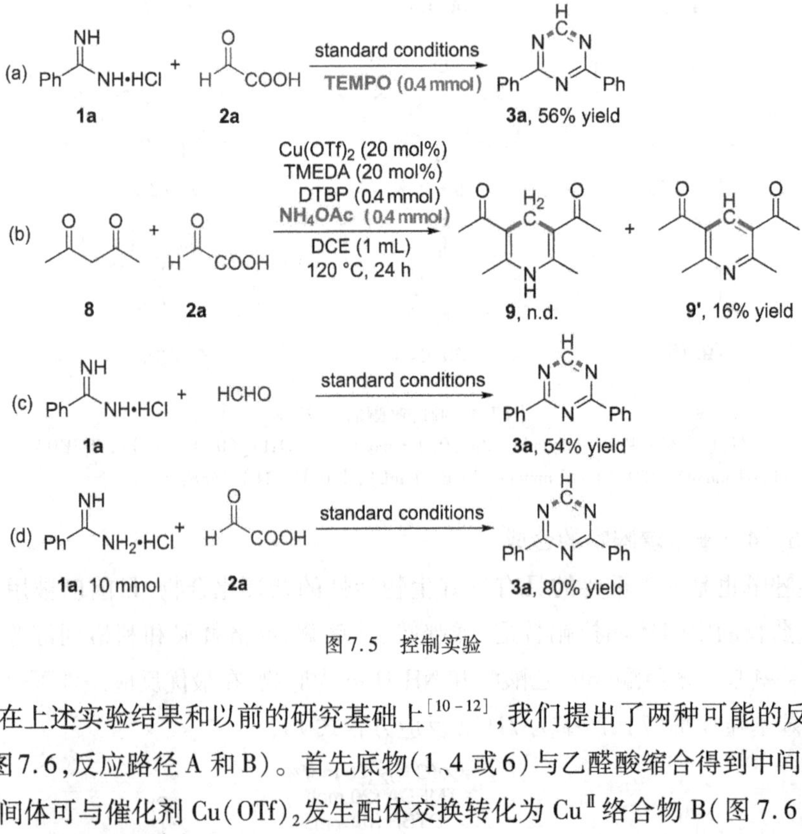

图 7.5 控制实验

在上述实验结果和以前的研究基础上[10-12],我们提出了两种可能的反应路径(图 7.6,反应路径 A 和 B)。首先底物(1、4 或 6)与乙醛酸缩合得到中间体 A,该中间体可与催化剂 Cu(OTf)$_2$ 发生配体交换转化为 Cu^{II} 络合物 B(图 7.6,反应路径 A)。接着 B 可以失去二氧化碳生成一个新的 Cu^{II} 络合物 C,C 被氧化进一步得到 Cu^{III} 络合物 D。然后 D 通过还原消除转化为杂环产物(3、5 或 7)和CuOTf。最终,CuOTf 可被氧化重新生成初始催化剂 Cu(OTf)$_2$,从而实现铜的催化循环。此外,根据机理实验,也可能会出现一个次要的反应途径。底物可与原位生成的 HCHO 通过直接脱水缩合和氧化芳构化的串联过程得到杂环化合物(图 7.6,反应路径 B)。

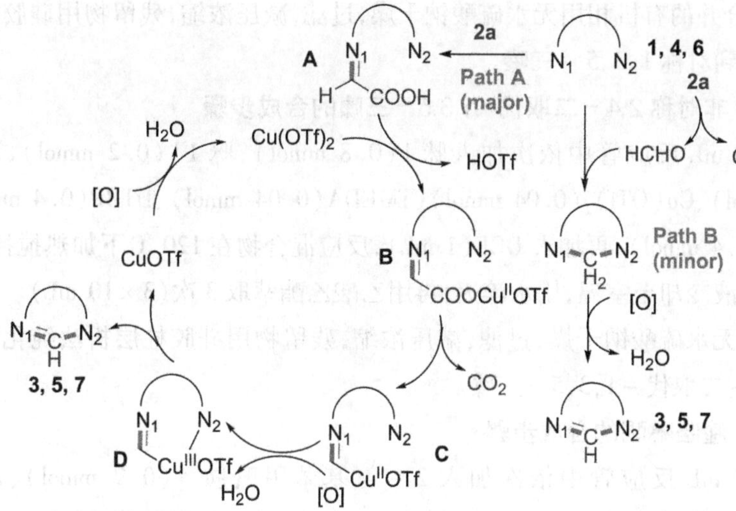

图 7.6　反应机理

3　结论

综上所述,我们发展了一个铜催化的乙醛酸和具有两个氮亲核位点的底物的氧化脱羧胺化反应,能以中等至良好的产率构建 1,3,5 - 三嗪、喹唑啉酮和喹唑啉化合物。值得注意的是,乙醛酸通过释放 CO_2 被用作构建杂环的 C1 合成子。与以往的合成方法相比,这一新方法具有以下特点:①采用廉价的铜盐作催化剂;②操作简单;③底物范围广;④副产物 CO_2 和 H_2O 低毒。

4　实验部分

4.1　实验试剂与仪器

除另有说明外,所有商用试剂和溶剂均未经进一步纯化而直接使用。H 谱和 C 谱采用 Bruker Ascend™ 600 超导核磁波谱仪测定,化学位移分别以 $CDCl_3$ 或 $DMSO - d^6$ 中 TMS($\delta = 0$ ppm)和 $CDCl_3$($\delta = 77.00$ ppm)或 $DMSO - d^6$($\delta = 39.6$ ppm)作基准。熔点则是通过 Hanon MP430 自动熔点仪测量。

4.2　对称 1,3,5 - 三嗪的合成步骤

在 10 mL 反应管中依次加入肼 1(0.4 mmol)、酰基甲酸(0.4 mmol)、Cu(OTf)$_2$(0.08 mmol)、TMEDA 或者 1,10 - 菲啰啉(0.08 mmol)、DTBP(0.8 mmol)和 Cs_2CO_3(0.4 mmol),再加入 DCE(1 mL),反应混合物在 120 ℃下加热搅拌 24 h。随后将溶液冷却至室温,用水淬灭,再用乙酸乙酯萃取 3 次(3 ×

10 mL)。合并的有机相用无水硫酸钠干燥,过滤,减压浓缩,残留物用硅胶柱层析法纯化得到对称1,3,5 – 三嗪。

4.3 非对称2,4 – 二取代 – 1,3,5 – 三嗪的合成步骤

在10 mL 反应管中依次加入脒1(0.8 mmol)、脒1′(0.2 mmol)、乙醛酸(0.4 mmol)、Cu(OTf)$_2$(0.04 mmol)、TMEDA(0.04 mmol)、DTBP(0.4 mmol)和Cs$_2$CO$_3$(0.4 mmol),再加入DCE(1 mL),反应混合物在120 ℃下加热搅拌24 h。随后将溶液冷却至室温,用水淬灭,再用乙酸乙酯萃取3次(3×10 mL)。合并的有机相用无水硫酸钠干燥,过滤,减压浓缩,残留物用硅胶柱层析法纯化得到非对称2,4 – 二取代 – 1,3,5 – 三嗪。

4.4 喹唑啉酮的合成步骤

在10 mL 反应管中依次加入2 – 氨基苯甲酰胺4(0.2 mmol)、乙醛酸(0.4 mmol)、Cu(OTf)$_2$(0.04 mmol)、TMEDA(0.04 mmol)和DTBP(0.4 mmol),再加入DCE(1 mL),反应混合物在120 ℃下加热搅拌24 h。随后将溶液冷却至室温,用水淬灭,再用乙酸乙酯萃取3次(3×10 mL)。合并的有机相用无水硫酸钠干燥,过滤,减压浓缩,残留物用硅胶柱层析法纯化得到喹唑啉酮5。

4.5 4 – 苯基喹唑啉的合成

在10 mL 反应管中依次加入2 – 氨基二苯甲酮6(0.2 mmol)、乙醛酸(0.4 mmol)、NH$_4$OAc(0.4 mmol)、Cu(OTf)$_2$(0.04 mmol)、TMEDA(0.04 mmol)和DTBP(0.4 mmol),再加入DCE(1 mL),反应混合物在120 ℃下加热搅拌24 h。随后将溶液冷却至室温,用水淬灭,再用乙酸乙酯萃取3次(3×10 mL)。合并的有机相用无水硫酸钠干燥,过滤,减压浓缩,残留物用硅胶柱层析法纯化得到4 – 苯基喹唑啉7。

4.6 产物表征数据

2,4 – 二苯基 – 1,3,5 – 三嗪(3a):43.3 mg(93%);淡黄色固体;Mp:74 – 76 ℃;^{1}H NMR (600 MHz, CDCl$_3$):δ 9.25 (s, 1H), 8.65 – 8.63 (m, 4H), 7.62 – 7.58 (m, 2H), 7.56 – 7.53 (m, 4H);^{13}C NMR (150 MHz, CDCl$_3$):δ 171.3, 166.6, 135.5, 132.8, 128.9, 128.7.

2,4 – 二(4 – 氟苯基) – 1,3,5 – 三嗪(3b):34.4 mg(64%);白色固体;Mp:154 – 156 ℃;^{1}H NMR (600 MHz, CDCl$_3$):δ 9.20 (s, 1H),8.66 – 8.62 (m,

4H），7.24－7.20（m，4H）；^{13}C NMR（150 MHz，CDCl$_3$）：δ 170.3，166.7，166.0（d，J＝252.6 Hz），131.6（d，J＝3.1 Hz），131.3（d，J＝9.4 Hz），115.9（d，J＝21.8 Hz）.

2,4－二（4－氯苯基）－1,3,5－三嗪（3c）：44.1 mg（73%）；白色固体；Mp：189－191 ℃；^{1}H NMR（600 MHz，CDCl$_3$）：δ 9.23（s，1H），8.56（d，J＝8.4 Hz,4H），7.52（d，J＝8.4 Hz，4H）；^{13}C NMR（150 MHz，CDCl$_3$）：δ 170.5，166.8，139.3，133.8，130.2，129.1.

2,4－二（4－三氟甲基苯基）－1,3,5－三嗪（3d）：46.5 mg（63%）；白色固体；Mp：152－154 ℃；^{1}H NMR（600 MHz，CDCl$_3$）：δ 9.37（s，1H），8.76（d，J＝8.2 Hz，4H），7.83（d，J＝8.2 Hz，4H）；^{13}C NMR（150 MHz，CDCl$_3$）：δ 170.5，167.1，138.5，134.4（q，J＝32.4 Hz），129.3，125.8（q，J＝3.6 Hz），123.8（q，J＝270.6 Hz）.

2,4－二（4－溴苯基）－1,3,5－三嗪（3e）：44.5 mg（57%）；淡黄色固体；Mp：195－197 ℃；^{1}H NMR（600 MHz，CDCl$_3$）：δ 9.23（s，1H），8.50－8.47（m，4H），7.70－7.67（m，4H）；^{13}C NMR（150 MHz，CDCl$_3$）：δ 170.7，166.8，134.3，132.1，130.4，128.1.

2,4－二（对甲苯基）－1,3,5－三嗪（3f）：33.4 mg（64%）；白色固体；Mp：159－161 ℃；^{1}H NMR（600 MHz,CDCl$_3$）：δ 9.19（s，1H），8.52（d，J＝8.2 Hz，4H），7.34（d，J＝8.2 Hz，4H），2.46（s，6H）；^{13}C NMR（150 MHz，CDCl$_3$）：δ 171.1，166.4，143.5，132.8，129.5，128.9，21.7.

2,4－二（4－甲氧基苯基）－1,3,5－三嗪（3g）：26.3 mg（45%）；白色固体；Mp：158－160 ℃；^{1}H NMR（600 MHz，CDCl$_3$）：δ 9.12（s，1H），8.60－8.57（m，4H），7.05－7.02（m，4H），3.91（s，6H）；^{13}C NMR（150 MHz，CDCl$_3$）：δ 170.5，166.1，163.5，130.8，128.1，114.1，55.5.

2,4－二（3－溴苯基）－1,3,5－三嗪（3h）：49.2 mg（63%）；淡黄色固体；Mp：182－184 ℃；^{1}H

NMR (600 MHz, CDCl$_3$): δ 9.27 (s, 1H), 8.76 (t, J = 1.7 Hz, 2H), 8.56 (d, J = 7.9 Hz, 2H), 7.74 (dt, J_1 = 7.9 Hz, J_2 = 1.0 Hz, 2H), 7.44 (t, J = 7.9 Hz, 2H); ^{13}C NMR (150 MHz, CDCl$_3$): δ 170.3, 166.9, 137.3, 135.8, 131.8, 130.3, 127.5, 123.1.

2,4 - 二(间甲苯基) - 1,3,5 - 三嗪(3i): 34.9 mg (67%); 白色固体; Mp: 87 - 89 ℃; ^{1}H NMR (600 MHz, CDCl$_3$): δ 9.24 (s, 1H), 8.46 - 8.43 (m, 4H), 7.45 - 7.42 (m, 4H), 2.49 (s, 6H); ^{13}C NMR (150 MHz, CDCl$_3$): δ 171.4, 166.5, 138.5, 135.5, 133.6, 129.5, 128.7, 126.1, 21.5.

2,4 - 二(邻甲苯基) - 1,3,5 - 三嗪(3j): 29.2 mg (56%); 淡黄色油状液体; ^{1}H NMR (600 MHz, CDCl$_3$): δ 9.32(s, 1H), 8.15 (dd, J_1 = 7.7 Hz, J_2 = 1.2 Hz, 2H), 7.43 (td, J_1 = 7.4 Hz, J_2 = 1.3 Hz, 2H), 7.37 - 7.32 (m, 4H), 2.72 (s, 6H); ^{13}CNMR (150 MHz, CDCl$_3$): δ 173.8, 165.7, 138.9, 135.5, 131.8, 131.2, 131.1, 126.1, 22.0.

2,4 - 二(2 - 氟苯基) - 1,3,5 - 三嗪(3k): 29.6 mg (55%), 白色固体; Mp: 63 - 65 ℃; ^{1}H NMR (600 MHz, CDCl$_3$): δ 9.39 (s, 1H), 8.35 (td, J_1 = 7.8 Hz, J_2 = 1.8 Hz, 2H), 7.58 - 7.54 (m, 2H), 7.34 - 7.30 (m, 2H), 7.27 - 7.23 (m, 2H); ^{13}C NMR (150 MHz, CDCl$_3$): δ 170.4 (d, J = 4.7 Hz), 166.5, 162.2(d, J = 258.3 Hz), 134.0 (d, J = 8.9 Hz), 132.2, 124.3 (d, J = 4.0 Hz), 124.0 (d, J = 8.3 Hz), 117.3 (d, J = 22.1 Hz).

2,4 - 二环丙基 - 1,3,5 - 三嗪(3l): 8.1 mg (25%); 淡黄色油状液体; ^{1}H NMR (600 MHz, CDCl$_3$): δ 8.71 (s, 1H), 2.12 - 2.07 (m, 2H), 1.23 - 1.19 (m, 4H), 1.15 - 1.11 (m, 4H); ^{13}C NMR (150 MHz, CDCl$_3$): δ 179.6, 164.6, 17.7, 12.0.

2 - 甲基 - 4,6 - 二苯基 - 1,3,5 - 三嗪(3m): 13.8 mg (28%); 白色固体; Mp: 105 - 107 ℃; ^{1}H NMR (600 MHz, CDCl$_3$): δ 8.58 - 8.56 (m, 4H), 7.52 - 7.50 (m 2H), 7.48 - 7.45 (m, 4H), 2.72 (s, 3H); ^{13}C NMR (150 MHz, CDCl$_3$): δ 177.1, 171.2, 135.9, 132.4, 128.9, 128.6, 26.1.

2,4,6 - 三苯基 - 1,3,5 - 三嗪(3n)：24.7 mg（40%）；白色固体；Mp：230 - 232 ℃；^{1}H NMR（600 MHz，CDCl$_3$）：δ 8.80 - 8.77（m，6H），7.64 - 7.56（m，9H）；^{13}CNMR（150 MHz，CDCl$_3$）：δ 171.6，136.2，132.5，129.0，128.6.

2 - 苯基 - 4 - (4 - 甲氧基苯基) - 1,3,5 - 三嗪（3ag）：18.9 mg（36%）；白色固体；Mp：107 - 109 ℃；^{1}H NMR（600 MHz，CDCl$_3$）：δ 9.18（s，1H），8.63 - 8.59（m，4H），7.60 - 7.58（m，1H），7.56 - 7.53（m，2H），7.05 - 7.02（m，2H），3.91（s，3H）；^{13}C NMR（150 MHz，CDCl$_3$）：δ 171.0，170.8，166.5，163.6，135.7，132.7，130.8，128.8，128.7，127.9，114.1，55.5.

2 - (4 - 甲氧基苯基) - 4 - (4 - 氯苯基) - 1,3,5 - 三嗪（3cg）：14.8 mg（25%）；白色固体；Mp：128 - 130 ℃；^{1}H NMR（600 MHz，CDCl$_3$）：δ 9.16（s，1H），8.59 - 8.54（m，4H），7.52 - 7.50（m，2H），7.05 - 7.02（m，2H），3.91（s，3H）；^{13}C NMR（150 MHz，CDCl$_3$）：δ 170.9，170.1，166.5，163.7，139.0，134.2，130.9，130.1，129.0，127.8，114.1，55.5.

2 - (对甲苯基) - 4 - (4 - 甲氧基苯基) - 1,3,5 - 三嗪（3fg）：19.4 mg（35%）；白色固体；Mp：123 - 125 ℃；^{1}H NMR（600 MHz，CDCl$_3$）：δ 9.15（s，1H），8.60 - 8.57（m，2H），8.50（d，J = 8.0 Hz，2H），7.33（d，J = 8.0 Hz，2H），7.04 - 7.02（m，2H），3.90（s，3H），2.45（s，3H）；^{13}C NMR（150 MHz，CDCl$_3$）：δ 171.0，170.7，166.4，163.5，143.3，133.0，130.8，129.5，128.8，128.1，114.0，55.4，21.7.

2 - 苯基 - 4 - (4 - 硝基苯基) - 1,3,5 - 三嗪（3am）：16.6 mg（30%）；白色固体；Mp：171 - 173 ℃；^{1}H NMR（600 MHz，CDCl$_3$）：δ 9.33（s，1H），8.84 - 8.81（m，2H），8.66 - 8.63（m，2H），8.41 - 8.38（m，2H），7.66 - 7.63（m，1H），7.60 - 7.56（m，2H）；^{13}C NMR（150 MHz，CDCl$_3$）：δ 171.8，169.5，167.0，150.5，141.3，134.9，133.3，129.8，129.0，128.9，123.8.

3 - 苯基 - 4(3H) - 喹唑啉酮(5a)：32.4 mg（72%）；白色固体；Mp：133 - 135 ℃；^{1}H NMR（600 MHz，CDCl$_3$）：δ 8.39 - 8.36（m，1H），8.17（s，1H），7.84 - 7.79（m，2H），

7.58 – 7.54（m, 3H）, 7.51 – 7.47（m, 1H）, 7.45 – 7.42（m, 2H）; ^{13}C NMR（150 MHz, CDCl$_3$）: δ 160.6, 147.4, 146.2, 137.3, 134.7, 129.7, 129.2, 127.8, 127.3, 127.2, 127.0, 122.2.

3 –（4 – 氟苯基）– 4(3H) – 喹唑啉酮(5b): 31.6 mg（65%）; 白色固体; Mp: 198 – 200 ℃; ^{1}H NMR（600 MHz, CDCl$_3$）: δ 8.36（dd, $J_1 = 8.0$ Hz, $J_2 = 1.0$ Hz, 1H）, 8.11（s, 1H）, 7.84 – 7.77（m, 2H）, 7.56 – 7.55（m, 1H）, 7.44 – 7.40（m, 2H）, 7.27 – 7.23（m, 2H）; ^{13}C NMR（150 MHz, CDCl$_3$）: δ 162.6（d, $J = 248.3$ Hz）, 160.7, 147.7, 145.8, 134.7, 133.3（d, $J = 3.2$ Hz）, 128.9（d, $J = 8.8$ Hz）, 127.8, 127.6, 127.2, 122.2, 116.7（d, $J = 23.0$ Hz）.

3 –（4 – 氯苯基）– 4(3H) – 喹唑啉酮(5c): 34.7 mg（67%）; 白色固体; Mp: 176 – 178 ℃; ^{1}H NMR（600 MHz, DMSO – d^6）: δ 8.35（s, 1H）, 8.21（dd, $J_1 = 7.9$ Hz, $J_2 = 1.2$ Hz, 1H）, 7.91 – 7.87（m, 1H）, 7.75（d, $J = 7.8$ Hz, 1H）, 7.66 – 7.63（m, 2H）, 7.63 – 7.59（m, 3H）; ^{13}C NMR（150 MHz, DMSO – d^6）: δ 160.0, 147.8, 147.0, 136.5, 134.8, 133.5, 129.6, 129.3, 127.6, 127.4, 126.5, 121.9.

3 –（对甲苯基）– 4(3H) – 喹唑啉酮(5d): 31.2 mg（66%）; 白色固体; Mp: 140 – 142 ℃; ^{1}H NMR（600 MHz, CDCl$_3$）: δ 8.37（dd, $J_1 = 8.0$ Hz, $J_2 = 0.9$ Hz, 1H）, 8.15（s, 1H）, 7.81 – 7.77（m, 2H）, 7.57 – 7.54（m, 1H）, 7.35（d, $J = 8.2$ Hz, 2H）, 7.30（d, $J = 8.2$ Hz, 2H）, 2.44（s, 3H）; ^{13}C NMR（150 MHz, CDCl$_3$）: δ 160.7, 147.7, 146.4, 139.3, 134.8, 134.6, 130.2, 127.7, 127.3, 127.2, 126.7, 122.3, 21.2.

3 –（邻甲苯基）– 4(3H) – 喹唑啉酮(5e): 43.5 mg（92%）; 白色固体; Mp: 91 – 93 ℃; ^{1}H NMR（600 MHz, CDCl$_3$）: δ 8.39 – 8.37（m, 1H）, 8.10（s, 1H）, 7.85 – 7.83（m, 2H）, 7.60 – 7.57（m, 1H）, 7.44 – 7.36（m, 3H）, 7.27 – 7.25（m, 1H）, 2.21(s, 3H); ^{13}C NMR（150 MHz, CDCl$_3$）: δ 160.1, 147.0, 146.6, 136.4, 135.7, 134.8, 131.4, 129.9, 127.9, 127.8, 127.4, 127.3, 127.0, 122.2, 17.7.

3 – 苯基 – 4(3H) – 喹唑啉酮(5f): 34 mg（72%）; 白色固体; Mp: 115 –

117 ℃；^{1}H NMR (600 MHz, CDCl$_3$)：δ 8.33（dd, $J_1 = 8.0$ Hz, $J_2 = 1.0$ Hz, 1H), 8.17 (s, 1H), 7.78 – 7.72（m, 2H), 7.54 – 7.50（m, 1H), 7.38 – 7.30（m, 5H), 5.22 (s, 2H)；^{13}C NMR (150 MHz, CDCl$_3$)：δ 160.9, 147.6, 146.4, 135.6, 134.4, 129.0, 128.3, 128.0, 127.5, 127.3, 126.9, 122.1, 49.6.

3 – 丁基 – 4(3H) – 喹唑啉酮(5g)：31.7 mg (78%)；白色固体；Mp：71 – 73 ℃；^{1}H NMR (600 MHz, CDCl$_3$)：δ 8.33 – 8.31（m, 1H), 8.21 (s, 1H), 7.78 – 7.74（m, 2H), 7.54 – 7.51（m, 1H), 4.04（t, $J = 7.4$ Hz, 2H), 1.80（quintet, $J = 7.5$ Hz, 2H), 1.43（sextet, $J = 7.5$ Hz, 2H), 0.98（t, $J = 7.4$ Hz, 3H)；^{13}C NMR (150 MHz, CDCl$_3$)：δ 160.8, 147.2, 146.8, 134.3, 127.4, 126.8, 126.7, 121.9, 46.9, 31.3, 19.8, 13.6.

3 – 苯基 – 7 – 氯 – 4(3H) – 喹唑啉酮（5h）：32.7 mg（64%）；白色固体；Mp：145 – 146 ℃；^{1}H NMR (600 MHz, CDCl$_3$)：δ 8.29（d, $J = 0.8$ Hz, 1H), 8.15 (s, 1H), 7.77（d, $J = 2.0$ Hz, 1H), 7.58 – 7.54（m, 2H), 7.52 – 7.49（m, 2H), 7.43 – 7.41（m, 2H)；^{13}C NMR (150 MHz, CDCl$_3$)：δ 160.1, 148.7, 147.3, 140.9, 137.1, 129.7, 129.3, 128.6, 128.3, 127.1, 126.9, 120.8.

3 – 苯基 – 6 – 氯 – 4(3H) – 喹唑啉酮(5i)：33.3 mg (65%)；白色固体；Mp：178 – 179 ℃；^{1}H NMR (600 MHz, CDCl$_3$)：δ 8.32（d, $J = 2.2$ Hz, 1H), 8.12 (s, 1H), 7.75 – 7.70（m, 2H), 7.58 – 7.51（m, 2H), 7.51 – 7.49（m, 1H), 7.43 – 7.41（m, 2H)；^{13}C NMR (150 MHz, CDCl$_3$)：δ 159.7, 146.2, 137.1, 135.0, 133.5, 129.7, 129.3, 129.2, 126.9, 126.5, 123.4.

4 – 苯基喹唑啉(7)：29.1 mg (71%)；淡黄色固体；Mp：93 – 95 ℃. ^{1}H NMR (600 MHz, CDCl$_3$)：δ 9.40 (s, 1H), 8.15 (d, $J = 8.8$ Hz, 2H), 7.96 – 7.92（m, 1H), 7.81 – 7.78（m, 2H), 7.65 – 7.62（m, 1H) 7.60 – 7.58（m, 3H). ^{13}C NMR (150 MHz, CDCl$_3$)：δ 168.6, 154.4, 150.8, 137.0, 133.9, 130.2, 130.0, 128.71, 128.66, 127.8, 127.2, 123.1.

2,6 – 二甲基 – 3,5 – 二乙酰基吡啶（9'）：6.1 mg (16%)；黄色油状液体；

^{1}H NMR (600 MHz, CDCl$_3$): δ 8.26 (s, 1H), 2.79 (s, 6H), 2.64 (s, 6H); ^{13}C NMR (150 MHz, CDCl$_3$): δ 199.0, 160.2, 137.9, 130.2, 29.3, 24.8.

参考文献

[1] Huang H, Yu C, Zhang Y, et al. Chemo – and Regioselective Organo –Photoredox Catalyzed Hydroformylation of Styrenes via a Radical Pathway[J]. Journal of the American Chemical Society, 2017, 139(29): 9799 – 9802.

[2] Zhang S, Tan Z, Zhang H, et al. AnIr – photoredox – catalyzed decarboxylative Michael addition of glyoxylic acid acetal as a formyl equivalent[J]. Chemical Communications, 2017, 53(85): 11642 – 11645.

[3] Huang H, Yu C, Li X, et al. Synthesis of Aldehydes by Organocatalytic Formylation Reactions of Boronic Acids with Glyoxylic Acid[J]. Angewandte Chemie International Edition, 2017, 56(28): 8201 – 8205.

[4] Huang H, Li X, Yu C, et al. Visible – Light – Promoted Nickel – and Organic – Dye – Cocatalyzed Formylation Reaction of Aryl Halides and Triflates and Vinyl Bromides with Diethoxyacetic Acid as a Formyl Equivalent[J]. Angewandte Chemie International Edition, 2017, 56(6): 1500 – 1505.

[5] Zhao B, Shang R, Cheng W, et al. Decarboxylative formylation of aryl halides with glyoxylic acid by merging organophotoredox with palladium catalysis[J]. Organic Chemistry Frontiers, 2018, 5(11): 1782 – 1786.

[6] Liu Y, Cai L, Xu S, et al. Palladium – catalyzed hydroformylation of terminal arylacetylenes with glyoxylic acid[J]. Chemical Communications, 2018, 54(17): 2166 – 2168.

[7] Yin Z, Wang Z, Wu X. Selective nickel – catalyzed dehydrogenative – decarboxylative formylation of indoles with glyoxylic acid[J]. Organic & Biomolecular Chemistry, 2018, 16(20): 3707 – 3710.

[8] Lin D, Huang J. Electrochemical N – Formylation of Amines via Decarboxylation of Glyoxylic Acid[J]. Organic Letters, 2018, 20(7): 2112 – 2115.

[9] Niu B, Li S, Cui C, et al. New Strategy for the Synthesis of Heterocycles via Copper – Catalyzed Oxidative Decarboxylative Amination of Glyoxylic Acid[J].

European Journal of Organic Chemistry, 2019, (48): 7800 – 7803.

[10] Zhang Y, Patel S, Mainolfi N. Copper – catalyzed decarboxylative C—N coupling for *N* – arylation[J]. Chemical Science, 2012, 3(11): 3196 – 3199.

[11] Liu Z, Lu X, Wang G, et al. Directing Group in Decarboxylative Cross – Coupling: Copper – Catalyzed Site – Selective C—N Bond Formation from Nonactivated Aliphatic Carboxylic Acids [J]. Journal of the American Chemical Society, 2016, 138(30): 9714 – 9719.

[12] Liu Y, Wang W, Han J, et al. A Cu(II) – promoted tandem decarboxylative halogenation and oxidative diamination reaction of 2 – aminopyridines with alkynoic acids for the synthesis of 2 – haloimidazo [1, 2 – *a*] pyridines [J]. Organic & Biomolecular Chemistry, 2017, 15(44): 9311 – 9318.

第八章 硝基甲烷作氮合成子构建 1,2,3-苯并三嗪-4(3H)-酮

1 引言

1,2,3-苯并三嗪-4(3H)-酮是一种十分有价值的三氮唑类化合物,在生物制药和药物化学领域引起了广泛的关注[1-3]。目前已有研究这类化合物具有镇静、利尿、麻醉、抗关节炎、抗肿瘤和抗结核活性的药理性质。1,2,3-苯并三嗪-4(3H)-酮的传统合成方法主要有3种:①由邻氨基苯甲酸酯经多步反应合成1,2,3-苯并三嗪-4(3H)-酮[图8.1(a)][4,5];②在强酸和亚硝酸存在的条件下,2-氨基苯甲酰胺经重氮化合成1,2,3-苯并三嗪-4(3H)-酮[图8.1(b)][6];③在铜催化的1,2,3-苯并三嗪-4(3H)-酮和芳基碘(或芳基硼酸)的Ullmann

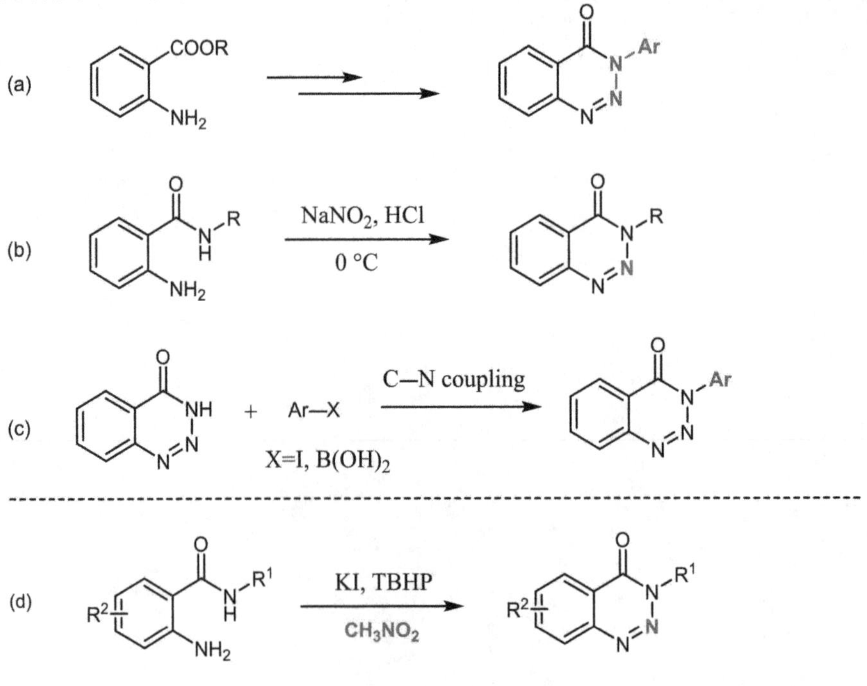

图8.1 1,2,3-苯并三嗪-4(3H)-酮的合成策略

偶联反应来合成 N - 芳基取代的 1,2,3 - 苯并三嗪 - 4(3H) - 酮[图 8.1(c)][7]。然而,这些方法通常需要多步反应或者过渡金属催化剂,底物范围较窄且 1,2,3 - 苯并三嗪 - 4(3H) - 酮的产率低。因此,发展一种底物范围广、无需多步反应且无需过渡金属的合成方法是非常有价值的。

硝基甲烷是最简单的脂肪族硝基化合物。由于硝基的存在使得甲基上的氢十分活泼,易发生化学反应。硝基甲烷能发生卤化、还原、酸解、加成反应,还能与羧基化合物缩合,合成一系列有用的化合物例如杀虫剂、杀菌剂、降血脂药、十二指肠溃疡治疗药、血小板聚集抑制剂的中间体酪胺(Tyramine)等。

本章中,我们发展了一种高效的 KI/TBHP 促进的硝基甲烷与 2 - 氨基苯甲酰胺的氧化环化反应,能以中等至优异的产率合成一系列 N - 取代的 1,2,3 - 苯并三嗪 - 4(3H) - 酮[图 8.1(d)][8]。这种方法无需过渡金属、操作简单便且适用性好,硝基甲烷选择性地用作氮合成子一步构建了两个 N—N 键。

2   结果与讨论

2.1   反应条件优化

为了得到最佳反应条件,我们主要研究了催化剂、氧化剂、溶剂、添加剂及温度等对反应的影响(表 8.1)。首先,在 KI(10 mol%)作催化剂和 TBHP(70% 水溶液,0.5 mmol)作氧化剂条件下,2 - 氨基 - N - 苯基苯甲酰胺(1a,0.2 mmol)在 2 mL 硝基甲烷中 120 ℃加热 12 h 后,能够以 30% 产率得到 3 - 苯基 - 1,2,3 - 苯并三嗪 - 4(3H) - 酮(2a),同时检测到痕量的 3 - 苯基喹 - 4(3H) - 酮(2a′)(表 8.1,条件 1)。当使用了 0.4 mmol HOAc 作为添加剂时,反应以 50% 的产率得到了 2a(表 8.1,条件 2)。而将 0.4 mmol HOAc 换成 0.4 mmol Cs₂CO₃ 或 CsOAc 后,反应分别以 70% 或 74% 的产率得到 2a(表 8.1,条件 3 ~ 4)。这些结果表明,酸和碱均可以提高反应效率。当我们尝试使用 0.2 mmol Cs₂CO₃ 和 0.4 mmol HOAc 混合作为添加剂时,可以几乎定量地得到产物 2a(表 8.1,条件 5)。这可能是因为 Cs₂CO₃ 可以促进硝基甲烷分解以产生 NO 阴离子,而 HOAc 可以调节反应体系的 pH 值以产生 HNO,从而提高反应产率。当使用不同碘试剂如 TBAI 和 I₂ 作为催化剂时,2a 产率均明显降低(表 8.1,条件 6 ~ 7)。当 DTBP 和 H₂O₂(30% 水溶液)作氧化剂时,并没有得到更好的结果(表 8.1,条件 8 ~ 9)。在没有氧化剂存在的情况下并没有检测到 2a 的生成,这就表明氧化剂对于该反应是必需的(表 8.1,条件 10)。当反应温度从 120 ℃降至 100 ℃或 80 ℃时,反应没有得到更高的产率(表 8.1,条件 11 ~ 12)。将 KI 的用量从

10 mol% 降低至 5 mol% ,2a 的产率也随之降低至 82%（表 8.1,条件 13）。出乎意料的是,在没有 KI 的情况下,反应也获得了 65% 的收率（表 8.1,条件 14）。当 CH_3NO_2 的用量从 2 mL 降至 0.4 mmol,而额外加入 2 mL CH_3CN 作为溶剂时,2a 的产率仅有 43%（表 8.1,条件 15）。通过上述单因素实验,我们可以得出最优的反应条件为:2 - 氨基 - N - 苯基苯甲酰胺 0.2 mmol, CH_3NO_2 2 mL,10 mol% KI 作催化剂,0.5 mmol TBHP 作氧化剂,0.2 mmol Cs_2CO_3 和 0.4 mmol HOAc 作为添加剂,此时生成的 3 - 苯基 - 苯并 $[d][1,2,3]$ 三嗪 - 4($3H$) - 酮产率高达 98%。

表 8.1　反应条件优化[a]

条件	XI	催化剂	添加剂	温度(℃)	产率(%)[b]
1	KI	TBHP	—	120	30
2	KI	TBHP	HOAc	120	50
3	KI	TBHP	Cs_2CO_3	120	70
4	KI	TBHP	CsOAc	120	74
5[c]	KI	TBHP	Cs_2CO_3/HOAc	120	98
6	TBAI	TBHP	Cs_2CO_3/HOAc	120	75
7	I_2	TBHP	Cs_2CO_3/HOAc	120	71
8	KI	DTBP	Cs_2CO_3/HOAc	120	75
9	KI	H_2O_2	Cs_2CO_3/HOAc	120	80
10	KI		Cs_2CO_3/HOAc	120	n. d.
11	KI	TBHP	Cs_2CO_3/HOAc	100	10
12	KI	TBHP	Cs_2CO_3/HOAc	80	5
13[d]	KI	TBHP	Cs_2CO_3/HOAc	120	82
14		TBHP	Cs_2CO_3/HOAc	120	68
15[e]	KI	TBHP	Cs_2CO_3/HOAc	120	43

[a]反应条件:1a(0.2 mmol),XI(0.02 mmol),氧化剂(0.5 mmol),添加剂(0.4 mmol),CH_3NO_2(2 mL),N_2,12 h. [b]分离产率. [c]Cs_2CO_3(0.2 mmol)和 HOAc(0.4 mmol). [d]KI(0.01 mmol). [e]CH_3NO_2(0.4 mmol)和 CH_3CN(2 mL).

2.2　2 - 氨基苯甲酰胺底物范围

在最优的反应条件下,我们研究了反应的通用性（图 8.2）。首先,各种不同取代基的 2 - 氨基苯甲酰胺(1a - 1z)均能与硝基甲烷反应,以良好的收率得到系列 1,2,3 - 苯并三嗪 - 4(3*H*) - 酮。当 R^1 为芳基取代基时,底物 1a - 1n 能够以中等至良好的收率得到相应的产物 2a - 2n。其中值得注意的是,在 R^1 苯环上带有给电子取代基(4 - Me、4 - OMe 或 4 - *t* Bu)的 2 - 氨基 - *N* - 芳基苯甲酰胺比在苯环上带有吸电子取代基(4 - CF$_3$)的 2 - 氨基 - *N* - 芳基苯甲酰胺反应产率更

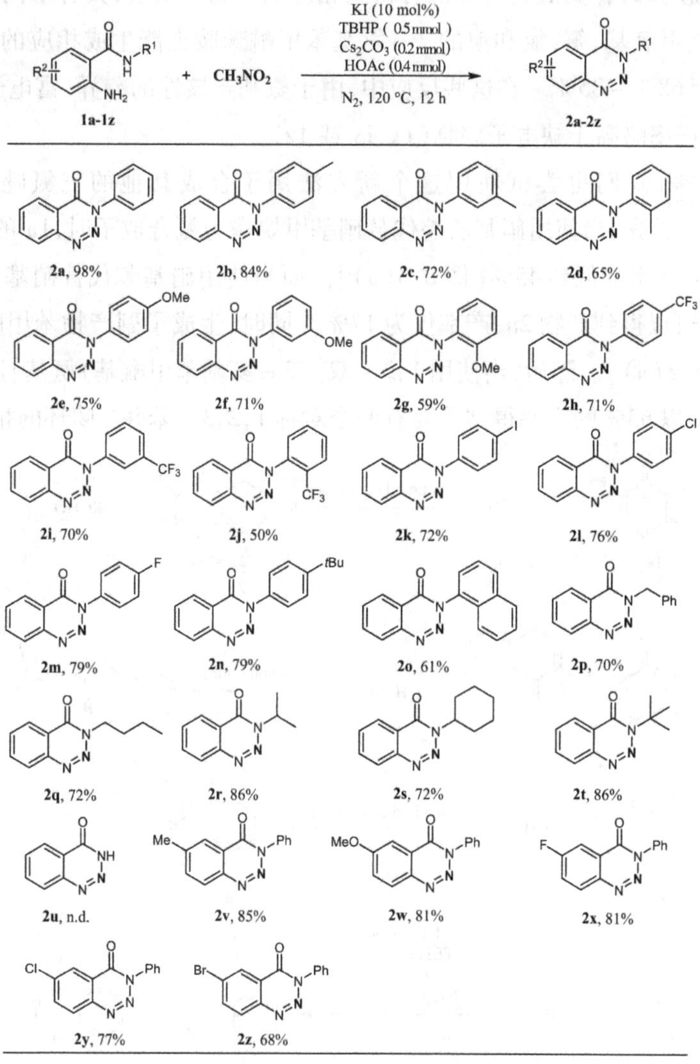

图 8.2　2 - 氨基苯甲酰胺底物范围[a]

[a]反应条件:1(0.2 mmol),KI(0.02 mmol),TBHP(0.5 mmol),Cs$_2$CO$_3$(0.2 mmol),HOAc(0.4 mmol),CH$_3$NO$_2$(2 mL),120 ℃,N$_2$,12 h.

高。更重要的是，与对位或间位取代的反应底物相比，在 R^1 苯环的邻位上带有甲基、甲氧基或三氟甲基基团得到的产率较低，这可能是由于空间位阻造成的。当 R^1 是 1 - 萘基时，以 61% 的分离产率得到产物 2o。随后，当脂肪取代基例如苄基、正丁基、异丙基、环己基和叔丁基作为 R^1 取代基时，反应也可以生成相应的产物 2p - 2t，产率为 70% ~ 86%。但是遗憾的是，当 N 上没有任何取代基即 2 - 氨基苯甲酰胺(2u)作为底物时却没有得到相应的产物。最后，具有不同 R^2 取代基例如甲基、甲氧基、氟、氯和溴的 2 - 氨基苯甲酰苯胺也能生成相应的产物 2v - 2z，产率为 68% ~ 85%。在这些反应中，由于氨基亲核性的差异，富电子底物(1v 或 1w)的产率略高于缺电子底物(1x、1y 或 1z)。

接下来，我们也尝试使用这个新方法用于合成其他的三氮唑类化合物(图 8.3)。首先，当使用硝基乙烷代替硝基甲烷作为氮合成子时，1a 的反应能得到产物 2a，产率降低到 45% [图 8.3(a)]。而当使用硝基苯代替硝基甲烷时，1a 的反应也可以得到产物 2a，产率仅为 17%。同时，生成了副产物苯甲醛，产率为 24% [图 8.3(a)]。随后，当使用 1,2 - 双[(2 - 氨基苯甲酰基)氨基]乙烷(3)作为底物时，以 63% 的产率得到了含有两个对称 1,2,3 - 苯并三嗪环的相应产物 1，

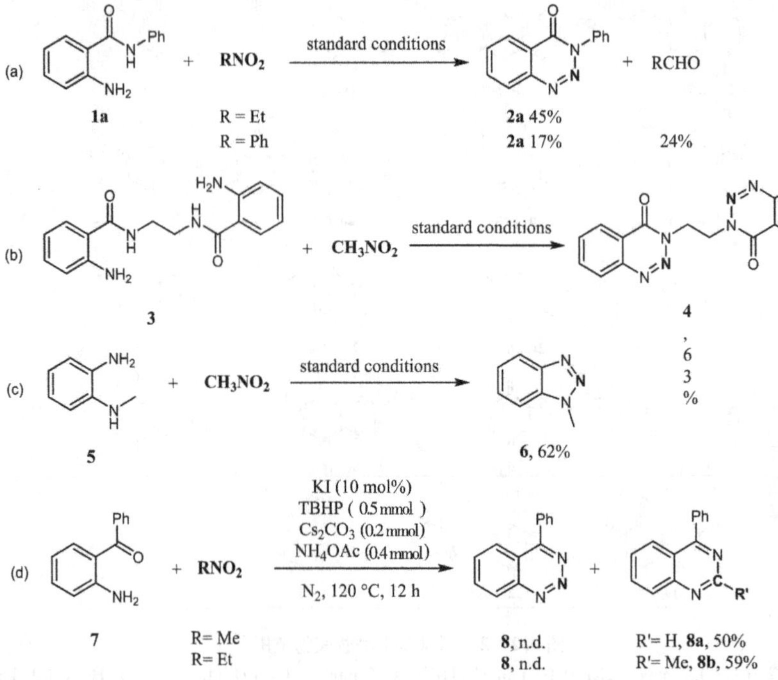

图 8.3 其他三氮唑类化合物的合成

2 - 双(4 - 氧代 - 3,4 - 二氢 - 1,2,3 - 苯并三嗪 - 3 - 基)乙烷(4)[图 8.3(b)]。另外,在最优反应条件下,*N* - 甲基邻苯二胺(5)的反应也得到了相应的 1 - 甲基 - 1*H* - 苯并三唑(6),分离产率为 62%[图 8.3(c)]。然而,当 2 - 氨基二苯甲酮(7)被用作底物时,选择性地以 50% 产率得到了 4 - 苯基喹唑啉(8a),并没有得到产物 8。相似地,当使用硝基乙烷代替硝基甲烷时,也能得到相应的产物 2 - 甲基 - 4 - 苯基喹唑啉(8b),产率为 59%[图 8.3(d)]。

2.3　反应机理

为了深入了解反应机理,我们进行了几个控制实验(图 8.4)。首先,1a 与 0.4 mmol 的 HNO$_2$(由 NaNO$_2$ 和 HCl 原位产生)反应得到了产物 2a,产率为 62%,这表明 HNO$_2$ 可能是该反应的中间体[图 8.4(a)]。随后,我们可以观察到在 2,2,6,6 - 四甲基哌啶 - 1 - 氧基(TEMPO)或 1,1 - 二苯基乙烯的存在下,反应产率仅有略微降低,并未被完全抑制,这意味着该反应可能不是自由基机理[图 8.4(b)]。此外,我们还研究了碘在反应中的作用[图 8.4(c)]。当 0.4 mmol 高价碘试剂如 PhI(OAc)$_2$ 或 IBX 代替我们的催化体系时,并没有得到产物 2a。相比之下,当使用由 I$_2$ 和 KOH 原位产生 KIO 时,反应以 51% 得产率得到 2a。这表明,次碘酸盐在反应过程中起到了十分重要的作用,应该是反应中实际的活性催化剂。

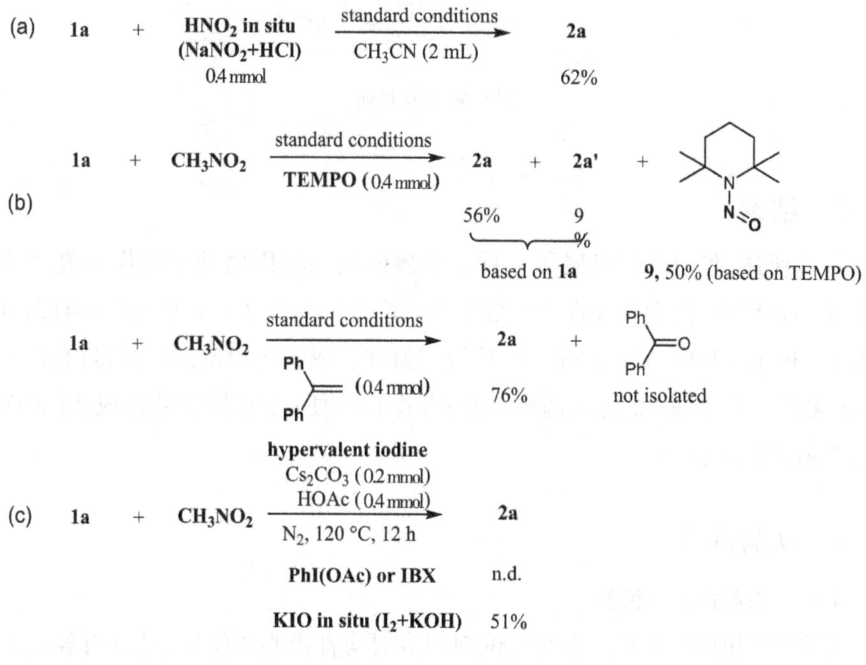

图 8.4　控制实验

根据上述实验结果和以前的研究,我们提出了一个合理的反应机理(图 8.5)。最初,在 Cs_2CO_3 和 HOAc 共同存在下,CH_3NO_2 经由 Nef 反应产生 HCHO 和 HNO;然后,通过 KI 和 TBHP 原位生成的 KIO[9-12],可以将 HNO 进一步氧化成 HNO_2。最后,1a 与 HNO_2 通过除去两个 H_2O 分子直接缩合得到所要产物 2a。同时,尽管不是主要反应途径,但是反应也可以通过 1a 与 HCHO 的串联的缩合 – 环化 – 氧化过程得到 2a'[13]。值得注意的是,I^-/IO^- 催化循环在反应中起到了重要的作用。

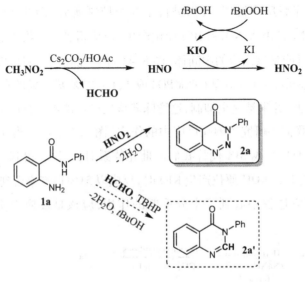

图 8.5 反应机理

3 结论

综上所述,我们已经发展了一种非金属催化的使用硝基甲烷作为氮合成子的氧化环化反应,化学选择性地合成了 N – 取代的 1,2,3 – 苯并三嗪 – 4(3H) – 酮和 1 – 甲基 –1H – 苯并三唑。与传统三氮唑合成方法相比,该方法具有以下优点:①无需过渡金属;②化学选择性高;③操作简便;④底物容易合成;⑤官能团兼容性好且底物范围广。

4 实验部分

4.1 实验试剂与仪器

除非特别说明,本实验中所有试剂和溶剂均直接购买使用,且没有经过进一步纯化。核磁共振波谱数据主要由 Bruker AⅧ - 400 核磁共振波谱仪进行测定,测定都以氘代氯仿(CDCl$_3$)为溶剂,^{1}H NMR 谱图以四甲基硅(TMS, δ = 0 ppm)作为基准,^{13}C NMR 以 CDCl$_3$(δ = 77.00 ppm)作为基准。高分辨质谱数据(HRMS)由 Agilent 7890A GC/7200 Q - TOF 测定,色谱纯甲醇为溶剂。

4.2 1,2,3 - 苯并三嗪 - 4(3H) - 酮的合成步骤

底物 1(0.2 mmol)、KI(3.3 mg,0.02 mmol)、Cs$_2$CO$_3$(65.2 mg,0.2 mmol)、TBHP(75 mL,0.5 mmol)、HOAc(23 mL,0.4 mmol)和 CH$_3$NO$_2$(2 mL)依次加入到 10 mL Schlenk 管中。氮气置换三次后密封,将混合物在 120 ℃下加热搅拌 12 h。反应完毕后将反应混合液冷却至室温,用饱和 Na$_2$SO$_3$ 水溶液淬灭除去过量的 TBHP,并用 20 mL EtOAc 萃取 3 次。将合并的有机层用 Na$_2$SO$_4$ 干燥,过滤并减压浓缩,残余浓缩物通过硅胶柱色谱纯化(石油醚和乙酸乙酯为洗脱剂)得到 1,2,3 - 苯并三嗪 - 4(3H) - 酮 2。

4.3 产物表征数据

3 - 苯基 - 1,2,3 - 苯并三嗪 - 4(3H) - 酮(2a):黄色固体(44 mg,99%);Mp:127 - 129 ℃;^{1}H NMR(400 MHz,CDCl$_3$):δ 8.46(dd,J_1 = 8.0 Hz,J_2 = 1.2 Hz,1H),8.24(dd,J_1 = 8.0 Hz,J_2 = 0.4 Hz,1H),8.03 - 7.98(m,1H),7.88 - 7.84(m,1H),7.68 - 7.64(m,2H),7.59 - 7.55(m,2H),7.52 - 7.48(m,1H);^{13}C NMR(100 MHz,CDCl$_3$):δ 155.2,143.6,138.7,135.0,132.7,129.0,128.9,128.4,126.0,125.5,120.3.

3 - (对苯甲基) - 1,2,3 - 苯并三嗪 - 4(3H) - 酮(2b):黄色固体(40 mg,84%);Mp:139 - 141 ℃;^{1}H NMR(400 MHz,CDCl$_3$):δ 8.44(d,J = 7.6 Hz,1H),8.22(d,J = 8.0 Hz,1H),8.0 - 7.96(m,1H),7.84(t,J = 7.6 Hz,1H),7.53(d,J = 8.4 Hz,2H),7.36(d,J = 8.4 Hz,2H),2.45(s,3H);^{13}C NMR(100 MHz,CDCl$_3$):δ 155.3,143.7,139.0,136.2,135.0,132.6,129.7,128.4,125.8,125.6,120.4,21.2.

3 - (间苯甲基) - 1,2,3 - 苯并三嗪 - 4(3H) - 酮(2c):黄色固体(34 mg,72%);Mp:143 - 145 ℃;^{1}H NMR(400 MHz,CDCl$_3$):δ 8.45(dd,J_1 = 8.0 Hz,J_2 = 1.2 Hz,1H),8.24 - 8.21(dd,J_1 = 8.4 Hz,J_2 = 0.4 Hz,

1H), 8. 02 – 7. 97（m, 1H）, 7. 88 – 7. 83（m, 1H）, 7. 46 – 7. 44（m, 3H）, 7. 32 – 7. 30（m, 1H）, 2. 46（s, 3H）; ^{13}C NMR（100 MHz, CDCl$_3$）: δ 155. 3, 143. 7, 139. 1, 138. 6, 135. 0, 132. 7, 129. 8, 128. 9, 128. 5, 126. 7, 125. 6, 123. 1, 120. 4, 21. 4; HRMS（EI）: calcd for C$_{14}$H$_{11}$N$_3$O［M］$^+$237. 0902, found 237. 0891.

3 –（邻甲苯基）– 1, 2, 3 – 苯并三嗪 – 4（3H）– 酮（2d）: 黄色固体（31 mg, 65%）; Mp: 153 – 155 ℃; ^{1}H NMR（400 MHz, CDCl$_3$）: δ 8. 45（dd, J_1 = 8. 0 Hz, J_2 = 0. 8 Hz, 1H）, 8. 25（d, J = 8. 0 Hz, 1H）, 8. 04 – 7. 99（m, 1H）, 7. 89 – 7. 84（m, 1H）, 7. 46 – 7. 36（m, 4H）, 2. 21（s, 3H）; ^{13}C NMR （100 MHz, CDCl$_3$）: δ 155. 1, 144. 0, 137. 8, 135. 5, 135. 1, 132. 7, 131. 1, 129. 8, 128. 6, 127. 7, 127. 0, 125. 6, 120. 3, 17. 7; HRMS（EI）: calcd for C$_{14}$H$_{11}$N$_3$O［M］$^+$237. 0902, found 237. 0893.

3 –（4 – 甲氧基苯基）– 1, 2, 3 – 苯并三嗪 – 4 （3H）– 酮（2e）: 黄色固体（38 mg, 75%）; Mp: 151 – 153 ℃; ^{1}H NMR（400 MHz, CDCl$_3$）: δ 8. 43 （dd, J_1 = 8. 0 Hz, J_2 = 1. 2 Hz, 1H）, 8. 22（d, J = 8. 0 Hz, 1H）, 8. 01 – 7. 96（m, 1H）, 7. 87 – 7. 82（m, 1H）, 7. 59 – 7. 54（m, 2H）, 7. 09 – 7. 04（m, 2H）, 3. 89（s, 3H）; ^{13}C NMR（100 MHz, CDCl$_3$）: δ 159. 8, 155. 4, 143. 7, 135. 0, 132. 6, 131. 6, 128. 4, 127. 3, 125. 6, 120. 3, 114. 2, 55. 5.

3 –（3 – 甲氧基苯基）– 1, 2, 3 – 苯并三嗪 – 4 （3H）– 酮（2f）: 黄色固体（36 mg, 71%）; Mp: 104 – 106 ℃; ^{1}H NMR（400 MHz, CDCl$_3$）: δ 8. 45（d, J = 7. 6 Hz, 1H）, 8. 23（d, J = 8. 0 Hz, 1H）, 8. 03 – 7. 98（m, 1H）, 7. 86（t, J = 7. 6 Hz, 1H）, 7. 46（t, J = 8. 0 Hz, 1H）, 7. 26 – 7. 19（m, 2H）, 7. 05（dd, J_1 = 8. 4 Hz, J_2 = 2. 0 Hz, 1H）, 3. 87（s, 3H）; ^{13}C NMR（100 MHz, CDCl$_3$）: δ 160. 0, 155. 2, 143. 6, 139. 7, 135. 1, 132. 8, 129. 8, 128. 5, 125. 6, 120. 4, 118. 4, 115. 1, 111. 7, 55. 5; HRMS（EI）: calcd for C$_{14}$H$_{11}$N$_3$O$_2$［M］$^+$253. 0851, found 253. 0846.

3 –（2 – 甲氧基苯基）– 1, 2, 3 – 苯并三嗪 – 4（3H）– 酮（2 g）: 棕黄色固体 （30 mg, 59%）; Mp: 134 – 136 ℃; ^{1}H NMR（400 MHz, CDCl$_3$）: δ 8. 43（dd,

$J_1 = 8.0$ Hz, $J_2 = 1.2$ Hz, 1H), 8.23 (dd, $J_1 = 8.4$ Hz, $J_2 = 0.4$ Hz, 1H), 8.01 - 7.97 (m, 1H), 7.86 - 7.82 (m, 1H), 7.53 - 7.50 (m, 1H), 7.43 (dd, $J_1 = 8.0$ Hz, $J_2 = 2.0$ Hz, 1H), 7.17 - 7.09 (m, 2H), 3.82 (s, 3H);

^{13}C NMR (100 MHz, CDCl$_3$): δ 155.2, 154.8, 144.0, 134.9, 132.5, 131.2, 128.8, 128.4, 127.6, 125.5, 120.9, 120.4, 112.2, 55.9.

3 - (4 - 三氟甲基苯基) - 1,2,3 - 苯并三嗪 - 4 (3H) - 酮(2h):深灰色固体(41 mg, 71%);Mp: 158 - 160 ℃; ^{1}H NMR (400 MHz, CDCl$_3$): δ 8.46 (d, $J = 8.0$ Hz, 1H), 8.25 (d, $J = 8.0$ Hz, 1H), 8.04 (t, $J = 8.0$ Hz, 1H), 7.92 - 7.82 (m, 5H); ^{13}C NMR (100 MHz, CDCl$_3$): δ 155.1, 143.5, 141.6, 135.4, 133.1, 130.8 (q, $J = 32.7$ Hz), 128.7, 126.19, 126.18 (q, $J = 3$ Hz), 125.7, 123.7 (q, $J = 270.7$ Hz), 120.2.

3 - (3 - 三氟甲基苯基) - 1,2,3 - 苯并三嗪 - 4 (3H) - 酮(2i):淡黄色固体 (40 mg, 70%);Mp: 122 - 124 ℃; ^{1}H NMR (400 MHz, CDCl$_3$): δ 8.46 (dd, $J_1 = 8.0$ Hz, $J_2 = 0.4$ Hz, 1H), 8.25 (d, $J = 8.0$ Hz, 1H), 8.06 - 8.00 (m, 2H), 7.90 (dd, $J_1 = 14.0$ Hz, $J_2 = 7.2$ Hz, 2H), 7.76 (d, $J = 7.6$ Hz, 1H), 7.70 (t, $J = 7.6$ Hz, 1H); ^{13}C NMR (100 MHz, CDCl$_3$): δ 155.1, 143.5, 139.2, 135.4, 133.1, 130.8 (q, $J = 32.9$ Hz), 129.6, 129.2, 128.7, 125.7, 125.6 (q, $J = 3.6$ Hz), 123.0 (q, $J = 3.9$ Hz), 123.7 (q, $J = 270.8$ Hz), 120.2; HRMS (EI): calcd for C$_{14}$H$_8$F$_3$N$_3$O [M]$^+$ 291.0619, found 291.0617.

3 - (2 - 三氟甲基苯基) - 1,2,3 - 苯并三嗪 - 4(3H) - 酮(2j):黄色固体 (29 mg, 50%);Mp: 113 - 115 ℃; ^{1}H NMR (400 MHz, CDCl$_3$): δ 8.43 (d, $J = 7.6$ Hz, 1H), 8.26 (d, $J = 8.4$ Hz, 1H), 8.03 (t, $J = 7.6$ Hz, 1H), 7.89(q, $J = 7.6$ Hz, 2H), 7.79 (t, $J = 7.6$ Hz, 1H), 7.71 (t, $J = 7.6$ Hz, 1H), 7.55 (d, $J = 8.0$ Hz, 1H); ^{13}C NMR (100 MHz, CDCl$_3$): δ 155.6, 143.8, 136.4, 135.4, 133.1, 133.0, 130.37, 130.36, 128.8, 128.2 (q, $J = 31.6$ Hz), 127.7 (q, $J = 4.6$ Hz), 125.6, 122.9 (q, $J = 272.4$ Hz), 120.1;

HRMS (EI): calcd for $C_{14}H_8F_3N_3O$ [M]$^+$291.0619, found 291.0615.

3-(4-碘苯基)-1,2,3-苯并三嗪-4(3H)-酮 (2k):黄色固体 (50 mg, 72%); Mp: 191-193 ℃; ^{1}H NMR (400 MHz, CDCl$_3$): δ 8.44 (d, J=7.6 Hz, 1H), 8.23 (d, J=8.0 Hz, 1H), 8.03-7.98 (m, 1H), 7.90-7.85 (m, 3H), 7.44 (d, J=8.8 Hz, 2H); ^{13}C NMR (100 MHz, CDCl$_3$): δ 155.0, 143.5, 138.4, 138.2, 135.3, 133.0, 128.6, 127.6, 125.6, 120.2, 94.4; HRMS (EI): calcd for $C_{13}H_8IN_3O$ [M]$^+$348.9712, found 348.9710.

3-(4-氯苯基)-1,2,3-苯并三嗪-4(3H)-酮 (2l): 黄色固体 (39 mg, 76%); Mp:178-180 ℃; ^{1}H NMR (400 MHz, CDCl$_3$): δ 8.44 (d, J=8.0 Hz, 1H), 8.23 (d, J=8.0 Hz, 1H), 8.01 (t, J=7.6 Hz,1H), 7.87 (t, J=7.6 Hz, 1H), 7.64 (d, J=8.4 Hz, 2H), 7.53 (d, J=8.8 Hz, 2H); ^{13}C NMR (100 MHz, CDCl$_3$): δ 155.1, 143.5, 137.2, 135.2,134.8, 132.9, 129.2, 128.6, 127.2, 125.6, 120.2.

3-(4-氟苯基)-1,2,3-苯并三嗪-4(3H)-酮(2m): 黄色固体 (38 mg, 79%); Mp: 138-140 ℃; ^{1}H NMR (400 MHz, CDCl$_3$): δ 8.44 (dd, J_1=8.0 Hz, J_2=0.8 Hz, 1H), 8.23 (d, J=8.0 Hz, 1H), 8.03-7.99 (m, 1H), 7.89-7.85 (m, 1H), 7.67-7.63 (m, 2H), 7.25 (t, J=8.4 Hz,2H); ^{13}C NMR (100 MHz, CDCl$_3$): δ 162.5 (d, J=247.4 Hz), 155.2,143.6, 135.2, 134.7 (d, J=3.1 Hz), 132.9, 128.6, 127.9 (d, J=8.8 Hz), 125.6, 120.2, 116.0 (d, J=22.8 Hz); HRMS (EI): calcd for $C_{13}H_8FN_3O$ [M]$^+$241.0651, found 241.0649.

3-(4-叔丁基苯基)-1,2,3-苯并三嗪-4(3H)-酮(2n): 淡黄色固体 (44 mg, 79%); Mp: 144-146 ℃; ^{1}H NMR (400 MHz, CDCl$_3$): δ 8.45 (d, J=7.6 Hz, 1H), 8.22 (d, J=8.0 Hz, 1H), 8.01-7.97 (m, 1H), 7.87-7.83 (m, 1H), 7.58 (s, 4H), 1.39 (s, 9H); ^{13}C NMR (100 MHz, CDCl$_3$): δ 155.3, 152.1, 143.7, 136.1, 135.0, 132.6, 128.4, 126.1, 125.6, 125.5, 120.4, 34.8, 31.3; HRMS (EI): calcd for $C_{17}H_{17}N_3O$[M]$^+$279.1372, found 279.1369.

3 -（萘 - 1 - 基）- 1,2,3 - 苯并三嗪 - 4(3H) - 酮（2o）：黄色固体（33 mg, 61%）；Mp：124 - 126 ℃；^{1}H NMR（400 MHz, CDCl$_3$）：δ 8.48（d, J = 7.8 Hz, 1H），8.31（d, J = 8.0 Hz, 1H），8.07 - 8.03（m, 2H），7.98（d, J = 8.4 Hz, 1H），7.90（m, 1H），7.68 - 7.63（m, 2H），7.58 - 7.49（m, 3H）；^{13}C NMR（100 MHz, CDCl$_3$）：δ 155.8, 144.0, 135.3, 134.3, 132.9, 130.4, 129.5, 128.7, 128.5, 127.4, 126.7, 125.9, 125.7, 125.4, 122.2, 120.3；HRMS（EI）：calcd for C$_{17}$H$_{11}$N$_3$O [M]$^+$ 273.0902, found 273.0898.

3 - 苄基 - 4(3H) 喹唑啉酮（2p）：黄色固体（33 mg, 70%）；Mp：118 - 120 ℃；^{1}H NMR（400 MHz, CDCl$_3$）：δ 8.34（d, J = 8.0 Hz, 1H），8.14（d, J = 8.4 Hz, 1H），7.95 - 7.90（m, 1H），7.80 - 7.75（m, 1H），7.54 - 7.52（d, J = 7.2 Hz, 2H），7.37 - 7.27（m, 3H），5.63（s, 2H）；^{13}C NMR（100 MHz, CDCl$_3$）：δ 155.3, 144.3, 135.7, 134.8, 132.3, 128.8, 128.7, 128.3, 128.2, 125.1, 120.0, 53.3.

3 - 丁基 - 1,2,3 - 苯并三嗪 - 4(3H) - 酮（2q）：黄色油状液体（29 mg, 72%）；^{1}H NMR（400 MHz, CDCl$_3$）：δ 8.36（dd, J_1 = 8.0 Hz, J_2 = 0.8 Hz 1H），8.15（d, J = 8.0 Hz, 1H），7.97 - 7.92（m, 1H），7.82 - 7.77（m, 1H），4.49（t, J = 7.6 Hz, 2H），1.95 - 1.87（quint, J = 7.6 Hz, 2H），1.50 - 1.41（sext, J = 7.6 Hz, 2H），0.99（t, J = 7.6 Hz, 3H）；^{13}C NMR（100 MHz, CDCl$_3$）：δ 155.5, 144.3, 134.6, 132.2, 128.2, 125.0, 119.8, 49.6, 30.9, 19.9, 13.6；HRMS（EI）：calcd for C$_{11}$H$_{13}$N$_3$O [M]$^+$ 203.1059, found 203.1046.

3 - 异丙基 - 1,2,3 - 苯并三嗪 - 4(3H) - 酮（2r）：黄色油状液体（32 mg, 86%）；^{1}H NMR（400 MHz, CDCl$_3$）：δ 8.36（d, J = 7.6 Hz, 1H），8.15（d, J = 8.0 Hz, 1H），7.96 - 7.92（m, 1H），7.82 - 7.77（m, 1H），5.45（heptet, J = 6.8 Hz, 1H），1.60（d, J = 6.8 Hz, 6H）；^{13}C NMR（100 MHz, CDCl$_3$）：δ 155.0, 143.9, 134.6, 132.0, 128.0, 125.2, 119.6, 49.5, 21.6；HRMS（EI）：calcd for C$_{10}$H$_{11}$N$_3$O [M]$^+$ 189.0902, found 189.0895.

3 - 环己基 - 1,2,3 - 苯并三嗪 - 4(3H) - 酮（2s）：黄色固体（33 mg, 72%）；Mp：129 - 131 ℃；^{1}H NMR（400 MHz, CDCl$_3$）：δ 8.37 - 8.35（d, J_1 =

7.6 Hz, $J_2 = 0.8$ Hz, 1H), 8.15 (d, $J = 8.4$ Hz, 1H), 7.96 – 7.92 (m, 1H), 7.81 – 7.76 (t, $J = 7.44$ Hz, 1H), 5.07 – 5.02 (m, 1H), 2.06 – 1.94 (m, 6H), 1.80 – 1.75 (m, 1H), 1.57 – 1.50 (m, 2H), 1.38 – 1.30 (m, 1H);
^{13}C NMR (100 MHz, CDCl$_3$): δ 155.1, 143.8, 134.6, 132.0, 128.0, 125.2, 119.5, 56.6, 31.8, 25.8, 25.3; HRMS (EI): calcd for $C_{13}H_{15}N_3O$ [M]$^+$ 229.1215, found 229.1211.

3 – 叔丁基 – 1,2,3 – 苯并三嗪 – 4(3H) – 酮(2t): 橙黄色油状液体 (35 mg, 86%); ^{1}H NMR (400 MHz, CDCl$_3$): δ 8.34(dd, $J_1 = 8.0$ Hz, $J_2 = 0.80$ Hz, 1H), 8.11 (d, $J = 8.4$ Hz, 1H), 7.94 – 7.89 (m, 1H), 7.79 – 7.72 (m, 1H), 1.82 (s, 9H);
^{13}C NMR(100 MHz, CDCl$_3$): δ 156.1, 143.7, 134.4, 131.8, 131.0, 128.4, 127.5, 126.7, 125.0, 120.7, 65.0, 28.5; HRMS (EI): calcd for $C_{11}H_{13}N_3O$ [M]$^+$203.1059, found 203.1055.

3 – 苯基 – 6 – 甲基 – 1,2,3 – 苯并三嗪 – 4(3H) – 酮(2v): 黄色固体 (40 mg, 85%); Mp: 151 – 153 ℃; ^{1}H NMR (400 MHz, CDCl$_3$): δ 8.23 (s, 1H), 8.11 (d, $J = 8.4$ Hz, 1H), 7.79 (dd, $J_1 = 8.0$ Hz, $J_2 = 1.2$ Hz, 1H), 7.65 (d, $J = 7.6$ Hz, 2H), 7.56 (t, $J = 7.2$ Hz, 2H), 7.49 (t, $J = 7.2$ Hz, 1H), 2.61 (s, 3H); ^{13}C NMR (100 MHz, CDCl$_3$): δ 155.4, 144.1, 142.0, 138.9, 136.4, 129.0, 128.8, 128.4, 126.1, 125.0, 120.2, 21.9; HRMS (EI): calcd for $C_{14}H_{11}N_3O$ [M]$^+$237.0902, found 237.0904.

3 – 苯基 – 6 – 甲氧基 – 1,2,3 – 苯并三嗪 – 4 (3H) – 酮(2w): 黄色固体 (41 mg, 81%); Mp: 105 – 107 ℃; ^{1}H NMR (400 MHz, CDCl$_3$): δ 8.14 (d, $J = 8.8$ Hz, 1H), 7.76 (d, $J = 2.8$ Hz, 1H), 7.67 – 7.64 (m, 2H), 7.58 – 7.54 (m, 2H), 7.53 – 7.47 (m, 2H), 4.00 (s, 3H); ^{13}C NMR (100 MHz, CDCl$_3$): δ 162.9, 155.4, 138.9, 138.8, 130.5, 129.0, 128.8, 126.1, 125.0, 122.2, 104.8, 56.3; HRMS (EI): calcd for $C_{14}H_{11}N_3O_2$ [M]$^+$253.0851, found 253.0846.

3 – 苯基 – 6 – 氟 – 1,2,3 – 苯并三嗪 – 4(3H) – 酮(2x): 黄色固体 (39 mg, 81%);Mp: 143 – 145 ℃; ^{1}H NMR (400 MHz, CDCl$_3$): δ 8.27 (dd,

$J_1 = 8.8$ Hz, $J_2 = 4.8$ Hz, 1H), 8.07 (dd, $J_1 = 7.6$ Hz, $J_2 = 2.4$ Hz, 1H), 7.72 – 7.64 (m, 3H), 7.57 (t, $J = 7.6$ Hz, 2H), 7.50 (t, $J = 7.6$ Hz, 1H); ^{13}C NMR (100 MHz, CDCl$_3$)：δ 162.5 (d, $J = 256.1$ Hz), 154.5 (d, $J = 3.1$ Hz), 140.7 (d, $J = 2.3$ Hz), 138.5, 131.7 (d, $J = 9.0$ Hz), 129.1, 126.0, 123.8 (d, $J = 24.3$ Hz), 122.6 (d, $J = 9.5$ Hz), 110.1 (d, $J = 24.1$ Hz); HRMS（EI）：calcd for C$_{13}$H$_8$FN$_3$O［M］$^+$ 241.0651, found 241.0650.

　　3 – 苯基 – 6 – 氯 –1,2,3 – 苯并三嗪 –4(3H) – 酮(2y)：黄色固体（40 mg，77%）；Mp：175 – 177 ℃；^{1}H NMR (400 MHz, CDCl$_3$)：δ 8.40 (d, $J = 2.4$ Hz, 1H), 8.17 (d, $J = 8.4$ Hz, 1H), 7.92 (dd, $J_1 = 8.8$ Hz, $J_2 = 2.4$ Hz, 1H), 7.64 (d, $J = 7.2$ Hz, 2H), 7.57 (t, $J = 7.6$ Hz, 2H), 7.50 (t, $J = 7.2$ Hz, 1H); ^{13}C NMR (100 MHz, CDCl$_3$)：δ 154.1, 142.0, 139.2, 138.5, 135.6, 130.2, 129.13, 129.10, 125.9, 125.2, 121.5; HRMS（EI）：calcd for C$_{13}$H$_8$ClN$_3$O［M］$^+$ 257.0356, found 257.0347.

　　3 – 苯基 – 6 – 溴 –1,2,3 – 苯并三嗪 –4(3H) – 酮(2z)：淡黄色固体（41 mg，68%）；Mp：173 – 175 ℃；^{1}H NMR (400 MHz, CDCl$_3$)：δ 8.58 (s, 1H), 8.09 (s, 2H), 7.64 (d, $J = 7.2$ Hz, 2H), 7.57 (t, $J = 7.6$ Hz, 1H), 7.50 (t, $J = 7.2$ Hz, 1H); ^{13}C NMR (100 MHz, CDCl$_3$)：δ 154.0, 142.3, 138.5, 130.1, 129.2, 129.1, 128.4, 127.5, 125.9, 121.6; HRMS（EI）：calcd for C$_{13}$H$_8$BrN$_3$O［M］$^+$ 300.9851, found 300.9847.

　　1,2 – 双(4 – 氧代 –3,4 – 二氢 –1,2,3 – 苯并三嗪 – 3 – 基)乙烷（4）：淡黄色固体（20 mg，63%）；Mp：213 – 215 ℃；^{1}H NMR (400 MHz, CDCl$_3$)：δ 8.31 (d, $J = 8.0$ Hz, 2H), 8.08 (d, $J = 8.0$ Hz, 2H), 7.93 (t, $J = 7.6$ Hz, 2H), 7.79 (t, $J = 7.6$ Hz, 2H), 5.02 (s, 4H); ^{13}C NMR (100 MHz, CDCl$_3$)：δ 155.8, 144.1, 134.9, 132.5, 128.4, 125.0, 119.6, 48.3.

　　1 – 甲基 –1H – 苯并三唑(6)：橙红色油状液体（24 mg，62%）；^{1}H NMR (400 MHz, CDCl$_3$)：δ 8.06 (d, $J = 8.4$ Hz, 1H), 7.55 – 7.49 (m, 2H), 7.41 –

7.37（m, 1H）, 4.31（s, 3H）；^{13}C NMR（100 MHz, CDCl$_3$）：
δ 145.8, 133.4, 127.3, 123.9, 119.8, 109.1, 34.2.

4-苯基喹唑啉（8a）：淡黄色固体（21 mg, 50%）；Mp：96-
97 ℃；^{1}H NMR（400 MHz, CDCl$_3$）δ 9.39（s, 1H）, 8.13（d, J =
8.8 Hz, 2H）, 7.95-7.90（m, 1H）, 7.82-7.76（m, 2H）, 7.64-
7.56（m, 4H）；^{13}C NMR（100 MHz, CDCl$_3$）δ 168.5, 154.5, 150.
9, 137.0, 133.7, 130.1, 129.9, 128.8, 128.6, 127.7, 127.1,
123.1.

2-甲基-4-苯基喹唑啉（8b）：黄色油状液体（26 mg,
59%）；^{1}H NMR（400 MHz, CDCl$_3$）δ 8.07-8.02（m, 2H）,
7.90-7.87（m, 1H）, 7.77-7.74（m, 2H）, 7.59-7.52（m,
4H）, 2.96（s, 3H）. ^{13}C NMR（100 MHz, CDCl$_3$）δ 168.7, 163.8,
154.7, 137.2, 133.7, 129.9, 129.8, 128.6, 128.0, 127.0, 126.
7, 121.0, 26.5.

2,2,6,6-四甲基-1-亚硝基哌啶（9）：淡黄色油状液体
（34 mg, 50%）；^{1}H NMR（400 MHz, CDCl$_3$）：δ 1.85-1.80（m,
2H）, 1.70-1.64（m, 2H）, 1.63-1.60（m, 8H）, 1.41（s,
6H）；^{13}C NMR（100 MHz, CDCl$_3$）：δ 62.14, 60.7, 41.5, 38.8,
31.8, 26.0, 16.1；HRMS（ESI）：calcd for C$_9$H$_{19}$N$_2$O [M + H]$^+$:171.1497,found
171.1500.

参考文献

[1] Hunt J C, Briggs E, Clarke E D, et al. Synthesis and SAR studies of novel antifungal 1,2,3 - triazines[J]. Bioorganic & Medicinal Chemistry Letters, 2007, 17 (18): 5222 - 5226.

[2] Migawa M T, Townsend L B. Synthesis and Unusual Chemical Reactivity of Certain Novel 4,5 - Disubstituted 7 - Benzylpyrrolo[2,3 - d][1,2,3]triazines[J]. Journal of Organic Chemistry, 2001, 66(14): 4776 - 4782.

[3] Migawa M T, Drach J C, Townsend L B. Design, synthesis and antiviral activity of novel 4,5 - disubstituted 7 - (β - D - ribofuranosyl)pyrrolo[2,3 - d][1, 2,3]triazines and the novel 3 - amino - 5 - methyl - 1 - (β - D - ribofuranosyl) -

and 3 - amino - 5 - methyl - 1 - (2 - deoxy - β - D - ribofuranosyl) - 1,5 - dihydro - 1,4,5,6,7,8 - hexaazaacenaphthylene as analogues of triciribine[J]. Journal of Medicinal Chemistry, 2005, 48(11): 3840 - 3851.

[4] Clark A S, Deans B, Stevens M F G, et al. Antitumor Imidazotetrazines. 32. 1 Synthesis of Novel Imidazotetrazinones and Related Bicyclic Heterocycltes to Probe the Mode of Action of the Antitumor Drug Temozolomide[J]. Journal of Medicinal Chemistry, 1995, 38(9):1493 - 1504.

[5] Colomer J P, Moyano E L. New application of heterocyclic diazonium salts. Synthesis of pyrazolo[3,4 - d][1,2,3]triazin - 4 - ones and imidazo[4,5 - d][1, 2,3]triazin - 4 - ones[J]. Tetrahedron Letters, 2011, 52(14): 1561 - 1565.

[6] Barker A J, Paterson T M, Smalley R K, et al. 1,2,3 - Benzotriazin - 4 (3H) - ones and related systems. Part 5. Thermolysis of 3 - aryl - and 3 - alkenyl - 1,2,3 - benzotriazin - 4(3H) - ones[J]. Journal of the Chemical Society, Perkin Transactions 1, 1979, (9): 2203 - 2208.

[7] Sughara M, Ukita T. A Facile Copper - Catalyzed Ullmann Condensation: N - Arylation of Heterocyclic Compounds Containing an —NHCO— Moiety[J]. Chemical & Pharmaceutical Bulletin, 1997, 45(4): 719 - 721.

[8] Yan Y, Niu B, Xu K, et al. Potassium Iodide/$tert$ - Butyl Hydroperoxide - Mediated Oxidative Annulation for the Selective Synthesis of N - Substituted 1,2,3 - Benzotriazine - 4 (3H) - ones Using Nitromethane as the Nitrogen Synthon[J]. Advanced Synthesis & Catalysis, 2016, 358(2): 212 - 217.

[9] Uyanik M, Okamoto H, Yasui T, et al. Quaternary Ammonium (Hypo) iodite Catalysis for Enantioselective Oxidative Cycloetherification[J]. Science, 2010, 328(5984): 1376 - 1379.

[10] Uyanik M, Suzuki D, Yasui T, et al. In Situ Generated (Hypo) Iodite Catalysts for the Direct α - Oxyacylation of Carbonyl Compounds with Carboxylic Acids[J]. Angewandte Chemie International Edition, 2011, 50(23):5331 - 5334.

[11] Uyanik M, Ishihara K. Catalysis with In Situ - Generated (Hypo) iodite Ions for Oxidative Coupling Reactions [J]. ChemCatChem, 2012, 4 (2): 177 - 185.

[12] Uyanik M, Hayashi H, Ishihara K. High - turnover hypoiodite catalysis for asymmetric synthesis of tocopherols[J]. Science, 2014, 345(6194): 291 - 294.

[13] Kim N Y, Cheon C. Synthesis of quinazolinones from anthranilamides and aldehydes via metal – free aerobic oxidation in DMSO[J]. Tetrahedron Letters, 2014, 55(15): 2340 – 2344.

第九章 亚硝酸叔丁酯作氮合成子构建 1,2,3 - 苯并三嗪 - 4(3H) - 酮

1 引言

第八章中,我们已经发展了一种 KI/TBHP 促进的 2 - 氨基苯甲酰胺和硝基甲烷的氧化环化反应。该反应可通过 C—N 裂解形成多个 N—N 键从而生成 1,2,3 - 苯并三嗪 - 4(3H) - 酮。在这个方法中,硝基甲烷被首次用作氮合成子构建杂环化合物。虽然反应无需过渡金属参与、产率很高且底物范围很广,但是仍然需要酸和高温条件,这些缺点限制了其在工业上更广泛的应用。因此,亟须找到一个更加温和、有效地合成 1,2,3 - 苯并三嗪 - 4(3H) - 酮的方法。

近年来,亚硝酸叔丁酯(TBN)已被广泛用作有效的氮合成子[1-7],构建高价值的含氮化合物,特别是含氮杂环化合物[8-10]。本章中,我们发展了一种温和有效的四丁基碘化铵(TBAI)催化的亚硝酸叔丁酯作氮合成子构建 1,2,3 - 苯并三嗪 - 4(3H) - 酮的方法,反应无需强酸和高温条件[11]。

2 结果与讨论

2.1 反应条件优化

我们开始将 N - 苯基 - 2 - 氨基苯甲酰胺(1a,0.2 mmol)和亚硝酸叔丁酯(2,0.6 mmol)在 TBAI(10 mol%)催化下反应。反应在 CH$_3$CN 中 60 ℃下 12 h,以 99% 的产率生成了 N - 苯基 - 1,2,3 - 苯并三嗪 - 4(3H)酮(表 9.1,条件 1)。当四丁基溴化铵(TBAB)和四丁基氯化铵(TBAC)代替 TBAI 用作催化剂时,反应产率明显降低(表 9.1,条件 2~3)。当反应温度从 60 ℃降低到 50 ℃或 40 ℃时,反应产率也明显降低(表 9.1,条件 4~5)。此外,减少 TBAI 量到 5 mol%,没有降低 3a 的产率(表 9.1,条件 6)。然而当没有 TBAI 催化时,3a 的产率只有 68%,说明 TBAI 在反应中起着十分重要的作用(表 9.1,条件 7)。另外,当逐渐减少亚硝酸叔丁酯的量时,3a 的产率逐渐降低(表 9.1,条件 8~9)。当缺少亚硝酸叔丁酯时,没有 3a 的生成,这表明亚硝酸叔丁酯是反应生成 3a 的 N 源

（表9.1，条件10）。综上所述，最优反应条件如表9.1中条件6所示。

表9.1　反应条件优化[a]

条件	催化剂	TBN（当量）	温度（℃）	产率（%）[b]
1	TBAI	3	60	99
2	TBAB	3	60	95
3	TBAC	3	60	90
4	TBAI	3	50	85
5	TBAI	3	40	75
6[c]	TBAI	3	60	99
7	—	3	60	68
8	TBAI	2	60	85
9	TBAI	1	60	43
10	TBAI	0	60	n. d.

[a]反应条件：1a（0.2 mmol），2（0.6 mmol），$n\text{Bu}_4\text{NX}$（10 mol%，0.02 mmol），CH_3CN（2 mL），60 ℃，12 h. [b]分离产率. [c]5 mol% TBAI.

2.2　2-氨基苯甲酰胺底物范围

在最优的反应条件下，我们研究了反应对不同取代2-氨基苯甲酰胺的适用性（图9.1）。不同2-氨基苯甲酰胺（1a-1z）被用作底物参与这个反应，均生成了多种1,2,3-苯并三嗪-4(3H)-酮且都具有不错的产率。首先，不同 N-芳基-2-氨基苯甲酰胺（1a-1n，苯环上取代基 Me、OMe、CF₃、F、Cl、Br 和 tBu）与亚硝酸叔丁酯反应均生成了不同 N-取代1,2,3-苯并三嗪-4(3H)-酮（3a-3n），且都具有不错的分离产率。相比苯环上具有吸电子基团的底物（3h 和 3l），在苯环上具有供电子基团的底物能以更高的产率得到产物（3b、3e 和 3n）。此外，取代基 Me、OMe 或 CF₃ 在苯环邻位的产率要低于在苯环对位的产率，这可能是由于空间位阻效应引起的。N-萘基-2-氨基苯甲酰胺和亚硝酸叔丁酯反应同样可以生成相应的产物3o，产率为81%。随后，当 R^1 取代基为烷基（Bn、n-Bu、i-Pr、环己基和 t-Bu）时，都可以以不错的产率得到产物3p-3t。此外，2-氨基苯甲酰胺中 R^2 取代基为 Me、OMe、F、Cl 和 Br 时，也都能发生这个反应，且得到了不错的产率。最后,为了扩展这个方法的应用范围,我们合成了一种特殊底物1z,发现也能成功地合成相应的产物3z。产物3z包含了两个对称的1,2,3-苯并三氮唑,产率为73%。

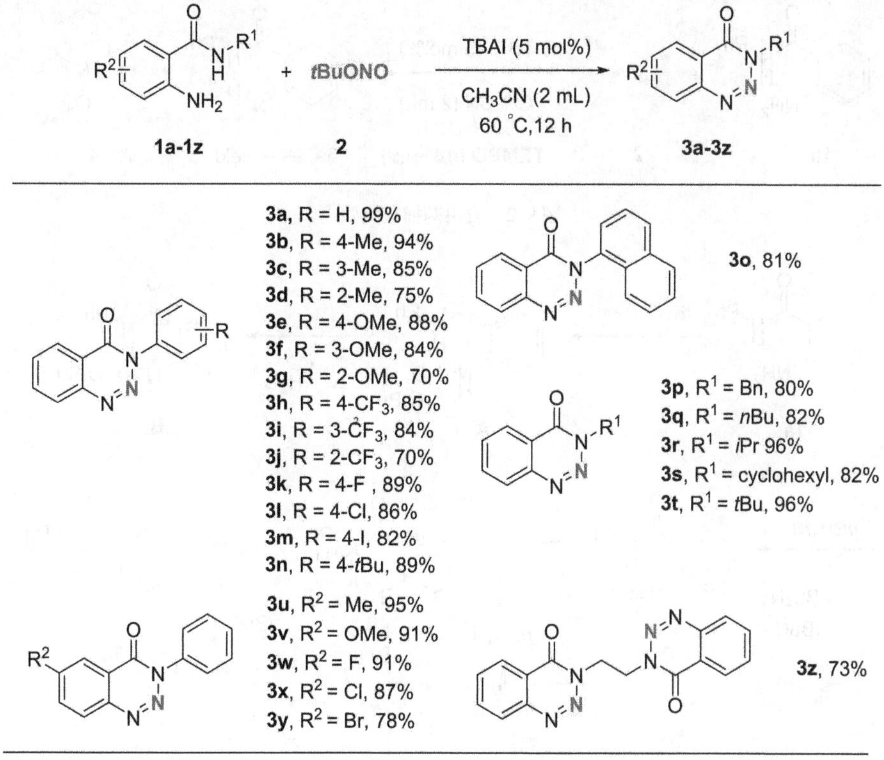
1a-1z
2
3a-3z
TBAI (5 mol%)
CH3CN (2 mL)
60 °C,12 h
3a, R = H, 99%
3b, R = 4-Me, 94%
3c, R = 3-Me, 85%
3d, R = 2-Me, 75%
3e, R = 4-OMe, 88%
3f, R = 3-OMe, 84%
3g, R = 2-OMe, 70%
3h, R = 4-CF3, 85%
3i, R = 3-CF3, 84%
3j, R = 2-CF3, 70%
3k, R = 4-F , 89%
3l, R = 4-Cl, 86%
3m, R = 4-I, 82%
3n, R = 4-tBu, 89%
3o, 81%
3p, R1 = Bn, 80%
3q, R1 = nBu, 82%
3r, R1 = iPr 96%
3s, R1 = cyclohexyl, 82%
3t, R1 = tBu, 96%
3u, R2 = Me, 95%
3v, R2 = OMe, 91%
3w, R2 = F, 91%
3x, R2 = Cl, 87%
3y, R2 = Br, 78%
3z, 73%

图9.1　2-氨基苯甲酰胺底物范围[a]

[a]反应条件：1a-1z(0.2 mmol)，2 (0.6 mmol)，TBAI (5 mol%，0.01 mmol)，CH_3CN (2 mL)，60 ℃，12 h.

2.3　反应机理

根据以前的研究,亚硝酸叔丁酯分解时可能会产生自由基中间体,比如NO自由基或者叔丁氧自由基。为了深入了解这一机制,我们设计了一个自由基捕获实验(图9.2)。在TEMPO存在下,反应没有发生明显的抑制,且没有检测到预期捕获产物4。这一结果表明,这个反应可能没有经历自由基历程。此外,反应完成后,采用气相色谱-质谱法能检测出*t*BuOH,其应该为反应的主要副产物。

根据上述结果和之前的研究[1-10],我们提出了一种可行的反应机理(图9.3)。最初,2-氨基苯甲酰胺与亚硝酸叔丁酯通过与伯胺的亚硝化反应生成了一个不稳定的阳离子中间产物 A。然后 A 通过脱水转变为重氮盐 B,在 TBAI 存在下又通过阴离子交换生成碘化重氮盐 C。最后,分子内的直接取代作用生成了中间体 D,它通过脱氢进一步生成了 3a。

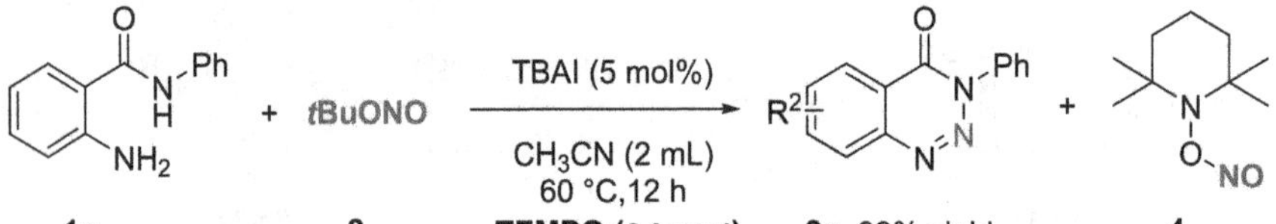

图 9.2　自由基捕获实验

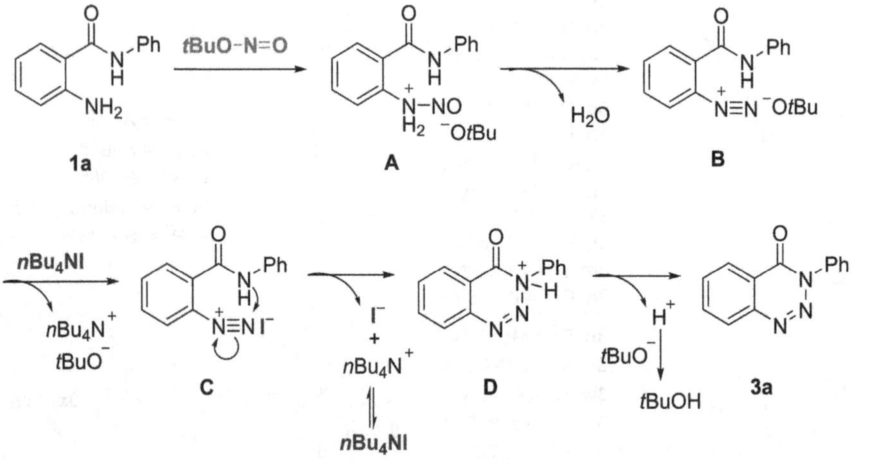

图 9.3　反应机理

3　结论

总之,我们通过 2 - 氨基苯甲酰胺和亚硝酸叔丁酯的反应得到了一系列 *N* - 取代 1,2,3 - 苯并三嗪 - 4(3*H*) - 酮化合物。相比以前的合成方法,该方法的优点是:条件温和;无需强酸;操作简便;产率高;底物范围广;副产物水和叔丁醇都较绿色。

4　实验部分

4.1　实验试剂与仪器

除另有说明外,所有商用试剂和溶剂均未经纯化而直接使用。用 Bruker AV Ⅲ - 600 超导核磁波谱仪记录 ^{1}H NMR 和 ^{13}C NMR,分别以 CDCl$_3$ 中的 TMS

(δ = 0 ppm)和 CDCl$_3$(δ = 77.00 ppm)进行校准。

4.2　1,2,3 - 苯并三嗪 - 4(3H) - 酮的合成步骤

将 2 - 氨基苯甲酰胺(1a - z,0.2 mmol)、TBAI(3.7 mg,0.01 mol)、亚硝酸叔丁酯(72 μL,0.6 mmol)和 CH$_3$CN(2 mL)依次添加到 10 mL 反应管中,混合物在 60 ℃下空气中反应 12 h。然后将溶液冷却至室温,过滤后减压浓缩,浓缩液用硅胶柱层析(石油醚/乙酸乙酯由 6/1 逐渐到 3/1)纯化得到产物 3a - z。

4.3　产物表征数据

3 - 苯基 - 1,2,3 - 苯并三嗪 - 4(3H) - 酮(3a):淡黄色固体;^{1}H NMR (400 MHz, CDCl$_3$):δ 8.46 (dd, J_1 = 8.0 Hz, J_2 = 1.2 Hz, 1H), 8.24 (dd, J_1 = 8.0 Hz, J_2 = 0.4 Hz, 1H), 8.03 - 7.98 (m, 1H), 7.88 - 7.84 (m, 1H), 7.68 - 7.64 (m, 2H), 7.59 - 7.55 (m, 2H), 7.52 - 7.48 (m, 1H);^{13}C NMR (100 MHz, CDCl$_3$): δ 155.2, 143.6, 138.7, 135.0, 132.7, 129.0, 128.9, 128.4, 126.0, 125.5, 120.3.

3 - (对苯甲基) - 1,2,3 - 苯并三嗪 - 4(3H) - 酮(3b):黄色固体;^{1}H NMR (400 MHz, CDCl$_3$):δ 8.44 (d, J = 7.6 Hz, 1H), 8.22 (d, J = 8.0 Hz, 1H), 8.0 - 7.96 (m, 1H), 7.84 (t, J = 7.6 Hz, 1H), 7.53 (d, J = 8.4 Hz, 2H), 7.36 (d, J = 8.4 Hz, 2H), 2.45 (s, 3H);^{13}C NMR (100 MHz, CDCl$_3$):δ 155.3, 143.7, 139.0, 136.2, 135.0, 132.6, 129.7, 128.4, 125.8, 125.6, 120.4, 21.2.

3 - (间苯甲基) - 1,2,3 - 苯并三嗪 - 4(3H) - 酮(3c):黄色固体;^{1}H NMR (400 MHz, CDCl$_3$):δ 8.45 (dd, J_1 = 8.0 Hz, J_2 = 1.2 Hz, 1H), 8.24 - 8.21 (dd, J_1 = 8.4 Hz, J_2 = 0.4 Hz, 1H), 8.02 - 7.97 (m, 1H), 7.88 - 7.83 (m, 1H), 7.46 - 7.44 (m, 3H), 7.32 - 7.30 (m, 1H), 2.46 (s, 3H);^{13}C NMR (100 MHz, CDCl$_3$):δ 155.3, 143.7, 139.1, 138.6, 135.0, 132.7, 129.8, 128.9, 128.5, 126.7, 125.6, 123.1, 120.4, 21.4.

3 - (邻苯甲基) - 1,2,3 - 苯并三嗪 - 4(3H) - 酮(3d):黄色固体;^{1}H NMR (400 MHz, CDCl$_3$):δ 8.45 (dd, J_1 = 8.0 Hz, J_2 = 0.8 Hz, 1H), 8.25 (d, J = 8.0 Hz, 1H),

8.04 - 7.99（m, 1H）, 7.89 - 7.84（m, 1H）, 7.46 - 7.36（m, 4H）, 2.21（s, 3H）;^{13}C NMR（100 MHz, CDCl$_3$）:δ 155.1, 144.0, 137.8, 135.5, 135.1, 132.7, 131.1, 129.8, 128.6, 127.7, 127.0, 125.6, 120.3, 17.7.

3 -（4 - 甲氧基苯基）- 1,2,3 - 苯并三嗪 - 4（3H）- 酮（3e）: 黄色固体;^{1}H NMR（400 MHz, CDCl$_3$）:δ 8.43（dd, J_1 = 8.0 Hz, J_2 = 1.2 Hz, 1H）, 8.22（d, J = 8.0 Hz, 1H）, 8.01 - 7.96（m, 1H）, 7.87 - 7.82（m, 1H）, 7.59 - 7.54（m, 2H）, 7.09 - 7.04（m, 2H）, 3.89（s, 3H）;^{13}C NMR（100 MHz, CDCl$_3$）:δ 159.8, 155.4, 143.7, 135.0, 132.6, 131.6, 128.4, 127.3, 125.6, 120.3, 114.2, 55.5.

3 -（3 - 甲氧基苯基）- 1,2,3 - 苯并三嗪 - 4（3H）- 酮（3f）: 黄色固体;^{1}H NMR（400 MHz, CDCl$_3$）:δ 8.45（d, J = 7.6 Hz, 1H）, 8.23（d, J = 8.0 Hz, 1H）, 8.03 - 7.98（m, 1H）, 7.86（t, J = 7.6 Hz, 1H）, 7.46（t, J = 8.0 Hz, 1H）, 7.26 - 7.19（m, 2H）, 7.05（dd, J_1 = 8.4 Hz J_2 = 2.0 Hz, 1H）, 3.87（s, 3H）;^{13}C NMR（100 MHz, CDCl$_3$）:δ 160.0, 155.2, 143.6, 139.7, 135.1, 132.8, 129.8, 128.5, 125.6, 120.4, 118.4, 115.1, 111.7, 55.5.

3 -（2 - 甲氧基苯基）- 1,2,3 - 苯并三嗪 - 4（3H）- 酮（3g）: 黄色固体;^{1}H NMR（400 MHz, CDCl$_3$）:δ 8.43（dd, J_1 = 8.0 Hz, J_2 = 1.2 Hz, 1H）, 8.23（dd, J_1 = 8.4 Hz, J_2 = 0.4 Hz, 1H）, 8.01 - 7.97（m, 1H）, 7.86 - 7.82（m, 1H）, 7.53 - 7.50（m, 1H）, 7.43（dd, J_1 = 8.0 Hz, J_2 = 2.0 Hz, 1H）, 7.17 - 7.09（m, 2H）, 3.82（s, 3H）;^{13}C NMR（100 MHz, CDCl$_3$）:δ 155.2, 154.8, 144.0, 134.9, 132.5, 131.2, 128.8, 128.4, 127.6, 125.5, 120.9, 120.4, 112.2, 55.9.

3 -（4 - 三氟甲基苯基）- 1,2,3 - 苯并三嗪 - 4（3H）- 酮（3h）: 淡黄色固体; ^{1}H NMR（400 MHz, CDCl$_3$）:δ 8.46（d, J = 8.0 Hz, 1H）, 8.25（d, J = 8.0 Hz, 1H）, 8.04（t, J = 8.0 Hz, 1H）, 7.92 - 7.82（m, 5H）;^{13}C NMR（100 MHz, CDCl$_3$）:δ 155.1, 143.5, 141.6, 135.4, 133.1,

130.8（q，$J=32.7$ Hz），128.7，126.19，126.18（q，$J=3$ Hz），125.7，123.7（q，$J=270.7$ Hz），120.2.

3 - (3 - 三氟甲基苯基) - 1,2,3 - 苯并三嗪 - 4 (3H) - 酮(3i)：淡黄色固体；^{1}H NMR（400 MHz，CDCl$_3$）：δ 8.46（dd，$J_1=8.0$ Hz，$J_2=0.4$ Hz，1H），8.25（d，$J=8.0$ Hz，1H），8.06 - 8.00（m，2H），7.90（dd，$J_1=14.0$ Hz，$J_2=7.2$ Hz，2H），7.76（d，$J=7.6$ Hz，1H），7.70（t，$J=7.6$ Hz，1H）；^{13}C NMR（100 MHz，CDCl$_3$）：δ 155.1，143.5，139.2，135.4，133.1，130.8（q，$J=32.9$ Hz），129.6，129.2，128.7，125.7，125.6（q，$J=3.6$ Hz），123.0（q，$J=3.9$ Hz），123.7（q，$J=270.8$ Hz），120.2.

3 - (2 - 三氟甲基苯基) - 1,2,3 - 苯并三嗪 - 4(3H) - 酮(3j)：黄色固体；^{1}H NMR（400 MHz，CDCl$_3$）：δ 8.43（d，$J=7.6$ Hz，1H），8.26（d，$J=8.4$ Hz，1H），8.03（t，$J=7.6$ Hz，1H），7.89（q，$J=7.6$ Hz，2H），7.79（t，$J=7.6$ Hz，1H），7.71（t，$J=7.6$ Hz，1H），7.55（d，$J=8.0$ Hz，1H）；^{13}C NMR（100 MHz，CDCl$_3$）：δ 155.6，143.8，136.4，135.4，133.1，133.0，130.37，130.36，128.8，128.2（q，$J=31.6$ Hz），127.7（q，$J=4.6$ Hz），125.6，122.9（q，$J=272.4$ Hz），120.1.

3 - (4 - 氟苯基) - 1,2,3 - 苯并三嗪 - 4(3H) - 酮(3k)：黄色固体；^{1}H NMR（400 MHz，CDCl$_3$）：δ 8.44（dd，$J_1=8.0$ Hz，$J_2=0.8$ Hz，1H），8.23（d，$J=8.0$ Hz，1H），8.03 - 7.99（m，1H），7.89 - 7.85（m，1H），7.67 - 7.63（m，2H），7.25（t，$J=8.4$ Hz，2H）；^{13}C NMR（100 MHz，CDCl$_3$）：δ 162.5（d，$J=247.4$ Hz），155.2，143.6，135.2，134.7（d，$J=3.1$ Hz），132.9，128.6，127.9（d，$J=8.8$ Hz），125.6，120.2，116.0（d，$J=22.8$ Hz）.

3 - (4 - 氯苯基) - 1,2,3 - 苯并三嗪 - 4(3H) - 酮(3l)：黄色固体；^{1}H NMR（400 MHz，CDCl$_3$）：δ 8.44（d，$J=8.0$ Hz，1H），8.23（d，$J=8.0$ Hz，1H），8.01（t，$J=7.6$ Hz，1H），7.87（t，$J=7.6$ Hz，1H），7.64（d，$J=8.4$ Hz，2H），7.53（d，$J=8.8$ Hz，2H）；^{13}C NMR（100 MHz，CDCl$_3$）：δ 155.1，143.5，137.2，135.2，134.8，132.9，129.2，128.6，127.2，125.6，

120.2.

3 - (4 - 碘苯基) - 1,2,3 - 苯并三嗪 - 4(3*H*) - 酮
(3m): 黄色固体;^{1}H NMR (400 MHz, CDCl$_3$): δ 8.44
(d, *J* = 7.6 Hz, 1H), 8.23 (d, *J* = 8.0 Hz, 1H),
8.03 - 7.98 (m, 1H), 7.90 - 7.85 (m, 3H), 7.44 (d,
J = 8.8 Hz, 2H). ^{13}C NMR (100 MHz, CDCl$_3$): δ 155.0, 143.5, 138.4, 138.2,
135.3, 133.0, 128.6, 127.6, 125.6, 120.2, 94.4.

3 - (4 - 叔丁基苯基) - 1,2,3 - 苯并三嗪 - 4
(3*H*) - 酮(3n): 淡黄色固体;^{1}H NMR (400 MHz,
CDCl$_3$): δ 8.45 (d, *J* = 7.6 Hz, 1H), 8.22 (d, *J* =
8.0 Hz, 1H), 8.01 - 7.97 (m, 1H), 7.87 - 7.83 (m,
1H), 7.58 (s, 4H), 1.39 (s, 9H); ^{13}C NMR (100 MHz, CDCl$_3$): δ 155.3,
152.1, 143.7, 136.1, 135.0, 132.6, 128.4, 126.1, 125.6, 125.5, 120.4,
34.8, 31.3.

3 - (萘 - 1 - 基) - 1,2,3 - 苯并三嗪 - 4(3*H*) - 酮
(3o): 黄色固体;^{1}H NMR (400 MHz, CDCl$_3$): δ 8.48
(d, *J* = 7.8 Hz, 1H), 8.31 (d, *J* = 8.0 Hz, 1H),
8.07 - 8.03 (m, 2H), 7.98 (d, *J* = 8.4 Hz, 1H), 7.90
(m, 1H), 7.68 - 7.63 (m, 2H), 7.58 - 7.49 (m, 3H); ^{13}C NMR (100 MHz,
CDCl$_3$): δ 155.8, 144.0, 135.3, 134.3, 132.9, 130.4, 129.5, 128.7, 128.5,
127.4, 126.7, 125.9, 125.7, 125.4, 122.2, 120.3.

3 - 苄基 - 1,2,3 - 苯并三嗪 - 4(3*H*) - 酮(3p):
黄色固体;^{1}H NMR (400 MHz, CDCl$_3$): δ 8.34 (d, *J* =
8.0 Hz, 1H), 8.14 (d, *J* = 8.4 Hz, 1H), 7.95 - 7.90
(m, 1H), 7.80 - 7.75 (m, 1H), 7.54 - 7.52 (d, *J* = 7.2 Hz, 2H), 7.37 -
7.27 (m, 3H), 5.63 (s, 2H); ^{13}C NMR (100 MHz, CDCl$_3$): δ 155.3, 144.3,
135.7, 134.8, 132.3, 128.8, 128.7, 128.3, 128.2, 125.1, 120.0, 53.3.

3 - 丁基 - 1,2,3 - 苯并三嗪 - 4(3*H*) - 酮(3q):
黄色油状液体;^{1}H NMR (400 MHz, CDCl$_3$): δ 8.36 (dd,
J$_1$ = 8.0 Hz, *J*$_2$ = 0.8 Hz 1H), 8.15 (d, *J* = 8.0 Hz,
1H), 7.97 - 7.92 (m, 1H), 7.82 - 7.77 (m, 1H), 4.49 (t, *J* = 7.6 Hz, 2H),
1.95 - 1.87 (quint, *J* = 7.6 Hz, 2H), 1.50 - 1.41 (sext, *J* = 7.6 Hz, 2H),

0.99(t, *J* = 7.6 Hz, 3H);¹³C NMR（100 MHz, CDCl₃）: δ 155.5, 144.3, 134.6, 132.2, 128.2, 125.0, 119.8, 49.6, 30.9, 19.9, 13.6.

3 - 异丙基 - 1,2,3 - 苯并三嗪 - 4(3*H*) - 酮(3r): 黄色油状液体;¹H NMR（400 MHz, CDCl₃）: δ8.36（d, *J* = 7.6 Hz,1H）, 8.15（d, *J* = 8.0 Hz, 1H）, 7.96 - 7.92（m, 1H）, 7.82 - 7.77（m, 1H）, 5.45（heptet, *J* = 6.8 Hz, 1H）, 1.60（d, *J* = 6.8 Hz,6H）;¹³C NMR（100 MHz, CDCl₃）: δ 155.0, 143.9, 134.6, 132.0, 128.0, 125.2, 119.6, 49.5, 21.6.

3 - 环己基 - 1,2,3 - 苯并三嗪 - 4(3*H*) - 酮(3s): 黄色固体;¹H NMR（400 MHz, CDCl₃）: δ 8.37 - 8.35（d,*J*₁ = 7.6 Hz, *J*₂ = 0.8 Hz, 1H）, 8.15（d, *J* = 8.4 Hz, 1H）, 7.96 - 7.92（m, 1H）, 7.81 - 7.76（t, *J* = 7.44 Hz, 1H）, 5.07 - 5.02（m, 1H）, 2.06 - 1.94（m, 6H）, 1.80 - 1.75（m, 1H）, 1.57 - 1.50（m, 2H）, 1.38 - 1.30（m, 1H）;¹³C NMR（100 MHz, CDCl₃）: δ 155.1, 143.8, 134.6, 132.0, 128.0, 125.2, 119.5, 56.6, 31.8, 25.8, 25.3; HRMS（EI）: calcd for C₁₃H₁₅N₃O［M］⁺ 229.1215, found 229.1211.

3 - 叔丁基 - 1,2,3 - 苯并三嗪 - 4(3*H*) - 酮(3t):橙黄色油状液体;¹H NMR（400 MHz, CDCl₃）: δ 8.34（dd, *J*₁ = 8.0 Hz,*J*₂ = 0.80 Hz, 1H）, 8.11（d, *J* = 8.4 Hz, 1H）, 7.94 - 7.89（m, 1H）, 7.79 - 7.72（m, 1H）, 1.82（s, 9H）;¹³C NMR（100 MHz, CDCl₃）: δ 156.1, 143.7, 134.4, 131.8, 131.0, 128.4, 127.5, 126.7, 125.0, 120.7, 65.0, 28.5; HRMS（EI）: calcd for C₁₁H₁₃N₃O［M］⁺ 203.1059, found 203.1055.

3 - 苯基 - 6 - 甲基 - 1,2,3 - 苯并三嗪 - 4(3*H*) - 酮(3u): 黄色固体;¹H NMR（400 MHz, CDCl₃）: δ 8.23（s, 1H）, 8.11（d, *J* = 8.4 Hz, 1H）, 7.79（dd, *J*₁ = 8.0 Hz,*J*₂ = 1.2 Hz, 1H）, 7.65（d, *J* = 7.6 Hz, 2H）, 7.56（t, *J* = 7.2 Hz, 2H）, 7.49（t, *J* = 7.2 Hz, 1H）, 2.61（s, 3H）. ¹³C NMR（100 MHz, CDCl₃）: δ 155.4, 144.1, 142.0, 138.9, 136.4, 129.0, 128.8, 128.4, 126.1, 125.0, 120.2, 21.9.

3 - 苯基 - 6 - 甲氧基 - 1,2,3 - 苯并三嗪 - 4(3*H*) - 酮(3v): 黄色固体;¹H NMR（400 MHz, CDCl₃）: δ 8.14（d, *J* = 8.8 Hz, 1H）, 7.76（d, *J* = 2.8 Hz,

1H），7.67 – 7.64（m, 2H），7.58 – 7.54（m, 2H），7.53 – 7.47（m, 2H），4.00（s, 3H）；^{13}C NMR（100 MHz, CDCl$_3$）：δ 162.9, 155.4, 138.9, 138.8, 130.5, 129.0, 128.8, 126.1, 125.0, 122.2, 104.8, 56.3.

3 – 苯基 – 6 – 氟 – 1,2,3 – 苯并三嗪 – 4(3H) – 酮（3w）：黄色固体；^{1}H NMR（400 MHz, CDCl$_3$）：δ 8.27（dd, J_1 = 8.8 Hz, J_2 = 4.8 Hz, 1H），8.07（dd, J_1 = 7.6 Hz, J_2 = 2.4 Hz, 1H），7.72 – 7.64（m, 3H），7.57（t, J = 7.6 Hz, 2H），7.50（t, J = 7.6 Hz, 1H）；^{13}C NMR（100 MHz, CDCl$_3$）：δ 162.5（d, J = 256.1 Hz）., 154.5（d, J = 3.1 Hz），140.7（d, J = 2.3 Hz），138.5, 131.7（d, J = 9.0 Hz），129.1, 126.0, 123.8（d, J = 24.3 Hz），122.6（d, J = 9.5 Hz），110.1（d, J = 24.1 Hz）.

3 – 苯基 – 6 – 氯 – 1,2,3 – 苯并三嗪 – 4(3H) – 酮（3x）：黄色固体；^{1}H NMR（400 MHz, CDCl$_3$）：δ 8.40（d, J = 2.4 Hz, 1H），8.17（d, J = 8.4 Hz, 1H），7.92（dd, J_1 = 8.8 Hz, J_2 = 2.4 Hz, 1H），7.64（d, J = 7.2 Hz, 2H），7.57（t, J = 7.6 Hz, 2H），7.50（t, J = 7.2 Hz, 1H）；^{13}C NMR（100 MHz, CDCl$_3$）：δ 154.1, 142.0, 139.2, 138.5, 135.6, 130.2, 129.13, 129.10, 125.9, 125.2, 121.5；HRMS（EI）：calcd for C$_{13}$H$_8$ClN$_3$O［M］$^+$ 257.0356, found 257.0347.

3 – 苯基 – 6 – 溴 – 1,2,3 – 苯并三嗪 – 4(3H) – 酮（3y）：淡黄色固体；^{1}H NMR（400 MHz, CDCl$_3$）：δ 8.58（s, 1H），8.09（s, 2H），7.64（d, J = 7.2 Hz, 2H），7.57（t, J = 7.6 Hz, 1H），7.50（t, J = 7.2 Hz, 1H）；^{13}C NMR（100 MHz, CDCl$_3$）：δ 154.0, 142.3, 138.5, 130.1, 129.2, 129.1, 128.4, 127.5, 125.9, 121.6；HRMS（EI）：calcd for C$_{13}$H$_8$BrN$_3$O［M］$^+$ 300.9851, found 300.9847.

1,2 – 双(4 – 氧代 – 3,4 – 二氢 – 1,2,3 – 苯并三嗪 – 3 – 基)乙烷（3z）：淡黄色固体；^{1}H NMR（400 MHz, CDCl$_3$）：δ 8.31（d, J = 8.0 Hz, 2H），

8.08(d, J = 8.0 Hz, 2H), 7.93 (t, J = 7.6 Hz, 2H), 7.79 (t, J = 7.6 Hz, 2H), 5.02 (s, 4H); ^{13}C NMR (100 MHz, CDCl$_3$): δ 155.8, 144.1, 134.9, 132.5, 128.4, 125.0, 119.6, 48.3.

参考文献

[1] Zhang W, Ren S, Zhang J, et al. Palladium - Catalyzed sp^3 C—H Nitration of 8 - Methylquinolines[J]. Journal of Organic Chemistry, 2015, 80(11): 5973 - 5978.

[2] Hu M, Song R, Li J, et al. Metal - Free Radical 5 - *exo* - dig Cyclizations of Phenol - Linked 1,6 - Enynes for the Synthesis of Carbonylated Benzofurans[J]. Angewandte Chemie International Edition, 2015, 54(2): 608 - 612.

[3] Deng G, Zhang J, Liu Y, et al. Metal - free nitrative cyclization of *N* - aryl imines with *tert* - butyl nitrite: dehydrogenative access to 3 - nitroindoles[J]. Chemical Communications, 2015, 51(10): 1886 - 1888.

[4] Dutta U, Maity S, Kancherla R, et al. Aerobic Oxynitration of Alkynes with *t*BuONO and TEMPO[J]. Organic Letters, 2014, 16(24): 6302 - 6305.

[5] Yan H, Rong G, Liu D, et al. Stereoselective Intermolecular Nitroaminoxylation of Terminal Aromatic Alkynes: Trapping Alkenyl Radicals by TEMPO[J]. Organic Letters, 2014, 16(24): 6306 - 6309.

[6] Maity S, Naveen T, Sharma U K, et al. Stereoselective Nitration of Olefins with *t*BuONO and TEMPO: Direct Access to Nitroolefins under Metal - free Conditions [J]. Organic Letters, 2013, 15(13): 3384 - 3387.

[7] Manna S, Jana S, Saboo T, et al. Synthesis of (E) - nitroolefins via decarboxylative nitration using *t* - butylnitrite (*t* - BuONO) and TEMPO[J]. Chemical Communications, 2013, 49(46): 5286 - 5288.

[8] Chen F, Huang X, Li X, et al. Dehydrogenative *N* - Incorporation: A Direct Approach to Quinoxaline N - Oxides under Mild Conditions[J]. Angewandte Chemie International Edition, 2014, 53(39): 10495 - 10499.

[9] Gao P, Li H, Hao X, et al. Facile Synthesis of Disubstituted Isoxazoles from Homopropargylic Alcohol via C = N Bond Formation[J]. Organic Letters, 2014, 16(24): 6298 - 6301.

[10] Senadi G C, Gore B S, Hu W P, et al. BF$_3$ – Etherate – Promoted Cascade Reaction of 2 – Alkynylanilines with Nitriles: One – Pot Assembly of 4 – Amido – Cinnolines[J]. Organic Letters, 2016, 18(12): 2890 – 2893.

[11] Yan Y, Li H, Niu B, et al. Mild and efficient TBAI – catalyzed synthesis of 1, 2, 3 – benzotriazine – 4 – (3H) – ones from tert – butyl nitrite and 2 – aminobenzamides under acid – free conditions[J]. Tetrahedron Letters, 2016, 57 (37): 4170 – 4173.